中咨研究系列丛书
工程咨询专业分析评价方法及应用丛书

工程项目环境影响评价理论方法及应用

主　编　李开孟
副主编　宁　淼　申海燕

中国电力出版社
CHINA ELECTRIC POWER PRESS

内 容 提 要

本书系统地阐述了工程项目环境影响评价的理论方法、政策规定、法律法规及在工程咨询实践中的具体应用，内容包括环境影响评价制度、投资建设项目的环境影响评价、水土保持及项目用海的环境影响评价、区域及规划的环境影响评价，以及环境影响评价中的经济分析、风险评价和公众参与，并介绍了世界银行、亚洲开发银行等国际组织关于环境影响评价的相关政策、绩效标准及程序要求。

本书可作为各类工程咨询机构、发展改革部门、项目业主单位、投融资机构相关领域专业人员开展专业学习、业务进修及继续教育用书，也可作为大专院校相关专业研究生和本科生教材使用。

图书在版编目（CIP）数据

工程项目环境影响评价理论方法及应用 / 李开孟主编. —北京：中国电力出版社，2014.7（2020.9 重印）
（工程咨询专业分析评价方法及应用丛书）
ISBN 978-7-5123-5605-4

Ⅰ.①工⋯ Ⅱ.①李⋯ Ⅲ.①基本建设项目－环境影响－环境质量评价－研究 Ⅳ.①X820.3

中国版本图书馆 CIP 数据核字（2014）第 035544 号

中国电力出版社出版、发行
（北京市东城区北京站西街 19 号 100005 http://www.cepp.sgcc.com.cn）
三河市航远印刷有限公司印刷
各地新华书店经售

*

2014 年 7 月第一版　2020 年 9 月北京第二次印刷
787 毫米×1092 毫米　16 开本　15.25 印张　373 千字
印数 3001—4000 册　定价 **55.00** 元

版 权 专 有　侵 权 必 究

本书如有印装质量问题，我社营销中心负责退换

中咨研究系列丛书

主　　编　肖凤桐

执行主编　窦　皓

编　　委　肖凤桐　裴　真　杨东民　苟护生

　　　　　窦　皓　鞠英莲　王玉山　黄　峰

　　　　　张永柏　王忠诚　武博祎

执行编委　李开孟　李　华　刘　洁　武　威

丛 书 总 序

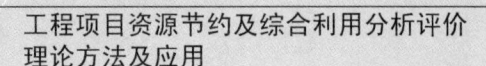

现代咨询企业怎样才能不断提高核心竞争力？我们认为，关键在于不断提高研究水平。咨询就是参谋，如果没有对事物的深入研究、深层剖析和深刻见解，就当不好参谋，做不好咨询。

我国的工程咨询业起步较晚。以1982年中国国际工程咨询公司（简称中咨公司）的成立为标志，我国的工程咨询业从无到有，已经发展成具有较大影响的行业，见证了改革开放的历史进程，通过自我学习、国际合作、兼容并蓄、博采众长，为国家的社会经济发展做出了贡献，同时也促进了自身的成长与壮大。

但应该清醒地看到，我国工程咨询业与发达国家相比还有不小差距。西方工程咨询业已经有一百多年的发展历史，其咨询理念、方法、工具和手段，以及咨询机构的管理等各方面已经成熟，特别是在研究方面有着深厚基础。而我国的工程咨询业尚处于成长期，尤其在基础研究方面显得薄弱，因而总体上国际竞争力还不强。当前，我国正处于社会经济发生深刻变革的关键时期，不断出现各种新情况、新问题，很多都是中国特定的发展阶段和转轨时期所特有的，在国外没有现成的经验可供借鉴，需要我们进行艰辛的理论探索。全面贯彻和落实科学发展观，实现中华民族伟大复兴的中国梦，对工程咨询提出了新的要求，指明了发展方向，也提供了巨大发展空间。这更需要我们研究经济建设特别是投资建设领域的各种难点和热点问题，创新咨询理论和方法，以指导和推动咨询工作，提高咨询业整体素质，造就一批既熟悉国际规则、又了解国情的专家型人才队伍。

中咨公司重视知识资产的创造、积累，每年都投入相当的资金和人力开展研究工作，向广大客户提供具有一定的学术价值和应用价值的各类咨询研究报告。《中咨研究系列丛书》的出版，就是为了充分发挥这些宝贵的智力财富应有的效益，同时向社会展示我们的研究实力，为提高我国工程咨询业的核心竞争力做出贡献。

立言，诚如司马迁所讲"成一家之言"，"藏诸名山，传之其人"。一个人如此，一个企业也是如此。努力在社会上树立良好形象，争取为社会做出更大贡献，同时，还应当让社会倾听其声音，了解其理念，分享其思想精华。中咨公司会向着这个方向不断努力，不断将自己的研究成果献诸社会。我们更希望把《中咨研究系列丛书》这项名山事业坚持下去，让中咨的贡献持久恒长。

《中咨研究系列丛书》编委会

前　言

　　中国国际工程咨询公司一直非常重视工程咨询理论方法及行业标准规范的研究制定工作。公司成立30多年来，接受国家发展改革委等有关部门的委托，以及公司自开课题开展了众多专题研究，取得了非常丰富的研究成果，部分成果以国家有关部委文件的方式在全国印发实施，部分成果以学术专著、论文、研究报告等方式在社会上予以推广应用，大部分成果则是以中咨公司内部咨询业务作业指导书、业务管理制度及业务操作规范等形式，用于规范和指导公司各部门及所属企业承担的各类咨询评估业务。中咨公司开展的各类咨询理论方法研究工作，为促进我国工程咨询行业健康发展发挥了重要作用。

　　进入新世纪新阶段，尤其是党中央、国务院提出贯彻落实科学发展观并对全面深化改革进行了一系列战略部署，对我国工程咨询理念及理论方法体系的创新提出了更高要求。从2006年开始，中咨公司先后组织公司各部门及所属企业的100多位咨询专家，开展了包括10大领域咨询业务指南、39个行业咨询评估报告编写大纲、24个环节咨询业务操作规范及10个专业分析评价方法体系在内的83个课题研究工作，所取得的研究成果已经广泛应用于中咨公司各项咨询业务之中，对于推动中咨公司承担各类业务的咨询理念、理论体系及方法创新发挥了十分重要的作用，同时也有力地巩固了中咨公司在我国工程咨询行业的领先者地位，对推动我国工程咨询行业的创新发展发挥了无可替代的引领和示范作用。

　　工程咨询专业分析评价方法的创新，在工程咨询理念及理论方法体系创新中具有十分重要的地位。工程咨询是一项专业性要求很强的工作，咨询业务受到多种不确定性因素的影响，需要对特定领域的咨询对象进行全面系统地分析论证，往往难度很大。这就需要综合运用现代工程学、经济学、管理学等多学科理论知识，借助先进的科技手段、调查预测方法、信息处理技术，在掌握大量信息资料的基础上对未来可能发生的情况进行分析论证，因此对工程咨询从业人员的基本素质、知识积累，尤其是对其所采用的分析评价方法提出了很高的要求。

　　研究工程咨询专业分析评价关键技术方法，要在继承的基础上，通过方法创新，建立一套与国际接轨，并符合我国国情的工程咨询分析评价方法体系，力求在项目评价及管理的关键路径和方法层面进行创新。所提出的关键技术方法路径，应能满足工程咨询业务操作的实际需要，体现工程咨询理念创新的鲜明特征，与国际工程咨询所采用的分析评价方法接轨，并能对各领域不同环节开展工程咨询工作所采用的分析评价方法起到规范的作用。

　　本次纳入《工程咨询专业分析评价方法及应用丛书》范围内的各部专著，都是中咨公司过去多年开展工程咨询实践的经验总结，以及相关研究成果的积累和结晶。公司各部门及所属企业的众多专家，包括在职的和已经离退休的各位资深专家，都以不同的方式为这套丛书的编写和出版做出了重要贡献。

在丛书编写和出版过程中，我们邀请了清华大学经管学院蔚林巍教授、北京大学工业工程与管理系张宏亮教授、同济大学管理学院黄瑜祥教授、天津大学管理学院孙慧教授、中国农业大学人文学院靳乐山教授、哈尔滨工程大学管理学院郭韬教授、中央财经大学管理科学与工程学院张小利教授、河海大学中国移民研究中心陈绍军教授、国家环境保护部环境规划院大气环境规划部宁淼博士、中国科学院大学工程教育学院詹伟博士等众多国内知名专家参与相关专著的编写和修改工作，并邀请美国斯坦福大学可持续发展与全球竞争力研究中心主任、美国国家工程院 James O. Leckie 院士、执行主任王捷教授等国内外知名专家学者对丛书的修改完善提出意见和建议。

本次结集出版的《工程咨询专业分析评价方法及应用丛书》，是《中咨研究系列丛书》中的一个系列，是针对工程咨询专业分析评价方法的研究成果。中咨公司出版《中咨研究系列丛书》的目的，一是与我国工程咨询业同行交流中咨公司在工程咨询理论方法研究方面取得的成果，搭建学术交流的平台；二是推动工程咨询理论方法的创新研究，探索构建我国咨询业知识体系的基础架构；三是针对我国咨询业发展的新趋势及新经验，出版公司重大课题研究成果，推动中咨公司实现成为我国"工程咨询行业领先者"的战略目标。

纳入《工程咨询专业分析评价方法及应用丛书》中的《工程项目环境影响评价理论方法及应用》，是专门针对工程项目环境影响评价的专著，希望从构建环境友好型社会的角度，分析拟建项目可能带来的各种环境影响，并对保护环境相关对策措施的分析评价工作提出专业性的建议。

本书系统地阐述了工程项目环境影响评价的理论方法、政策规定、法律法规及在工程咨询实践中的具体应用，内容包括环境影响评价制度、工程项目环境影响评价的具体方法、水土保持及项目用海的环境影响评价、区域发展及规划的环境影响评价，以及环境影响评价中的经济分析、风险评价和公众参与，并介绍了世界银行、亚洲开发银行等国际组织关于环境影响评价的相关政策、绩效标准及程序要求。可作为各类工程咨询机构、发展改革部门、项目业主单位、投融资机构相关领域专业人员开展专业学习、业务进修及继续教育用书，也可作为大专院校相关专业研究生和本科生教材使用。

本套丛书的编写出版工作，由研究中心具体负责。研究中心是中咨公司专门从事工程咨询基础性、专业性理论方法及行业标准制定相关研究工作的内设机构。其中，开展工程咨询理论方法研究，编写出版《中咨研究系列丛书》，是中咨公司研究中心的一项核心任务。

我们希望，工程咨询专业分析评价方法及应用系列丛书的出版，能够对推动我国工程咨询专业分析评价方法创新，推动我国工程咨询业的健康发展发挥积极的引领和带动作用。

编　者
二〇一四年三月二十八日

目　录

丛书总序
前言

第一章　环境影响评价制度 ··· 1
　　第一节　环境影响评价的产生和发展 ·· 1
　　第二节　我国环境影响评价制度及其法律依据 ···························· 7

第二章　投资建设项目的环境影响评价 ···································· 17
　　第一节　环境现状调查 ·· 17
　　第二节　工程分析 ·· 22
　　第三节　环境影响的识别 ·· 33
　　第四节　环境影响的预测及治理 ·· 42
　　第五节　企业投资项目核准制环境审查评价 ····························· 45

第三章　建设项目水土保持评价 ··· 53
　　第一节　我国建设项目水土流失治理及审批管理规定 ················· 53
　　第二节　水土保持方案的论证、评审和监测 ····························· 57

第四章　项目用海的环境影响评价 ·· 63
　　第一节　海洋环境及其分析评价 ·· 63
　　第二节　海洋环境影响预测与评价 ·· 69

第五章　区域环境影响评价 ·· 74
　　第一节　区域环境影响及评价 ·· 74
　　第二节　区域开发环境及规划分析 ·· 79
　　第三节　区域资源需求与污染源分析 ······································· 86
　　第四节　污染总量控制及综合治理 ·· 95

第六章　规划环境影响评价 ·· 99
　　第一节　规划环境影响评价的产生和发展 ·································· 99
　　第二节　规划环境影响评价技术方法 ······································ 106

第七章　环境影响的经济分析 ·· 121
　　第一节　环境影响经济分析的必要性及方法选择 ······················ 121
　　第二节　环境影响经济分析方法的应用 ·································· 126

第八章　环境风险评价 ·· 138
　　第一节　环境风险识别 ··· 138
　　第二节　环境风险评价 ··· 141
　　第三节　环境风险管理 ··· 145
第九章　环境影响评价的公众参与 ·· 150
　　第一节　公众参与环境影响评价的目的及意义 ······················· 150
　　第二节　公众参与环境影响评价的内容及方式 ······················· 154

附录 A　中咨公司投资项目环境影响评估准则 ································ 159
附录 B　世界银行环境影响评价业务政策和程序 ···························· 169
附录 C　国际金融公司社会环境可持续性政策和绩效标准 ··············· 178
附录 D　亚洲开发银行环境评估要求 ·· 209
附录 E　世界银行大坝工程业务政策和程序 ··································· 219
附录 F　世界银行森林保护业务政策和程序 ··································· 223
附录 G　世界银行国际水道项目评估业务政策和程序 ····················· 227
附录 H　世界银行自然栖息地项目评估业务政策和程序 ·················· 231

参考文献 ·· 234

第一章

环境影响评价制度

环境影响是投资项目外部性影响的重要内容，因此也是投资体制改革后政府部门需要重点关注和投资项目前期论证咨询中需要重点加强的内容。为保护环境及贯彻可持续发展战略的要求，对于可能对环境产生重要影响的项目及环境保护项目，包括政府投资及企业投资项目，都应从投资项目环境影响的角度进行分析评价。

第一节　环境影响评价的产生和发展

一、环境影响评价的基本概念

（一）环境与环境要素

要了解为什么需要进行投资项目环境影响评价，首先需要了解环境与环境要素的内涵。

1. 环境的基本内涵

环境是相对于中心事物而言的。某一中心事物周围的事物，就是这一中心事物的环境。我们所说的环境，是指以人类为主体的外部世界，即人类赖以生存和发展的物质条件综合体。正因为如此，世界银行 1992 年在其题为"发展与环境"的《世界发展报告》中，把环境定义为："包括我们后代在内的全人类所处的自然和社会条件及状况。"本书中所指的环境，即是世界银行上述对环境的广义定义。

我国 1989 年 12 月 26 日公布的《中华人民共和国环境保护法》对环境的内涵做了如下定义："本法所称环境，是指影响人类生存和发展的各种天然的和经过人工改造的自然因素的总体，包括大气、水、海洋、土地、矿藏、森林、草原、野生动物、自然遗迹、人文遗迹、自然保护区、风景名胜区、城市和农村等。"这种对环境所包含内容的具体而明确定义，有助于识别法律、法规的实施对象和适用范围。

经济学家把环境看作是具有价值的资产，因为它能够为人类提供多种多样有价值的服务。有人认为，环境能为人类提供四种服务：①为经济活动的开展提供原材料，如能源、矿物材料、木材、水和鱼类等；②生命维持系统，包括可供呼吸的空气和适于生存的气候条件；③舒适性服务，包括娱乐机会、野生生物观赏、优美风景带来的愉悦感及其他与环境使用没有直接联系的服务；④分解、转移和容纳经济活动的副产品——废弃物。这种对环境的经济学概念上的定义，对我们评价环境资产的价值及对投资项目的环境影响进行货币量化分析具有十分重要的指导意义。

环境科学将地球环境按其组成要素分为大气环境、水环境、土壤环境和生态环境。前三种环境又可称为物化环境，有时还形象地称为大气圈、水圈、岩石圈（土圈）和居于上述三圈交界地带或界面上的生物圈。从人类的角度看，他们都是人类生存和发展所依赖的环境，其中生物圈就是通常所称的生态环境。

2. 环境要素

环境要素也称为环境基质，是构成人类环境整体的各个独立的、性质不同的而又服从整体演化规律的基本物质组分。通常是指自然环境要素，包括大气、水、生物、岩石、土壤以及声、光、放射性、电磁辐射等。环境要素组成环境的结构单元，环境结构单元组成环境整体或环境系统。

(二) 环境质量与环境容量

1. 环境质量

环境质量表征环境优劣的程度，指一个具体的环境中，环境总体或某些要素对人群健康、生存和繁衍以及社会经济发展适宜程度的量化表达。环境质量是因人对环境的具体要求而形成的评定环境的一种概念。因此环境质量包括综合环境质量和各要素的环境质量，如大气环境质量、水环境质量、土壤环境质量等。各种环境要素的优劣是根据人类要求进行评价，所以环境质量又同环境质量评价联系在一起，即确定具体的环境质量要素进行环境质量评价，用评价的结果表征环境质量。环境质量评价是确定环境质量的手段、方法，环境质量则是环境质量评价的结果。同时，要进行评价就必须有标准，这样就产生了与环境质量密切相关的环境质量标准体系。

2. 环境容量

环境容量是指一定地区（一般是地理单元），在特定的产业结构和污染源分布的条件下，根据地区的自然净化能力，为达到环境目标值，所能承受的污染物最大排放量，环境容量也可根据不同环境要素进行分类。

(三) 环境影响

环境影响是指人类活动（经济活动和社会活动）对环境的作用和导致的环境变化以及由此引起的对人类社会和经济的效应。环境影响有多种不同的分类方法。

1. 按影响的来源分类

环境影响按影响的来源分类可分为直接影响、间接影响和累积影响。直接影响是指由于人类活动的结果而对人类社会或其他环境要素的直接作用。直接影响与人类活动在时间上同时，在空间上同地，如工业生产中排入大气中的 SO_2、NO_x、颗粒物等污染物，它们直接作用于人体、动植物、建筑物等而产生危害。

间接影响是指由这种直接作用诱发的其他后续结果。间接影响一般在时间上推迟，在空间上较远，但是在可合理预见的范围内，如项目开发建设过程中砍伐森林，造成植被的破坏及减少是直接影响，而植被破坏后所引起的水土流失则是间接影响。

累积影响是指"当一项活动与其他过去、现在及可以合理预见的将来结合在一起时，因影响的增加而产生的对环境的影响"。当若干个项目对环境产生的影响在时间上过于频繁或空间上过于密集，以至于各个项目的影响得不到及时消纳，就会产生累积影响。例如，日本的骨痛病是由于重金属镉在稻米中累积后，通过食物链在人体及动物体内产生的累积影响。

确定建设项目的直接影响、间接影响以及累积影响，并对其分析和评价，可有效地认识到评价项目的影响途径、影响范围和影响状况等，对于如何缓解不良影响或采用替代方案具有重要意义。

2. 按影响效果分类

环境影响可以分为有利影响和不利影响。这是一种从受影响对象的损益角度进行划分的方法。有利影响是指对人群健康、社会经济发展或其他环境的状况有积极的促进作用或影响。反之，对人群健康、社会经济发展或其他环境的状况有消极的阻碍或破坏作用的影响则为不利影响。

须注意的是，不利影响与有利影响是相对的，是可以互相转化的，而且不同的个人、团体、组织等由于价值观念、利益需要等的不同，对同一环境变化的评价会不尽相同，导致同一环境变化可能产生不同的环境影响。因此，关于环境影响的有利和不利的确定，要综合考虑多方面的因素，是一个比较困难的问题，也是环境影响评价工作中经常需要认真考虑、调研和权衡的问题。

3. 按影响性质分类

环境影响可以分为可恢复影响和不可恢复影响。可恢复影响是指人类活动造成环境某特性改变或某价值丧失后可逐渐恢复到原貌的影响，如油轮的泄漏事件，被污染海域经一段时间的人为努力和环境自净作用可以恢复原貌。

不可恢复影响是指造成环境的某些特性改变或某些价值丧失后不能恢复的影响。一般认为，在环境承载力范围内对环境造成的影响是可恢复的，超过了环境承载力范围，则为不可恢复影响。

（四）环境影响评价的类型

根据《中华人民共和国环境影响评价法》，环境影响评价是指对建设项目和规划实施后可能造成的环境影响进行分析、预测和评估，提出预防或者减轻不良环境影响的对策和措施，并进行跟踪监测的方法与制度。

按照上述定义，环境影响评价可以分为不同的类型。按照评价对象，环境影响评价可以分为建设项目环境影响评价与规划环境影响评价。

（1）按照环境要素，环境影响评价可以分为大气环境影响评价、地表水环境影响评价、声环境影响评价、生态环境影响评价、固体废弃物环境影响评价等。

（2）按照评价专题划分，环境影响评价可以分为人群健康评价、清洁生产与循环经济分析、污染物排放总量控制、环境风险评价等。

（3）按照评价的时间顺序，环境影响评价又可以分为：环境质量现状评价、环境影响预测评价、规划环境影响跟踪评价与建设项目环境影响后评价。

（五）环境影响评价的作用

环境影响评价不仅是一项法律制度，同时也是一项技术，是正确认识经济发展、社会发展和环境发展之间相互关系的科学发展，是正确处理经济发展使之符合国家总体利益和长远利益，强化环境管理的有效手段，在确定经济发展方向和保护环境等一系列重大决策上都有重要作用。

1. 保证建设项目选址和布局的合理性

合理的经济布局是保证环境与经济持续发展的前提条件，而不合理的布局则是造成环境污染的重要原因。环境影响评价从建设项目所在地区的整体出发，考察建设项目的不同选址和布局对区域整体的不同影响，并进行比较和取舍，选择最有利的方案，保证建设选址和布局的合理性。

2. 指导环境保护设计，强化环境管理

一般来说，开发建设活动和生产活动，都要消耗一定的资源，给环境带来一定的污染与破坏，因此必须采取相应的环境保护措施。环境影响评价针对具体的开发建设活动或生产活动，综合考虑开发活动特征和环境特征，通过对污染治理设施的技术、经济和环境论证，可以得到相对最合理的环境保护对策和措施，把因人类活动而产生的环境污染或生态破坏限制在最小范围。

3. 为区域的社会经济发展提供导向

环境影响评价可以通过对区域的自然条件、资源条件、社会条件和经济发展等进行综合分析，掌握该地区的资源、环境和社会等状况，从而对该地区的发展方向、发展规模、产业结构和产业布局等做出科学的决策和规划，指导区域活动，实现可持续发展。

4. 促进相关环境科学技术的发展

环境影响评价涉及自然科学和社会科学的广泛领域，包括基础理论研究和应用技术开发。环境影响评价工作中遇到的问题，必然会对相关环境科学技术提出挑战，进而推动相关环境科学技术的发展。

同建设项目相比，政府出台相关政策和制定相关规划对环境的影响更广泛、历史更长久，而且影响发生后更难处置，国际和国内的经验证明，为了防止在社会经济发展中造成重大的环境损失和生态破坏，对有关政策和规划进行环境影响评价是十分重要的。

二、环境影响评价的发展历程

（一）国外环境影响评价的发展历程

环境影响评价制度是 20 世纪中叶以来，伴随着社会发展和科技水平的提高、人类认识世界与改造世界能力的加强，以及对自身活动造成环境影响重视程度的提高，逐步发展起来的。

1. 环境影响评价的起源

20 世纪 50 年代初期，由于核设施环境影响的特殊性，国外开始系统地进行辐射环境影响评价，60 年代英国总结出环境影响评价"三关键"，即关键因素、关键途径、关键居民区，明确提出污染源——污染途径（扩散迁移方式）——受影响人群的环境影响评价模式。不过此时的环境影响评价只是作为一种科学方法和技术手段，为人类开发活动提供指导依据，还没有法律约束力或行政约束作用。

2. 环境影响评价制度的建立

环境影响评价作为预防性环境政策的重要支柱之一，成为一项强制性环境管理制度，最早出现在美国。1969 年，美国国会通过了《国家环境政策法》，并于 1970 年 1 月 1 日起正式实施。该法第二节第二条的第三款：在对人类环境质量具有重大影响的每一生态建议或立法建议报告和其他重大联邦行动中，均应由负责官员提供一份包括下列各项内容的详细说明。①拟议中的行动将会对环境产生的影响；②如果建议付诸实施，不可避免地将会出现的任何不利于环境的影响；③拟议中的行动选择方案；④地方上对人类环境的短期使用与维持和驾驭长期生产能力之间的关系；⑤拟议中的行动如付诸实施，将要造成的无法改变和恢复的资源损失。在制作详细说明之前，联邦负责官员应同由管辖权或者有专门知识的任何联邦官员进行磋商，并取得他们对可能引起的任何环境影响所做的评价。同时将该说明和负责指定、执行环境标准的相应联邦、州和地方官员所做的评价及意见书一并提交总统和环境质量委员会，并依照美国法律第 5 篇第 552 节的规定向公众宣布。这些文件应随同建议一道按照现行的官署审查办法审查通过，从而美国成为世界上第一个将环境影响评价用法律固定下来并建立环境影响评价制度的国家。

3. 环境影响评价制度的推广

随后瑞典（1970年）、新西兰（1973年）、加拿大（1973年）、澳大利亚（1974年）、马来西亚（1974年）、德国（1976年）等国相继建立了环境影响评价制度。与此同时，国际上也设立了许多有关环境影响评价的机构，召开了一系列有关环境影响评价的会议，开展了环境影响评价的研究和交流，进一步促进了各国环境影响评价的应用和发展。1970年世界银行设立环境与健康事务办公室，对每一个投资项目的环境影响做出审查和评价。1974年联合国环境规划署与加拿大联合召开了第一次环境影响评价会议。1984年5月联合国环境规划理事会第12届会议建议组织各国环境影响评价专家进行环境影响评价研究，为各国开展环境影响评价提供了方法和理论基础。1992年联合国环境与发展大会在里约热内卢召开，会议通过的《里约环境与发展宣言》明确提出：对于拟议中可能对环境产生重大不利影响的活动，应进行环境影响评价，作为一项国家手段，并应由国家主管当局做出决定。1994年由加拿大环境评价办公室（FERO）和国际影响评价学会（IAIA）在魁北克市联合召开了第一届国际环境影响评价部长级会议，有52个国家和组织机构参加了会议，会议做出了进行环境评价有效性研究的决议。

4. 国外环境影响评价制度的发展趋势

经过30多年的发展，现已有100多个国家建立了环境影响评价制度。作为环境和可持续发展的重要法律制度，国外环境影响评价制度主要呈现以下发展趋势：

（1）在不断完善对具体建设项目进行环境影响评价的同时，强调对政策法律等宏观性、战略性行为的评价，使环境影响评价真正成为影响重大决策的重要工具。诚如《我们共同的未来》所指出的，"范围扩大了的环境影响评价不仅仅应用于产品和项目，而且也应用于政策和规划，尤其是那些对环境影响重大的宏观经济、金融和部门性政策。在一个相当长的时期内，国外的环境影响评价通常是针对具体建设项目的。实践证明，虽然具体建设项目也对环境产生不同程度的影响，对具体建设项目进行评价较之对宏观行为进行评价更具有可操作性和简便易行，并且也取得了一定成效，但是，对环境的全面、长期、重大影响主要是由政府宏观行为所引起的，对政府宏观行为进行环境影响评价往往能够起到提纲挈领、事半功倍的效果。

（2）强调对经济、社会和环境的一体化评价，使环境影响评价成为协调经济、社会、环境发展的重要手段。

（3）强调环境影响评价的科学性。例如美国、韩国等国家的环境影响评价法律非常重视"综合运用自然科学、社会科学和技术科学等多学科的方法"。

（4）通过公众参与、内部部门间的协调和对可选方案的考虑，不断提高环境影响评价的实际效果。例如在公众参与方面，许多国家的法律规定公众参与环境影响评价过程并对评价项目发表评论，公众参与已成为环境影响评价法律制度的一个重要环节和特点。为了给公众参与环境影响评价创造条件，一些国家的法律明确规定了公民的环境知情权（了解、获取环境信息的权利）以及参与环境影响评价报告的讨论权、建议权等具体权利。

（二）我国环境影响评价的发展沿革

1. 引入和确立阶段

1973年第一次全国环境保护会议后，我国环境保护工作全面起步。1974～1976年开展了"北京西郊环境质量评价研究"和"官厅水系水源保护研究"工作,开始了环境质量评价及其方法的研究和探索。在此基础上,1977年,中国科学院召开"区域环境保护学术交流研讨会议",进一步推动了大中城市的环境质量现状评价和重要水域的环境质量现状评价。

1978年12月31日,中发〔1978〕79号文件批转的原国务院环境保护领导小组《环境保护工作汇报要点》中,首次提出了环境影响评价的意向。1979年4月,国务院环境保护领导小组在《关于全国环境保护工作会议情况的报告》中,把环境影响评价作为一项方针政策再次提出。1979年5月国家计划委员会(国家计委)、国家基本建设委员会(国家建委)(79)建发设字280号文《关于做好基本建设前期工作的通知》中,明确要求建设项目要进行环境影响预评价。

1979年9月,《中华人民共和国环境保护法(试行)》颁布,规定一切企业、事业单位的选址、设计、建设和生产,都必须注意防止对环境的污染和破坏。在进行新建、改建和扩建工程中,必须提出环境影响报告书,经环境保护主管部门和其他有关部门审查批准后才能进行设计。从此,标志着我国的环境影响评价制度正式确立。

2. 规范和建设阶段

环境影响评价制度确立后,相继颁布的各项环境保护法律、法规和部门行政规章,不断对环境影响评价进行规范。

1981年,原国家计委、国家经济委员会(国家经委)、国家建委、国务院环境保护领导小组联合颁发的《基本建设项目环境保护管理办法》,明确把环境影响评价制度纳入基本建设项目审批程序中。1986年国家计委、国家经委、国务院环境保护委员会联合颁发的《建设项目环境保护管理办法》中,对建设项目环境影响评价的范围、内容、审批和环境影响报告书(表)的编制格式都做了明确规定,促进了环境影响评价制度的有效执行。1986年,国家环境保护局颁布《建设项目环境影响评价证书管理办法(试行)》,在我国开始实行环境影响评价单位的资质管理。同期,环境影响评价的技术方法也得到不断探索和完善。

1982年颁布的《中华人民共和国海洋环境保护法》、1984年颁布的《中华人民共和国水污染防治法》、1987年颁布的《中华人民共和国大气污染防治法》中,都有建设项目环境影响评价的法律规定。

1989年12月26日颁布的《中华人民共和国环境保护法》第十三条规定,建设污染环境的项目,必须遵守国家有关建设项目环境保护管理的规定;建设项目的环境影响报告书,必须对建设项目产生的污染和对环境的影响做出评价,规定防治措施,经项目主管部门预审并依照规定的程序报环境保护行政主管部门批准。环境影响报告书经批准后,计划部门方可批准建设项目设计任务书。此条中,对环境影响评价制度的执行对象和任务、工作原则和审批程序、执行时段和与基本建设程序之间的关系做了原则规定,再一次用法律确认了建设项目环境影响评价制度,并为行政法规中具体规范环境影响评价提供了法律依据和基础。

3. 强化和完善阶段

进入20世纪90年代,随着我国改革开放的深入发展和社会主义计划经济向市场经济转轨,建设项目的环境保护管理特别是环境影响评价制度得到强化,开展了区域环境影响评价,并针对企业长远发展计划进行了规划环境影响评价。针对投资多元化造成的建设项目多渠道立项和开发区的兴起,1993年国家环境保护局下发了《关于进一步做好建设项目环境保护管理工作的几点意见》,提出先评价、后建设,并对环境影响评价分类指导和开发区区域环境影响评价做了规定。

在注重环境污染的同时，加强了生态影响项目的环境影响评价，防治污染和保护生态并重。通过国际金融组织贷款项目，在我国开始实行建设项目环境影响评价的公众参与，并逐步扩大和完善公众参与的范围。

1994年起，开始了建设项目环境影响评价招标试点工作，并陆续颁布实施了《环境影响评价技术导则（总纲、地面水环境、大气环境）》、《电磁辐射环境影响评价方法与标准》、《火电厂建设项目环境影响报告书编制规范》、《环境影响评价技术导则（非污染生态影响）》等。1996年召开了第四次全国环境保护工作会议，发布了《国务院关于环境保护若干问题的决定》。各地加强了对建设项目的审批和检查，并实施污染物排放总量控制，增加了"清洁生产"和"公众参与"的内容，强化了生态环境影响评价，使环境影响评价的深度和广度得到进一步扩展。

1998年11月29日，国务院253号令颁布实施《建设项目环境保护管理条例》，这是建设项目环境管理的第一个行政法规，对环境影响评价做了全面、详细、明确的规定。1999年3月，依据《建设项目环境保护管理条例》，国家环境保护总局颁布第2号令，公布了《建设项目环境影响评价资格证书管理办法》，对评价单位的资质进行了规定；同年4月，国家环境保护总局《关于公布建设项目环境保护分类管理名录（试行）的通知》，公布了分类管理名录。

国家环境保护总局加强了对建设项目环境影响评价单位人员的资质管理，与国际金融组织合作，从1990年开始对环境影响评价人员进行培训，实行环境影响评价人员持证上岗制度。这一阶段，我国的建设项目环境影响评价从法规建设、评价方法建设、评价队伍建设，以及评价对象和评价内容的拓展等方面，取得了全面进展。

4. 提高和拓展阶段

2002年10月28日，第九届全国人大常委会通过《中华人民共和国环境影响评价法》，环境影响评价从建设项目环境影响评价扩展到规划环境影响评价，使环境影响评价制度得到最新的发展。原国家环境保护总局依照法律的规定，建立了环境影响评价的基础数据库，颁布了规划环境影响评价的技术导则，会同有关部门并经国务院批准制定了环境影响评价规划名录，制定了专项规划环境影响报告书审查办法，设立了国家环境影响评价审查专家库。

为了加强环境影响评价管理，提高环境影响评价专业技术人员素质，确保环境影响评价质量，2004年2月，人事部、国家环境保护总局在全国环境影响评价系统建立环境影响评价工程师职业资格制度，对从事环境影响评价工作的有关人员提出了更高的要求。

2009年8月17日，国务院颁布了《规划环境影响评价条例》，自2009年10月1日起施行。这是我国环境立法的重大进展，标志着环境保护参与综合决策进入了新阶段。

第二节 我国环境影响评价制度及其法律依据

环境影响评价制度是指将环境影响评价工作以法律、法规或行政规章的形式确定下来而必须遵守的制度。经过30多年的发展，我国已建立了完整的环境影响评价制度体系：有多部法律规范环境影响评价，并制定了专门的环境影响评价法；有配套规范环境影响评价的国务院行政法规；有涉及有关区域、行业环境影响评价的部门规章和地方发布的法律规章。

一、环境影响评价法规和标准体系

（一）我国环境影响评价法规体系

1. 综合性法律

1979年《中华人民共和国环境保护法（试行）》颁布，第一次用法律规定了建设项目环境影响评价，在我国开始确立了环境影响评价制度。1989年颁布的《中华人民共和国环境保护法》，进一步用法律确立和规范了我国的环境影响评价制度。2002年10月28日通过的《中华人民共和国环境影响评价法》，用法律把环境影响评价从项目环境影响评价拓展到规划环境影响评价，成为我国环境影响评价史的重要里程碑，我国的环境影响评价制度跃上新台阶，发展到一个新阶段。

2. 单行法律

1979年之后，国家陆续颁布各项环境保护单行法，如：1982年颁布的《中华人民共和国海洋环境保护法》（1999年修订）、1984年颁布的《中华人民共和国水污染防治法》（1996年、2007年两次修订）、1987年颁布的《中华人民共和国大气污染防治法》（1995年、2000年两次修订）、1995年颁布的《中华人民共和国固体废物污染环境防治法》（2004年修订）、1996年颁布的《中华人民共和国环境噪声污染防治法》和2003年颁布的《中华人民共和国放射性污染防治法》都对建设项目环境影响评价有具体条文规定。颁布的自然资源保护法律，如：1985年颁布的《中华人民共和国草原法》（2002年修订）、1988年颁布的《中华人民共和国野生动物保护法》（2004年修订）、1988年颁布的《中华人民共和国水法》（2002年修订）、1991年颁布的《中华人民共和国水土保持法》（2010年修订）和2001年颁布的《中华人民共和国防沙治沙法》也有关于环境影响评价的规定。其他相关法律，如2002年颁布的《中华人民共和国清洁生产促进法》，也同样有环境影响评价的相应规定。这些法律对完善我国的环境影响评价制度起到了重要的促进作用。

3. 行政法规

1998年国务院颁布的《建设项目环境保护管理条例》，规定了对建设项目实行分类管理，对建设项目环境影响评价单位实施资质管理，并明确了建设单位、评价单位、负责环境影响审批的政府有关部门工作人员在环境影响评价中违法行为的法律责任，成为指导建设项目环境影响评价极为重要和可操作性强的行政法规。

2009年国务院颁布的《规划环境影响评价条例》，针对几年来贯彻落实《中华人民共和国环境影响评价法》的实践情况及存在的问题，对如何对规划进行环境影响评价、如何对专项规划的环境影响报告书进行审查、如何对规划的环境影响进行跟踪评价等进行了明确规定，具有很强的可操作性。

4. 部门规章及地方性法规

依据《中华人民共和国环境影响评价法》和《建设项目环境保护管理条例》，国务院环境保护行政主管部门和国务院有关部委及各省、自治区、直辖市人民政府和有关部门，陆续颁布了一系列环境影响评价的部门行政规章和地方行政法规，成为环境影响评价制度体系的重要组成部分。环境影响评价制度体系框架如图1-1所示。

（二）环境标准体系

环境标准体系作为我国环境保护法律法规重要组成部分，是进行环境影响评价的尺子，掌握环境标准的使用原则及技巧是从事环境影响评价工作必须具备的基本技能。

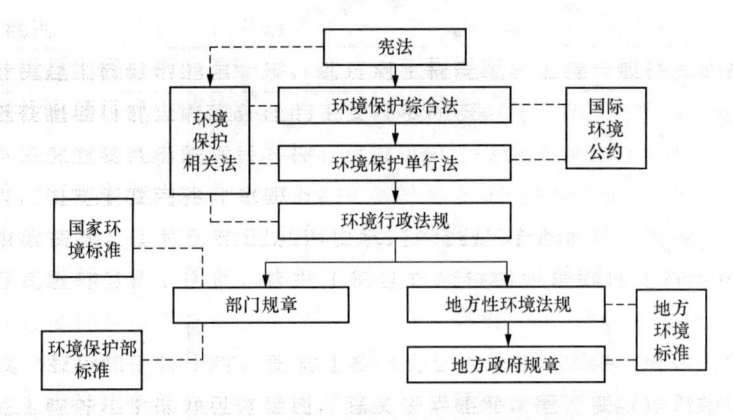

图 1-1 环境影响评价制度体系框架图

1. 我国环境标准体系构成

我国根据环境标准的适用范围、性质、内容和作用，实行三级六类标准体系。三级是国家环境标准、地方环境标准、国家环境保护部标准；六类是国家环境质量标准、国家污染物排放（控制）标准、国家环境监测方法标准、国家环境标准样品标准、国家环境基础标准和国家环境保护行业标准（国家环境保护部标准）。其中地方环境标准只有环境质量标准和污染物排放（控制）标准两类，如图 1-2 所示。

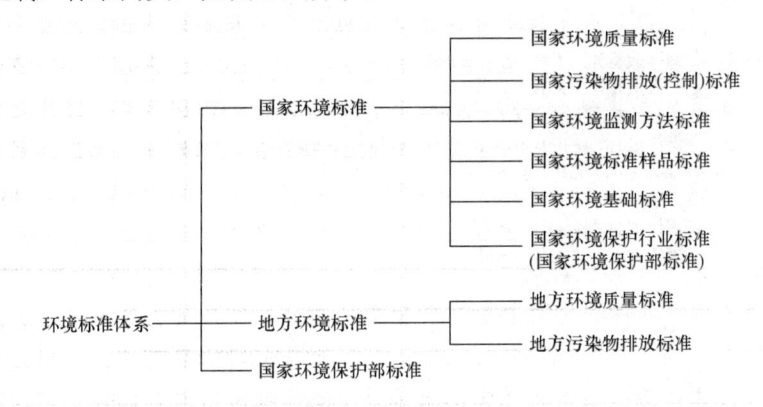

图 1-2 环境标准体系

国家环境保护标准根据是否强制执行又可分为强制性环境标准和推荐性环境标准。环境质量标准、污染物排放标准和法律、法规规定必须执行的其他标准为强制性标准。强制性环境标准必须执行，超标即违法。强制性标准以外的环境标准属于推荐性标准。国家鼓励采用推荐性环境标准，推荐性环境标准被强制性标准引用，也必须强制执行。

环境影响评价工作中经常使用的为环境质量标准与污染物排放标准。目前，我国主要的环境质量标准与污染物排放标准如表 1-1 与表 1-2 所示。

表 1-1　　　　　　　　　　　　我国主要环境质量标准

序号	标准编号	标准名称	发布日期	实施日期
1	GB 9137—1988	保护农作物的大气污染最高允许浓度	1988-04-30	1988-10-01
2	GB 9660—1988	机场周围飞机噪声环境标准	1988-08-11	1988-11-01

续表

序号	标准编号	标准名称	发布日期	实施日期
3	GB 10070—1988	城市区域环境振动标准	1988-12-10	1989-07-01
4	GB 11607—1989	渔业水质标准	1989-08-12	1990-03-01
5	GB 5084—2005	农田灌溉水质标准	2005-07-21	2006-11-01
6	GB 3096—2008	声环境质量标准	2008-08-19	2008-10-01
7	GB 15618—1995	土壤环境质量标准	1995-07-13	1996-03-01
8	GB 3095—2012	环境空气质量标准	2012-02-29	2012-02-29
9	GB 3097—1997	海水水质标准	1997-12-03	1998-07-01
10	GB 3838—2002	地表水环境质量标准	2002-04-28	2002-06-01
11	GB/T 18883—2002	室内空气质量标准	2002-11-19	2003-03-01
12	GB/T 14848—1993	地下水质量标准	1993-12-30	1994-10-01
13	GB 5749—2006	生活饮用水卫生标准	2006-12-29	2007-07-01
14	GB/T 18921—2002	城市污水再生利用 景观环境用水水质	2002-12-20	2003-05-01
15	GB/T 18920—2002	城市污水再生利用 城市杂用水水质	2002-12-20	2003-05-01

表 1-2　　　　　　　　　　我国主要污染物排放标准

我国大气污染物排放标准如下：
（1）《电池工业污染物排放标准》GB 30484—2013
（2）《水泥工业大气污染物排放标准》GB 4915—2013
（3）《砖瓦工业大气污染物排放标准》GB 29620—2013
（4）《电子玻璃工业大气污染物排放标准》GB 29495—2013
（5）《炼焦化学工业污染物排放标准》GB 16171—2012
（6）《铁合金工业污染物排放标准》GB 28666—2012
（7）《轧钢工业大气污染物排放标准》GB 28665—2012
（8）《炼钢工业大气污染物排放标准》GB 28664—2012
（9）《炼铁工业大气污染物排放标准》GB 28663—2012
（10）《钢铁烧结、球团工业大气污染物排放标准》GB 28662—2012
（11）《铁矿采选工业污染物排放标准》GB 28661—2012
（12）《橡胶制品工业污染物排放标准》GB 27632—2011
（13）《火电厂大气污染物排放标准》GB 13223—2011
（14）《平板玻璃工业大气污染物排放标准》GB 26453—2011
（15）《钒工业污染物排放标准》GB 26452—2011
（16）《稀土工业污染物排放标准》GB 26451—2011
（17）《硫酸工业污染物排放标准》GB 26132—2010
（18）《硝酸工业污染物排放标准》GB 26131—2010
（19）《镁、钛工业污染物排放标准》GB 25468—2010
（20）《铜、镍、钴工业污染物排放标准》GB 25467—2010
（21）《铅、锌工业污染物排放标准》GB 25466—2010
（22）《铝工业污染物排放标准》GB 25465—2010
（23）《陶瓷工业污染物排放标准》GB 25464—2010
（24）《合成革与人造革工业污染物排放标准》GB 21902—2008
（25）《电镀污染物排放标准》GB 21900—2008
（26）《煤层气（煤矿瓦斯）排放标准（暂行）》GB 21522—2008
（27）《加油站大气污染物排放标准》GB 20952—2007
（28）《储油库大气污染物排放标准》GB 20950—2007
（29）《煤炭工业污染物排放标准》GB 20426—2006
（30）《锅炉大气污染物排放标准》GB 13271—2001
（31）《饮食业油烟排放标准（试行）》GB 18483—2001
（32）《工业炉窑大气污染物排放标准》GB 9078—1996

续表

(33)《恶臭污染物排放标准》GB 14554—1993
(34)《大气污染物综合排放标准》GB 16297—1996
我国主要水污染物排放标准如下：
(1)《电池工业污染物排放标准》GB 30484—2013
(2)《制革及毛皮加工工业水污染物排放标准》GB 30486—2013
(3)《合成氨工业水污染物排放标准》GB 13458—2013
(4)《柠檬酸工业水污染物排放标准》GB 19430—2013
(5)《麻纺工业水污染物排放标准》GB 28938—2012
(6)《毛纺工业水污染物排放标准》GB 28937—2012
(7)《缫丝工业水污染物排放标准》GB 28936—2012
(8)《纺织染整工业水污染物排放标准》GB 4287—2012
(9)《炼焦化学工业污染物排放标准》GB 16171—2012
(10)《铁合金工业污染物排放标准》GB 28666—2012
(11)《钢铁工业水污染物排放标准》GB 13456—2012
(12)《铁矿采选工业污染物排放标准》GB 28661—2012
(13)《弹药装药行业水污染物排放标准》GB 14470.3—2011
(14)《橡胶制品工业污染物排放标准》GB 27632—2011
(15)《发酵酒精和白酒工业水污染物排放标准》GB 27631—2011
(16)《汽车维修业水污染物排放标准》GB 26877—2011
(17)《钒工业污染物排放标准》GB 26452—2011
(18)《磷肥工业水污染物排放标准》GB 15580—2011
(19)《稀土工业污染物排放标准》GB 26451—2011
(20)《硫酸工业污染物排放标准》GB 26132—2010
(21)《硝酸工业污染物排放标准》GB 26131—2010
(22)《水质　显影剂及其氧化物总量的测定　碘-淀粉分光光度法（暂行）》HJ 594—2010
(23)《镁、钛工业污染物排放标准》GB 25468—2010
(24)《铜、镍、钴工业污染物排放标准》GB 25467—2010
(25)《铅、锌工业污染物排放标准》GB 25466—2010
(26)《铝工业污染物排放标准》GB 25465—2010
(27)《陶瓷工业污染物排放标准》GB 25464—2010
(28)《油墨工业水污染物排放标准》GB 25463—2010
(29)《酵母工业水污染物排放标准》GB 25462—2010
(30)《淀粉工业水污染物排放标准》GB 25461—2010
(31)《制糖工业水污染物排放标准》GB 21909—2008
(32)《混装制剂类制药工业水污染物排放标准》GB 21908—2008
(33)《生物工程类制药工业水污染物排放标准》GB 21907—2008
(34)《中药类制药工业水污染物排放标准》GB 21906—2008
(35)《提取类制药工业水污染物排放标准》GB 21905—2008
(36)《化学合成类制药工业水污染物排放标准》GB 21904—2008
(37)《发酵类制药工业水污染物排放标准》GB 21903—2008
(38)《合成革与人造革工业污染物排放标准》GB 21902—2008
(39)《电镀污染物排放标准》GB 21900—2008
(40)《羽绒工业水污染物排放标准》GB 21901—2008
(41)《制浆造纸工业水污染物排放标准》GB 3544—2008
(42)《杂环类农药工业水污染物排放标准》GB 21523—2008
(43)《皂素工业水污染物排放标准》GB 20425—2006
(44)《煤炭工业污染物排放标准》GB 20426—2006
(45)《医疗机构水污染物排放标准》GB 18466—2005
(46)《啤酒工业污染物排放标准》GB 19821—2005
(47)《味精工业污染物排放标准》GB 19431—2004
(48)《兵器工业水污染物排放标准　弹药装药》GB 14470.3—2002
(49)《兵器工业水污染物排放标准　火炸药》GB 14470.1—2002
(50)《兵器工业水污染物排放标准　火工药剂》GB 14470.2—2002
(51)《城镇污水处理厂污染物排放标准》GB 18918—2002
(52)《畜禽养殖业污染物排放标准》GB 18596—2001
(53)《污水海洋处置工程污染控制标准》GB 18486—2001

续表

（54）《污水综合排放标准》GB 8978—1996
（55）《烧碱、聚氯乙烯工业水污染物排放标准》GB 15581—1995
（56）《航天推进剂水污染物标准》GB 14374—1993
（57）《肉类加工工业水污染物排放标准》GB 13457—1992
（58）《船舶污染物排放标准》GB 3552—1983
我国主要噪声污染物排放标准如下：
（1）《建筑施工场界环境噪声排放标准》GB 12523—2011
（2）《社会生活环境噪声排放标准》GB 22337—2008
（3）《工业企业厂界环境噪声排放标准》GB 12348—2008
（4）《摩托车和轻便摩托车　定置噪声排放限值及测量方法》GB 4569—2005
（5）《三轮汽车和低速货车加速行驶车外噪声限值及测量方法（中国Ⅰ、Ⅱ阶段）》GB 19757—2005
（6）《摩托车和轻便摩托车　加速行驶噪声限值及测量方法》GB 16169—2005
（7）《汽车加速行驶车外噪声限值及测量方法》GB 1495—2002
（8）《汽车定置噪声限值》GB 16170—1996
（9）《铁路边界噪声限值及其测量方法》GB 12525—1990

2. 各类环境标准的主要特点

（1）国家环境质量标准。各类环境标准的核心，用于衡量一定时期内环境优劣程度，从某种意义上讲是环境质量的目标标准。同时，环境质量标准也是制定各类环境标准的依据，它为环境管理部门提供工作指南和监督依据。具体而言，环境质量标准对环境中有害物质和因素做出限制性规定，它既规定了环境中各污染因子的容许含量，又规定了自然因素应该具有的不能再下降的指标。我国的环境质量标准按环境要素和污染因素分成大气、水质、土壤、噪声、放射性等各类环境质量标准。我国环境质量标准是分级的，质量标准级别的划分与环境功能区一一对应。

（2）国家污染物排放（控制）标准。根据环境质量标准及污染治理技术、经济条件，而对排入环境的有害物质和产生危害的各种因素所做的限制性规定，是对污染源排放进行控制的标准。污染物排放标准是确认某排污行为是否合法的依据和实现环境质量标准的手段，目前环境质量标准与污染物排放标准的选择具有一一对应关系。

按照一般的理解，只要严格执行排放标准环境质量就应该达标，而事实上由于各地区污染源的数量、种类不同，污染物降解程度及环境自净能力不同，即使排放满足了要求，环境质量也不一定达到要求。为解决此矛盾还制定了污染物的总量指标，将一个地区的污染物排放与环境质量的要求联系起来。

（3）国家环境监测方法标准。为监测环境质量和污染物排放，规范采样、分析测试、数据处理等所做的统一规定，主要包括对分析方法、测定方法、采样方法、试验方法、检验方法、生产方法、操作方法等所做的统一规定。环境中最常见的是分析方法、测定方法、采样方法。

（4）国家环境标准样品标准。为保证环境监测数据的准确、可靠，对用于量值传递或质量控制的材料、实物样品而制定的标准物质。标准样品在环境管理中起着特别的作用，可用来评价分析仪器、鉴别其灵敏度；评价分析者的技术水平，使操作技术规范化。

我国标准样品的种类有水质标准样品、气体标准样品、生物标准样品、土壤标准样品、固体标准样品、放射性物质标准样品、有机物标准样品等。

（5）国家环境基础标准。对环境保护工作中，需要统一的技术术语、符号、代号（代码）、图形、指南、导则、量纲单位及信息编码等所做的统一规定。

目前我国的环境基础标准主要包括以下几种：①管理标准：如环境影响评价与"三同时"制度验收技术规定，大气、水污染物排放总量控制技术规范，排污申报登记技术规范等；②环境保护图形符号标准：为提高公众环境意识和加强环境管理而制定的"水污染排放口"和"工业固体废弃物堆放场"的图形标志；③环境信息分类和编码标准：环境保护是一门新兴的综合性科学，其信息量极为丰富，计算机的应用带来了管理技术的革命，而随着环境信息的积累和环境数据库的建立，信息分类编码的标准化已成为十分迫切的任务；④环境保护名词术语标准：如我国颁布的《空气质量词汇》（HJ 492—2009）、《水质词汇》（HJ 596.1—2010）。

（6）国家环境保护部标准（国家环境保护行业标准）。除上述标准外，针对在环境保护工作中还需要统一的技术要求所制定的标准（包括执行各项环境管理制度、监测技术、环境区划、规划的技术要求、规范、导则等）。

3. 环境标准的实施

（1）环境质量标准的实施。

1）在实施环境质量标准时，应结合所辖区域环境要素的使用目的和保护目的划分环境功能区，对各类环境功能区按照环境质量标准的要求进行相应标准级别的管理。

2）县级以上地方人民政府环境保护行政主管部门在实施环境质量标准时，应按国家规定，选定环境质量标准的监测点位或断面。经批准确定的监测点位、断面不得任意变更。

3）各级环境监测站和有关环境监测机构应按照环境质量标准和与之相关的其他环境标准规定的采样方法、频率和分析方法进行环境质量监测。

4）承担环境影响评价工作的单位应按照环境质量标准进行环境质量评价。

5）跨省河流、湖泊以及由大气传输引起的环境质量标准执行方面的争议，由有关省、自治区、直辖市人民政府环境保护行政主管部门协调解决，协调无效时，报国家环境保护部协调解决。

（2）污染物排放标准的实施。

县级以上人民政府环境保护行政主管部门在审批建设项目环境影响报告书（表）时，应根据下列因素或情形确定该建设项目应执行的污染物排放标准。

1）建设项目所属的行业类别、所处环境功能区、排放污染物种类、污染物排放去向和建设项目环境影响报告书（表）的批准时间。

2）建设项目向已有地方污染物排放标准的区域排放污染物时，应执行地方污染物排放标准，对于地方污染物排放标准中没有规定的指标，执行国家污染排放标准中相应的指标。

3）建设项目在确定排污单位应执行的污染物排放标准的同时，还应确定排污单位应执行的污染物排放总量控制指标。

4）建设从国外引进的项目，其排放的污染物在国家和地方污染物排放标准中无相应污染物排放指标时，该建设项目引进单位应提交项目输出国或发达国家现行的该污染物排放标准及有关技术资料，由市（地）人民政府环境保护行政主管部门结合当地环境条件和经济技术情况，提出该项目应执行的排污指标，经省、自治区、直辖市人民政府环境保护行政主管部门批准后实行，并报国家环境保护部备案。

建设项目的设计、施工、验收及投产后，均应执行经环境保护行政主管部门在批准的建设项目环境影响报告书（表）中所确定的污染物排放标准。企事业单位和个体工商业者排放污染物，应按所属的行业类型、所处环境功能区、排放污染物种类、污染物排放去向执行相应的国家和地方污染物排放标准。

（三）环境影响评价技术导则

不论是进行规划的环境影响评价，还是进行建设项目的环境影响评价，编制环境影响评价文件的技术人员应按照相应技术导则中确定的技术方法，进行环境影响评价。目前，我国实行的环境影响评价技术导则如表 1-3 所示。

表 1-3　　　　　　　　　　环境影响评价技术导则

（1）《环境影响评价技术导则　煤炭采选工程》HJ 619—2011
（2）《环境影响评价技术导则　总纲》HJ 2.1—2011
（3）《建设项目环境影响技术评估导则》HJ 616—2011
（4）《环境影响评价技术导则　生态影响》HJ 19—2011
（5）《环境影响评价技术导则　制药建设项目》HJ 611—2011
（6）《环境影响评价技术导则　地下水环境》HJ 610—2011
（7）《环境影响评价技术导则　农药建设项目》HJ 582—2010
（8）《环境影响评价技术导则　声环境》HJ 2.4—2009
（9）《规划环境影响评价技术导则　煤炭工业矿区总体规划》HJ 463—2009
（10）《环境影响评价技术导则　城市轨道交通》HJ 453—2008
（11）《环境影响评价技术导则　大气环境》HJ 2.2—2008
（12）《环境影响评价技术导则　陆地石油天然气开发建设项目》HJ/T 349—2007
（13）《建设项目环境风险评价技术导则》HJ/T 169—2004
（14）《开发区区域环境影响评价技术导则》HJ/T 131—2003
（15）《规划环境影响评价技术导则（试行）》HJ/T 130—2003
（16）《环境影响评价技术导则　水利水电工程》HJ/T 88—2003
（17）《环境影响评价技术导则　石油化工建设项目》HJ/T 89—2003
（18）《环境影响评价技术导则　民用机场建设工程》HJ/T 87—2002
（19）《工业企业土壤环境质量风险评价基准》HJ/T 25—1999
（20）《500kV 超高压送变电工程电磁辐射环境影响评价技术规范》HJ/T 24—1998
（21）《辐射环境保护管理导则　电磁辐射环境影响评价方法与标准》HJ/T 10.3—1996
（22）《环境影响评价技术导则　地面水环境》HJ/T 2.3—1993

二、中国环境影响评价制度的特征

（一）法律强制性

《中华人民共和国环境保护法》规定，建设污染环境的项目，必须遵循国家有关建设项目环境保护管理的规定，对建设项目产生的污染和对环境的影响做出评价。《中华人民共和国环境影响评价法》规定，在中华人民共和国领域和中华人民共和国管辖的其他海域内建设对环境有影响的项目，应依法进行环境影响评价。建设单位未依法报批建设项目环境影响评价文件擅自开工建设的，由有权审批该项目环境影响评价文件的环境保护行政主管部门责令停止建设，限期补办手续；逾期不补办手续的，处以罚款，对建设单位直接负责的主管人员和其他直接责任人员，依法给予行政处分。建设项目依法应当进行环境影响评价而未进行评价，或者环境影响评价文件未经依法批准，审批部门擅自批准该项目建设的，对直接负责的主管人员和其他直接责任人员，由上级机关或者监察机关依法给予行政处分；构成犯罪的，依法追究刑事责任。因此，我国的环境影响评价制度具有法律强制性。

（二）政策严肃性

政府为了履行环境保护职责，确保环境影响评价相关法律的贯彻执行，制定出一系列环境保护的具体政策。环境影响评价必须严格执行环境保护的相关政策，要结合国家和地方政府部门制定的有关政策、标准、规范要求，提出切合实际的环境保护措施和对策，使其达到必须执行的规定标准。

（三）方法科学性

目前出台的各项环境影响评价技术导则，是由多学科结合而形成的综合性分析评价方法。在进行环境影响评价实际操作时，从现状调查、评价因子筛选到专题设置、监测布点、测试、取样、分析、数据处理、模型预测以及评价结论的提出都需要严格遵循相应技术导则，认真完成各项任务。

（四）工作公正性

环境影响评价结论既是政府审批或核准项目的重要依据，也是企业对拟建项目进行投资决策的重要依据，同时还是贯彻执行"谁污染谁治理，谁破坏谁恢复"方针政策和处理环境污染纠纷的执法依据。因此，环境影响评价工作必须做到独立、客观、公正，不能受到外部因素的影响而带有主观倾向性。

三、环境影响评价的基本内容

（一）环境影响评价大纲的编写

环境影响评价大纲是环境影响评价报告书的总体设计和行动指南。评价大纲应在开展评价工作之前编制，它是具体指导环境影响评价的技术文件，也是检查报告书内容和质量的主要判据。该文件应在充分研读有关文件、进行初步的工程分析和环境现状调查后形成。

评价大纲一般包括以下内容：①总则（包括评价任务的由来，编制依据，控制污染和保护环境的目标，采用的评价标准，评价项目及其工作等级和重点等）。②建设项目概况及初步工程分析。③拟建项目地区环境简况。④建设项目工程分析的内容与方法，环境影响因素识别与评价因子筛选。⑤环境现状调查（根据已确定的各评价项目工作等级、环境特点和影响预测的需要，尽量详细地说明调查参数、调查范围及调查的方法、时期、地点、次数等）。明确环境保护目标、评价等级、评价范围、评价标准、评价时段。⑥确定环境影响预测与评价建设项目的环境影响技术方案、方法（包括预测方法、内容、范围、时段及有关参数的估值方法，对于环境影响综合评价，应说明拟采用的评价方法）。明确环境影响评价的主要内容及评价重点。⑦环境影响评价的专题设置及实施方案。⑧评价工作成果清单，拟提出的结论和建议的内容。⑨评价工作组织、计划安排。⑩经费概算。

（二）环境影响评价文件编写内容要求

1. 环境影响报告书的内容要求

环境影响报告书应包括以下内容：①总则，结合评价项目的特点阐述编制环境影响报告书的目的，编制依据，采用的标准，包括国家标准、地方标准或拟参照的国外有关标准，以及污染控制与保护环境的目标。②建设项目概况及工程分析，包括建设项目的名称、地点、建设性质；建设规模（扩建项目应说明原有规模）、占地面积及厂区平面布置（附平面图）；职工人数和生活区布局；主要原料、燃料及其来源、储运和物料平衡、水的用量、平衡及回用情况；主要产品方案及工艺过程（附工艺流程图）；排放的废水、废气、废渣、颗粒物（粉尘）、放射性废物等的种类、排放量和排放方式，以及其中所含污染物的种类、性质、排放浓度；产生的噪声、振动的特点及数值等；废弃物的回收利用、综合利用和处理、处置方案；交通运输情况及场地的开发利用状况。③建设项目周围环境现状，包括项目所处地理位置（附平面图）；地质、地形、地貌和土壤情况，河流、湖泊（水库）、海湾的水文情况，气候与气象情况；大气、地面水、地下水和土壤的环境质量状况；矿藏、森林、草原、水产和野生动植物、农作物等情况；自然保护区、风景游览区、名胜古迹、温泉、疗养区以及重要的政治文化设施情况；社会经济情况，包括现有企业及生活居住区的分布情况，人口密度，农业概况，土地利用情况，交通运输及其他社会经济活动情况；人群健康和地方病情况。④环境影响预测和评价，包括预测的时段、范围、内容及预测方法；预测结果及其分析和说明；建设项目环境影响的特征、范围、程度和性质；如要进行多个厂址的选择，应综合评价每个厂址并进行分析比较。⑤建设项目环境保护措施及其技术、经济论证，并提出各项措施的投资估算（列表）。⑥建设项目对环境影响的经济损益分析。⑦环境监测制度及环境管理、环境规划的建议。⑧环境影响评价的结论。另外，不同类型项目环境影响评价报告书的内容会有所差异，有些项目需要包括环境风险分析、公众参与等章节，有些项目生态影响评价是重点。涉及水土保持的建设项目，还必须有经水行政主管部门审查同意的水土保持方案。

  2. 环境影响报告表（登记表）的内容要求

  环境影响报告表一般包括以下内容：①建设项目基本情况，包括工程概况、建设内容及规模、与本项目有关的原有污染情况及主要环境问题等内容。②建设项目所在地自然环境及社会环境简况，包括自然环境简况，如地形、地貌、地质、气候、气象、水文、植被、生物多样性等；社会环境简况，如社会经济结构、教育、文化、文物保护等。③环境质量状况，包括建设项目所在地区域环境质量现状及主要环境问题（空气、地面水、地下水、声环境、生态和环境等），主要环境保护目标（列出名单及保护级别）。④评价适用标准，包括环境质量标准、污染物排放标准和总量控制指标。⑤建设项目工程分析，包括工艺流程简述（图示）和主要污染工序。⑥项目主要污染物产生及预计排放情况，包括大气污染物、水污染物、固体废弃物、噪声及其他污染物的排放源、污染物名称、处理前产生浓度及产生量、排放浓度及排放量；主要生态影响。⑦环境影响分析，包括施工期环境影响简要分析和运营期环境影响分析。⑧建设项目拟采取的防治措施及预期治理效果，包括对大气污染物、水污染物、固体废弃物、噪声及其他污染物的治理措施和预期治理效果，以及生态保护措施及预期效果。⑨结论与建议。

  环境影响登记表要求的内容相对简单，主要登记项目的基本情况、周围环境概况、项目排污情况及环境保护措施简述等信息。

第二章

投资建设项目的环境影响评价

　　投资项目是一项与资源环境非常密切的人类社会经济活动，对环境产生多方面的影响，包括对各种环境因素或环境介质的影响、对动植物和人类健康的影响，有时还涉及对社会、经济和文化的影响。为了反映和控制投资项目所造成的负面影响，需要进行环境影响评价。本章按照投资建设项目环境影响评价的工作程序，对其各个环节的基本技术方法进行阐述。

第一节　环境现状调查

一、投资建设项目环境影响评价工作等级的划分

（一）建设项目环境影响评价工作等级的划分依据

　　建设项目对环境的影响是指建设项目实施后可能对环境中不同环境要素造成程度不同的影响，这些要素包括大气、水、声环境、土壤、生态环境等。对这些环境要素的影响评价统称为单项因子环境影响评价。各单项因子环境影响评价工作等级可以分为一级、二级和三级，其中，一级最为详细、二级次之、三级较简略。也即划分各要素环境影响评价工作等级的目的是筛选重点评价因子，其主要依据如下：

　　1. 建设项目的工程特点

　　这些特点主要有工程性质、工程规模、能源及资源（包括水）的使用量及类型、污染物排放特点（如排放量、排放方式、排放去向、主要污染物种类、性质、排放浓度）等。

　　2. 建设项目所在地区的环境特征

　　这些特征主要有自然环境特点、环境敏感程度、环境质量现状及社会经济环境状况等。

　　3. 国家或地方政府所颁布的有关法规

　　包括环境质量标准和污染物排放标准。建设项目的环境影响评价包括一个以上的单项环境影响评价，每个单项环境影响评价的工作等级不一定相同。

（二）不同等级单项因子环境影响评价的要求

　　对于一级评价，需要对单项环境要素的环境影响进行全面、详细和深入地评价，对该环境的现状调查、影响预测，以及预防和减轻环境影响的措施，一般均要求进行比较全面和深入分析，尽可能进行定量化描述。

　　对于二级评价，需要对重点环境要素的影响进行详细和深入地评价，对该环境的现状调查、影响预测，以及预防和减轻环境影响的措施，一般均要求采用定量化计算和定性的描述去完成。

　　对于三级评价，只需要简单描述环境现状，对建设项目对环境的影响预测，以及预防和减轻环境影响的措施，一般采用定性的描述去完成。

对于建设项目中个别评价工作等级低于第三级的单项影响评价，可根据具体情况进行简单的叙述、分析或不进行叙述、分析。

对于某一具体建设项目，在划分各评价项目的工作等级时，根据建设项目对环境的影响、所在地区的环境特征或当地对环境的特殊要求等情况可做适当调整。

二、环境现状调查的原则和方法

建设项目环境影响评价是针对环境现状而言的，即在环境现状的基础上，对建设项目的某种活动对当前环境中某种要素的影响进行评价。因此在进行建设项目的环境影响评价前，必须对其周围的环境现状进行调查。环境现状调查包括污染源调查、自然环境调查与社会环境调查等内容。具体内容和调查方法可用图2-1进行说明。

（一）建设项目环境现状调查的一般原则

（1）根据建设项目所在地区的环境特点，结合各单项因子环境影响评价的工作等级，确定各环境要素的现状调查范围，并筛选出调查的有关参数。

（2）进行环境现状调查时，首先应收集现有资料，当这些资料不能满足要求时，再进行现场调查和测试。

（3）在环境现状调查中，对环境中与评价项目有密切关系的部分，如大气、地面水、地下水等，应做到全面、详细，对这些部分的环境质量现状应有定量的数据并做出分析或评价；对一般自然环境与社会环境的调查，应根据评价地区的实际情况决定调查内容。

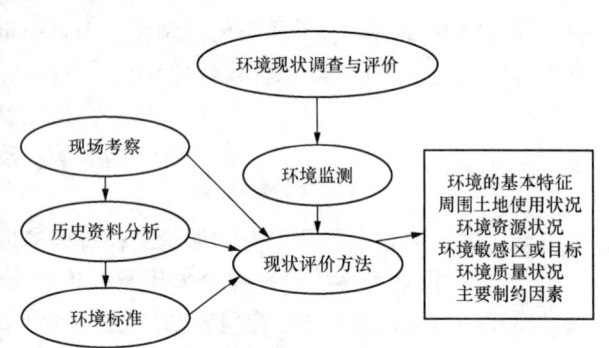

图 2-1　环境现状调查与评价工作内容

（二）环境现状调查方法

1. 收集资料法

收集资料法应用范围广、收效大，比较节省人力、物力和时间。进行环境现状调查时，应首先通过此方法获得现有的各种有关资料，但此方法只能获得第二手资料，而且往往不全面，不能完全符合要求，需要补充其他方法。

2. 现场调查法

现场调查法可以针对使用者的需要，直接获得第一手的数据和资料，以弥补收集资料法的不足。这种方法工作量大，需占用较多的人力、物力和时间，有时还可能受季节、仪器设备条件的限制。

3. 遥感的方法

遥感的方法可从整体上了解一个区域的环境特点，可以弄清人类无法到达地区的地表环境情况，如一些大面积的森林、草原、荒漠、海洋等。此方法不十分准确，不宜用于微观环境状况的调查，一般只用于辅助性调查。在环境现状调查中，使用此方法时，绝大多数情况使用航拍的办法，只判断和分析已有的航空或卫星图像。

三、污染源调查与评价

（一）普查与详查

污染源调查一般是采用普查与详查相结合的方法。对于排放量大、影响范围广泛、危害严重的重点污染源，应进行详查。详查时污染源调查人员要深入现场，进行实地调查，核实被调查对象上报的数据是否真实、准确，同时进行必要的监测。

其余的非重点污染源一般采用普查的方法。进行污染源普查时，对调查时间、方法、标准都要做出规定并采取统一表格。表格一般由被调查对象填写。

（二）污染源评价

污染源评价的目的是要把标准各异、量纲不同的污染源和污染物的排放量，通过一定的数学方法变成一个统一的可比较值，从而确定主要的污染物和污染源。污染源评价方法很多，目前多采用等标污染负荷法，分别对水、气污染物进行评价。

1. 等标污染负荷与等标污染负荷比

为了确定污染物和污染源对环境的贡献，引入污染负荷。

（1）某种污染物的污染负荷 P_i，则有

$$P_i = \frac{C_i}{C_{0i}} \times Q_i \tag{2-1}$$

式中　C_i——某种污染物的排放浓度；

　　　Q_i——某种污染物的单位时间的排放量，t/a；

　　　C_{0i}——某污染物的评价标准，mg/L（对水），mg/m³（对气），一般取排放标准。

1）对大气而言，计算时间按小时计算其等标排放量 P_i（下标 i 为第 i 个污染物），即

$$P_i = \frac{Q_i}{C_{0i}} \times 10^9 \tag{2-2}$$

式中　P_i——等标排放量，m³/h；

　　　Q_i——单位时间排放量，t/h；

　　　C_{0i}——大气环境质量标准，mg/m³。

2）对水而言，计算时间按秒计算其等标排放量 P_i（下标 i 为第 i 个污染物），即

$$P_i = \frac{Q_i}{C_{0i}} \times 10^{-3} \tag{2-3}$$

式中　P_i——等标排放量，m³/s；

　　　Q_i——单位时间排放量，mg/s；

　　　C_{0i}——水环境质量标准，mg/L。

（2）污染源（工厂）的等标污染负荷 P_n

P_n 是其污染物的等标负荷之和，即

$$P_n = \sum P_i \tag{2-4}$$

（3）区域的等标污染负荷 P

P 为该区域（或流域）内所有污染源的等标污染负荷之和，即

$$P = \sum P_n \tag{2-5}$$

2. 污染物占工厂的等标污染负荷比

$$K_i = \frac{P_i}{\sum P_i} = \frac{P_i}{P_n} \tag{2-6}$$

3. 污染源占区域的等标污染负荷比

$$K_n = \frac{P_n}{\sum P_n} \tag{2-7}$$

（三）主要污染物的确定

按污染物等标污染负荷的大小排列，从大到小计算累计百分比，将累计百分比大于 80% 的污染物列为主要污染物。

（四）主要污染源的确定

将污染源按等标污染物负荷排列，计算累计百分比，将累计百分比大于 80% 的污染源列为主要污染源。

需要注意的是，采用等标污染物负荷法处理，容易造成一些毒性大，在环境中容易积累的污染物排不到主要的污染物类之中，然而，对这些污染物的排放控制，又是必要的。所以，通过计算后，还应做全面的考虑和分析，最后确定主要的污染源和主要的污染物。

四、自然环境现状调查

（一）地理位置

地理位置应包括建设项目所处的经度、纬度、行政位置和交通位置，要说明项目所在地与主要城市、车站、码头港口、机场等的距离和交通条件，并附地理位置图。

（二）地质

一般情况，只需根据现有资料，选择下述部分或全部内容，概要地说明当地的地质状况，即当地的地层概况、地壳构造的基本形式（如岩层、断层及断裂等）及其与之相应的地貌表现、物理与化学风化情况、当地已探明或已开采的矿产资源情况。若建设项目规模较小且与地质条件无关时，地质现状可不叙述。评价矿山及其他与地质条件密切相关的建设项目的环境影响时，对与建设项目有直接关系的地质构造，如断层、断裂、坍塌、地面沉陷等，要进行较为详细的叙述。一些特别有危险的地质现象，如地震，也应加以说明，必要时，应附图辅助说明，若没有现成的地质资料，应进行一定的现场调查。

（三）地形地貌

一般情况，只需根据现有资料，选择下述部分或全部内容，包括建设项目所在地区海拔高度、地形特征（高低起伏状况）、周围的地貌类型（如山地、平原、沟谷、丘陵、海岸等），以及岩溶、冰川、风成等地貌的情况。崩塌、滑坡、泥石流、冻土等有危害的地貌现象，如不直接或间接威胁到建设项目时，可概要说明其发展情况。

若无可查资料，需进行一些简单的现场调查。

当地形地貌与建设项目密切相关时，除应比较详细地叙述上述全部或部分内容外，还应附建设项目周围地区的地形图，特别应当详细说明可能直接对建设项目有危害或将被项目建设诱发的地貌现象的现状及发展趋势，必要时还应进行一定的现场调查。

（四）气候与气象

建设项目所在地区的主要气候特征包括年平均风速和主导风向、年平均气温、极端气温与月平均气温（最冷月与最热月）、年平均相对湿度、平均降水量、降水天数、降水量极值、日照、主要的天气特征（如梅雨、寒潮、冰雹和台风、飓风）等。

（五）地面水环境

如果建设项目不进行地面水环境的单项环境影响评价，应根据现有资料选择下述部分或全部内容，概要说明地面水状况，即地面水资源的分布及利用情况，地面水各部分（如河流、湖泊、水库等）之间及其与海湾、地下水的联系，地面水的水文特征及水质现状，以及地面水的污染来源。

如果建设项目在海边又无须进行海湾单项环境影响评价，应根据现有资料选择性叙述部分或全部内容，概要说明海湾环境现状，即海洋资源及利用情况、海湾的地理概况、海湾与当地地面水及地下水之间的联系、海湾的水文特征及水质现状、污染来源等。

如果建设项目需进行地面水（包括海湾）环境的单项影响评价，除应详细叙述上面部分或全部内容外，还需按《环境影响评价技术导则地面水环境》中的规定，增加有关内容。

（六）地下水环境

当建设项目不进行与地下水直接有关的环境影响评价时，只需根据现有资料，简述下述部分或全部内容：当地地下水的开采利用情况、地下水埋深、地下水与地面的联系及水质状况与污染来源。

若需进行地下水环境影响评价，除要比较详细地叙述上述内容外，还应根据需要，选择以下内容进一步调查：水质的物理、化学特性，污染源情况，水的储量与运动状态，水质的演变与趋势，水源地及其保护区的划分，水文地质方面的蓄水层特性，承压水状况等。当资料不全时，应进行现场采样分析。

（七）土壤与水土流失

当建设项目不进行与土壤直接有关的环境影响评价时，只需根据现有资料，简述下述部分或全部内容：建设项目周围地区的主要土壤类型及其分布、土壤的肥力与使用情况、土壤污染的主要来源及其质量现状、建设项目周围地区的水土流失现状及原因等。

当需要进行土壤环境影响评价时，除要比较详细地叙述上述内容外，还应根据需要，选择以下内容进一步调查：土壤的物理、化学性质，土壤结构，土壤一次、二次污染状况，水土流失的原因、特点、面积、元素及流失量等，同时要附土壤分布图。

（八）动、植物与生态

若建设项目不进行生态影响评价，但项目规模较大时，应根据现有资料简述下述部分或全部内容：建设项目周围地区的植被情况（覆盖度、生长情况），有无国家重点保护的或稀有的、受危害的或作为资源的野生动、植物，当地的主要生态系统类型（如森林、草原、沼泽、荒漠等）及现状。若建设项目规模较小，又不进行生态影响评价时，这一部分可不叙述。

若需进行生态影响评价，除要比较详细地叙述上述内容外，还应根据需要，选择以下内容进一步调查：本地区主要的动、植物清单，特别是需要保护的珍稀动、植物种类与分布，生态系统的生产力，稳定状况；生态系统与周围环境的关系及影响生态系统主要环境因素的调查。

五、社会环境调查

（一）社会经济

主要根据现有资料，结合必要的现场调查，简要叙述、评价所在地的社会经济状况和发展趋势。

（1）人口。包括居民区的分布情况及分布特点、人口数量和人口密度等。

（2）工业与能源。包括建设项目周围地区现有的厂矿企业的分布状况、工业结构、工业总产值及能源供给与消耗方式等。

（3）农业与土地利用。包括可耕地面积、粮食作物与经济作物构成及产量、农业总产值及土地利用现状。建设项目环境影响评价应附土地利用图。

（4）交通运输。包括建设项目所在地区公路、铁路或水路方面的交通运输概况，以及与建设项目之间的关系。

（二）文物与景观

文物是指遗存在社会上或埋藏在地下的历史文化遗物，一般包括具有纪念意义和历史价值的建筑物、遗址、纪念物或具有历史、艺术、科学价值的古文化遗址、古墓葬、古建筑、石窟寺、石刻等。

景观一般是指具有一定价值必须保护的特定的地理区域或现象，如自然保护区、风景游览区、疗养区、温泉及重要的政治文化设施等。

如不进行这方面的影响评价，只需根据现有资料，简述下述部分或全部内容：建设项目周围有哪些重要文物与景观；文物或景观与建设项目的相对位置和距离，其基本情况及国家或当地政府的保护政策和规定。

如建设项目需要进行文物与景观环境影响评价时，除要比较详细地叙述上述内容外，还应根据现有资料结合必要的现场调查，进一步叙述文物与景观对人类活动敏感部分的主要内容。这些内容有：它们易于受哪些物理的、化学的或生物的影响，目前有无已损害的迹象及其原因，主要的污染或其他影响的来源，景观外貌特点，自然保护区或风景游览区中珍贵的动、植物种类及文物或景观的价值（包括经济的、政治的、美学的、历史的、艺术的和科学的价值等）。

（三）人群健康状况

当建设项目传输某种污染物或拟排污染物毒性较大时，应进行一定的人群健康调查。调查时，应根据环境中现有污染物及建设项目将排放的污染物的特性选定指标。

（四）其他

根据当地环境情况及建设项目特点，决定是否进行有关电磁波、振动、地面下沉等项目的调查。

有关环境现状评价方法，可以参阅相应的技术导则（如大气环境影响评价技术导则，地表水环境影响评价技术导则等）中推荐的方法。

第二节 工 程 分 析

工程分析是环境影响评价中分析项目建设环境内在因素的重要环节，是决定环境影响评价工作质量好坏的关键，是把握项目环境影响特点的重要手段，在建设项目环境影响评价工作中占有举足轻重的地位。

一、工程分析的概念、目的和意义

（一）工程分析的概念

环境影响评价工作中的工程分析指的是从项目建设性质、产品结构、生产规模、原辅材料、工艺路线、设备选型、能源结构、技术经济指标、总图布置方案等基础资料入手，确定工程建设和运行过程中的产污环节、污染源强、排放总量等内容的过程，其最终是为环境影响预测和评价提供数据、为建设项目环境管理提供依据。

（二）工程分析的目的和意义

1. 工程分析是建设项目审批的重要依据

工程分析是环境行政主管部门审批项目的重要依据之一。工程分析的重要任务之一就是从环境保护的角度入手，分析项目技术经济的先进性、污染治理措施的可行性、总图布置的合理性、达标排放的可能性，衡量建设项目是否符合国家产业政策、环境保护政策和相关法律法规的要求，确定建设项目的环境可行性，为环境保护行政主管部门审批项目提供依据。

2. 工程分析为各评价专题提供基础数据

工程分析是环境影响评价的基础，各评价专题需要的基础数据均来自工程分析。工程分析中给出的产污节点、源强、污染物排放方式、去向等技术参数为定量评价建设项目对环境影响的程度和范围提供了可靠的保证。

3. 工程分析为环保设计提供优化建议

建设项目在进行工程设计时会根据已知生产工艺过程中的产污环节和产污数量，采取必要的治理措施。工程分析中不仅要考虑前述问题，更重要的是还应包括对生产工艺进行优化论证，提出满足清洁生产要求的清洁生产工艺方案，对于改扩建项目还应实现"增产不增污"或"增产减污"的目标，使环境质量得以改善或不使环境质量恶化，起到对环保设计方案优化的作用。

同时，工程分析中还可对项目拟采取的污染防治措施的先进性、可靠性进行论证，提出进一步改进、完善的措施。

4. 工程分析结论为项目建成后的环境管理提供依据

工程分析中找出的主要污染因子是项目建成后日常环境管理的主要对象，所提出的环保措施是工程验收的重要依据，核算确定的排放总量是污染控制的主要目标。

（三）工程分析的总体要求

工程分析要求对全部项目组成和所有时段的全部行为过程的环境影响因素、环境影响特征、强度、方式进行分析。

项目组成包括主体工程、辅助工程、配套（办公生活设施）工程、环保工程、储运工程，进行工程分析时应逐项考虑各自的环境影响因素、特征、强度及方式。

项目从建设到投入使用可以分为施工阶段、运行阶段、服务期满三个阶段。所有建设项目均必须进行运行阶段的工程分析；对于建设周期长、影响因素复杂及影响区域广的项目（如高速公路项目）需进行施工阶段的工程分析；对于个别建设项目由于运行期的长期影响或累积影响（如垃圾填埋场建设项目），会造成环境质的变化，需进行服务期满的工程分析。

此外，工程分析中不能忽略的是运行阶段非正常工况的工程分析。非正常工况是指生产运行阶段的开车、停车、检修、操作不正常工况等，不包括事故。

二、工程分析的方法

根据建设单位提供的项目规划、可行性研究报告和设计资料等的详尽程度，工程分析可以采用不同的方法进行。目前，工程分析常用的方法有类比分析法、物料平衡计算法、查阅资料（资料复用）、实测法、实验法等，其中前三种方法较常用。

（一）类比分析法

类比分析法是利用与拟建项目类型相同的现有项目的设计资料或实测数据进行工程分

析的常用方法。

类比分析法常用单位产品的经验排污系数去计算污染物排放量。使用过程中应注意根据生产规模等工程特征和生产管理，以及外部因素等实际情况进行必要的修正。

工程分析中的类比法要求时间长，需要投入工作量较大，但是所得结果比较准确，可信度高。在评价工作等级较高、评价时间允许，且又有可参考的相同或相似的现有工程时，建议采用此方法。

同时为提高结果的准确性，使用该方法时需要充分注意分析对象与类比对象之间的相似性。判断分析对象与类比对象之间是否具有相似性具体应从以下几个方面入手。

1. 工程一般特征的相似性

判断分析对象与类比对象是否具有相似性首先应从工程一般特征考虑。工程一般特征的相似性主要指建设项目的性质、建设规模、车间组成、产品结构、工艺路线、生产方法、原料、燃料等的相似性。

2. 污染物排放特征的相似性

污染物排放特征的相似性主要是指污染物排放类型、浓度、强度、排放方式、污染方式及途径等。

3. 环境特征的相似性

环境特征的相似性主要指气象条件、地貌状况、生态特点、环境功能，以及区域污染情况等方面的相似性。

（二）物料平衡计算法

物料平衡计算法是用于计算污染物排放量的常规和最基本的方法。具体而言，就是在建设项目产品方案、工艺路线、生产规模、原材料和能源消耗及治理措施确定的情况下，运用质量守恒定律核算污染物排放量，即生产过程中投入系统的物料总量必须等于产品数量和物料流失量之和。

物料衡算有总物料衡算、有毒有害物料衡算、有毒有害元素物料衡算三个层次，至于在具体评价工作中做到哪一个层次应根据项目建设的实际情况确定。

物料衡算是以理论计算为基础，比较简单，所得数据相对可靠和准确。但该方法有一定的局限性，不适用所有的建设项目，尤其对于具有复杂化学反应的项目。另外，由于在理论计算中的设备运行状况均按理想状态考虑，计算结果大多数情况下偏低，应根据实际情况进行修正以获得最大排放量。

（三）查阅资料（资料复用）法

资料复用法是利用同类工程已有的环境影响评价资料或可行性研究报告等资料进行工程分析。虽然该方法非常简单，但所得到的数据准确性较难保证，只适用于评价等级较低的评价工作，或作为前两种方法的补充。

鉴于该方法准确性较差，因此在实际评价工作中一般不提倡使用，如果要用该方法应说明资料来源、出处并进行核实核算。

三、污染型建设项目的工程分析

对于环境影响以污染物排放为主的建设项目来说，工程分析的主要内容包括工程概况、工艺流程及产污环节分析、污染物分析、环保措施分析、清洁生产水平分析、总图布置方案分析六个方面。

(一）工程概况

工程概况分析是工程分析的第一步，通过对工程概况、工程一般特征的简单介绍，分析项目组成情况以找出项目建设可能存在的主要环境问题。

项目的基本情况应交代清楚项目名称、建设单位、投资、建设规模、生产流程、给排水、能耗物耗情况等，现将主要内容介绍如下。

（1）项目组成情况。工程分析的总体要求之一就是对全部项目组成的环境影响因素、特征、强度、方式进行分析。因此，详细了解建设项目组成是确保工程分析不漏项的重要基础。

项目的组成一般按照主体工程、配套工程（办公及生活设施）、辅助工程、公用工程、环保工程、储运工程等几个部分进行描述，除文字描述外，应主要以项目组成表的形式清楚表达，表2-1是建设项目组成的一般表达方式。

表2-1　　　　　　　　　　建 设 项 目 组 成

项 目 名 称		建 设 规 模
主体工程	1	
	2	
	⋮	
辅助工程	1	
	2	
	⋮	
公用工程	1	
	2	
	⋮	
配套工程（办公及生活设施）	1	
	2	
	⋮	
环保工程	1	
	2	
	⋮	
储运工程	1	
	2	
	⋮	

在分析项目组成时应根据具体项目的实际情况进行，需要指出的是，对于分期建设的项目，应按不同建设期分别说明建设规模。改扩建项目应列出现有工程，并说明扩建工程部分与现有工程的依托关系。

（2）建设项目原辅材料使用及消耗情况。对于建设项目原辅材料使用及消耗情况的分析，应包括主要原料、辅助材料、助剂、能源（煤、焦、油、气、电、水蒸气）、用水等的来源、成分和消耗量，可按表 2-2 的形式表示。

同时，对于项目使用的主要原、辅材料、助剂或有毒有害物质的理化性质应进行描述分析。

表 2-2 建设项目原辅材料消耗

序 号	名 称	单位产品耗量	年 耗 量	来 源
1				
2				
3				
⋮				

（二）工艺流程及产污环节分析

工艺流程及产污环节分析是工程分析中的重要内容，环境影响评价中对生产工艺流程的分析主要目的不是在于描述项目的生产过程，而是分析工艺过程中产生污染物的具体部位。

产污环节分析主要是通过对项目生产工艺的分析，找出项目主要的产污部位、污染物种类和数量，一般通过绘制污染工艺流程图的方式进行分析。对于生产过程中有化学反应的工序还应列出主要化学反应和副反应方程式。

乙醛在常压条件下与氧气进行液相氧化反应生成醋酸以装置流程图的形式表示，煤化工用方块流程图的形式表示，如图 2-2、图 2-3 所示。汽车制造厂工艺流程及各工段污染物产生位置如图 2-4 所示。

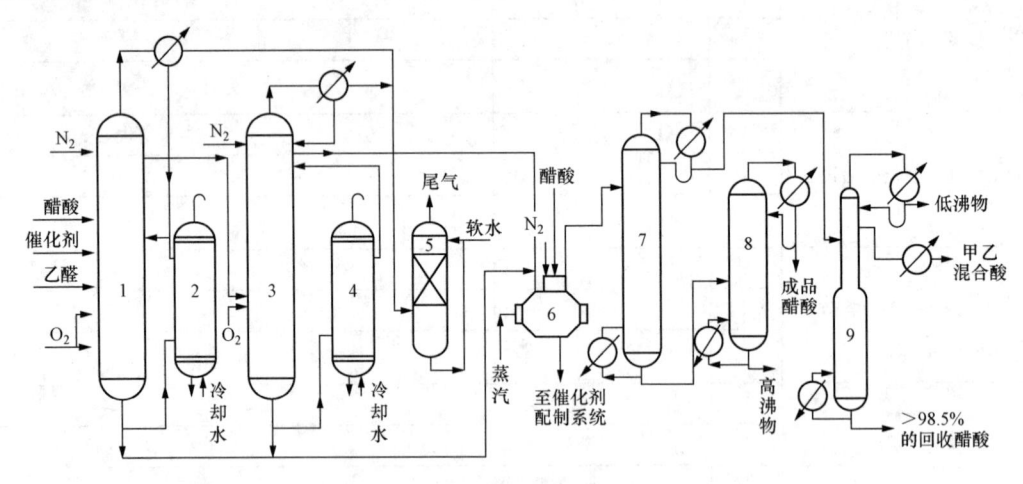

图 2-2 乙醛制乙酸工艺流程

同时，在产污环节分析中还需要在总平面布置图上标出污染源的准确位置，以便为其他专题评价提供可靠的污染源资料。

（三）污染源源强分析及核算

污染源源强的分析及核算是工程分析的重点，也直接关系到环境影响评价各专项工作的开展，源强分析及核算准确与否直接关系到环境影响预测分析结果的准确性，进而影响到环境影响评价结论的可信性。主要内容包括以下方面。

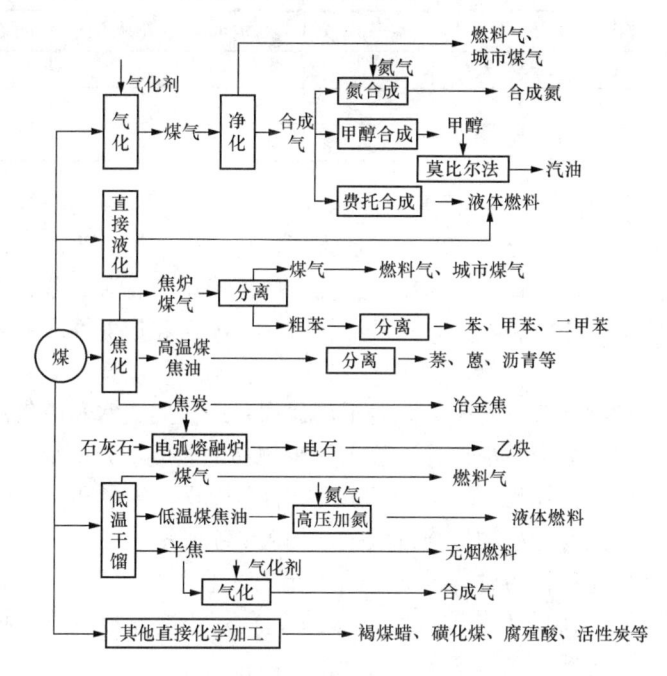

图 2-3　煤化工工艺流程图

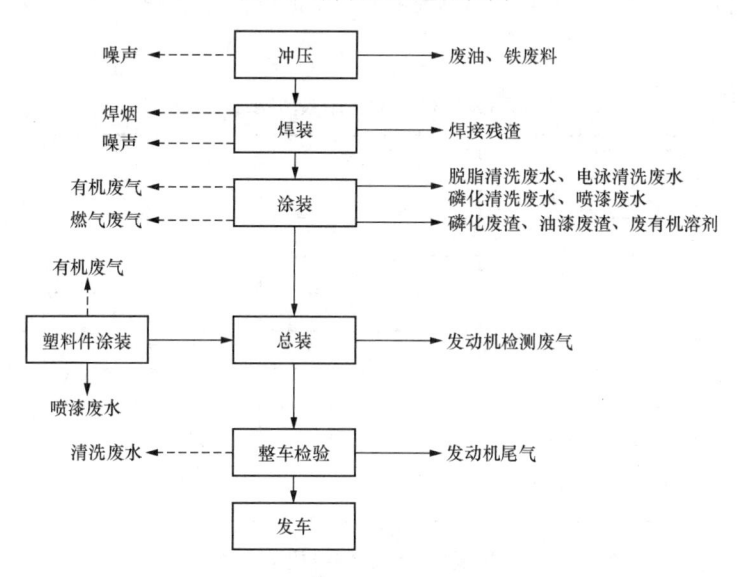

图 2-4　汽车制造厂工艺流程及各工段污染物产生位置

1. 污染物分布及污染源源强核算

污染物分布及污染源源强核算必须按照建设过程、运营过程两个时期详细核算、统计，对于部分项目还应核算其服务期满的情况。

对于污染源分布应根据已经绘制的污染流程图，并按照排放点标明污染物排放部位，然后列表逐点统计各种污染物的排放强度、排放浓度及排放数量。对于最终排入环境的污染物，确定其是否达标排放，达标排放必须按项目的最大负荷计算，如表 2-3 所示。

表 2-3　　　　　　　　　　　　　　　污 染 源 源 强

序号	污染源	污染因子	产生量	治理措施	排放量	排放方式	排放去向	达标分析

具体到各环境要素，废气可按点源、面源、线源进行核算，说明源强、排放方式和排放高度等。废水应说明种类、成分、浓度、排放方式、排放去向等。废液应说明种类、成分、浓度、是否属于危险废物、处置方式和排放去向。废渣应说明有害成分、溶出物浓度、是否属于危险废物、排放量、处理和处置方式及贮存方法。噪声和放射性应列表说明源强、剂量及分布等。

(1) 新建项目污染物排放量的统计。对于新建项目应按照废水和废气污染物分别统计各种污染物排放总量，固体废物按规定分一般固体废物和危险废物分别统计。

统计过程中应明晰"两本账"，即生产过程中的污染物产生量和实行污染防治措施后的污染物削减量。两者之差为污染物最终排放量，如表 2-4 所示。

(2) 技术改造及扩建项目污染物排放量的统计。对于这类项目，在统计污染物排放量的过程中，应明晰新老污染源的"三本账"，即改扩建前污染物排放量、改扩建项目污染物排放量、改扩建完成后（包括"以新带老"削减量）污染物排放量。

改扩建前排放量–"以新带老"削减量+改扩建项目排放量=改扩建完成后的排放量。具体如表 2-5 所示。

表 2-4　　　　　　　　　　　新建项目污染物排放量统计

类　别	污染物名称	产生量	治理削减量	排放量
废气				
废水				
固体废物				

表 2-5　　　　　　　　　　　改扩建项目污染物排放量统计

类　别	污染物	改扩建前排放量	改扩建项目排放量	"以新带老"削减量	改扩建完成后总排放量	增减量变化
废水						
废气						

续表

类　别	污染物	改扩建前排放量	改扩建项目排放量	"以新带老"削减量	改扩建完成后总排放量	增减量变化
固体废物						

2. 物料平衡分析

在工程分析中，当项目使用的原辅材料等种类较多且理化性质比较复杂时，应选择有代表性的物料（主要的物料或对环境影响较大的物料）进行衡算和分析，一般以物料平衡图的形式体现分析结果。

物料衡算的理论依据为质量守恒定律，具体表现为

$$\sum G_{投入} = \sum G_{产品} + \sum G_{流失} \tag{2-8}$$

式中 $\sum G_{投入}$——投入系统的某种物料总量；

$\sum G_{产品}$——产出产品中含有的某种物料总量；

$\sum G_{流失}$——某种物料在生产过程中的流失总量。

总物料衡算公式

$$\sum G_{排放} = \sum G_{投入} - \sum G_{回收} - \sum G_{处理} - \sum G_{转化} - \sum G_{产品} \tag{2-9}$$

式中 $\sum G_{排放}$——污染物的排放量；

$\sum G_{回收}$——进入回收产品中的量；

$\sum G_{处理}$——污染物经净化装置处理掉的量；

$\sum G_{转化}$——生产过程中被分解、转化的量。

其他符号含义同前。

物料平衡分析的结果，最终以物料平衡图的形式表达。

3. 水平衡分析

水作为工业生产中的原料和载体，在任一用水单元内都存在着水量平衡关系，同样可以依据质量守恒定律进行水量平衡分析。工业用水量和排水量的关系如图 2-5 所示。

水平衡关系式为

$$Q + A = H + P + L \tag{2-10}$$

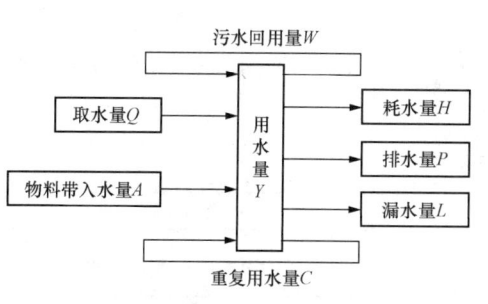

图 2-5 工业用水量和排水量的关系

（1）取水量（Q）：工业用水的取水量是指取自地表水、地下水、自来水、海水、城市污水及其他水源的总水量。建设项目工业取水量包括生产用水和生活用水，生产用水又包括间接冷却水、工艺用水和锅炉给水。

工业取水量＝间接冷却水量＋工艺用水量＋锅炉给水量＋生活用水量。

（2）重复用水量（C）：指建设项目内部循环使用和循序使用的总水量。

（3）耗水量（H）：指整个工程项目消耗掉的新鲜水量的总和，即

$$H = Q_1 + Q_2 + Q_3 + Q_4 + Q_5 + Q_6 \tag{2-11}$$

式中 Q_1——产品含水,即由产品带走的水;
Q_2——间接冷却水系统补充水量,即循环冷却水系统补充水量;
Q_3——洗涤用水(包括装置和生产区地坪冲洗水)、直接冷却水和其他工艺用水量之和;
Q_4——锅炉运转消耗的水量;
Q_5——水处理用水量,指再生水处理装置所需的用水量;
Q_6——生活用水量。

水平衡分析的结果同样可以用水平衡图的形式予以表达。

4. 无组织排放源源强的统计

无组织排放是对应于有组织排放而言的,主要针对废气排放,表现为生产工艺过程中产生的污染物没有进入收集系统和排气系统,而通过厂房天窗或直接弥散到环境中。工程分析中将没有排气筒或排气筒高度低于15m的排放源称为无组织排放,其排放源强的确定主要依靠物料衡算法、类比法、反推法三种方法进行。

这里应明确的是,对于源强的统计还应包括非正常排污的情况,即正常开车、停车或部分设备检修时排放,以及工艺设备或环保设施达不到设计规定指标运行时的排污,此类异常排污分析都应重点说明异常情况产生的原因、发生频率和处置措施。

(四)项目拟采取的环保措施分析

工程分析应对建设项目拟采用的环保措施进行必要的分析,分两个层次,首先,对建设单位在项目可研报告等相关文件中提出的环保措施进行技术先进性、经济合理性及运行可靠性分析;其次,若所提措施有的不能满足环境保护要求,则需要提出切实可行的改进完善建议,包括替代方案。具体要点如下。

1. 技术经济可行性分析

根据建设项目产生的污染物特点,充分调查同类企业的现有环保处理措施的经济技术运行指标,分析建设项目拟采用的环保设施的技术可行性、经济合理性及运行可靠性,在此基础上提出进一步改进措施及替代方案。

2. 污染处理工艺达标排放可靠性分析

根据现有同类环保设施的运行技术经济指标,结合建设项目排放污染物的基本特点和所采用污染防治措施的合理性,分析建设项目环保设施运行参数是否合理,有无承受冲击负荷能力,能否稳定运行,确保各种污染物排放达标的可靠性,并提出进一步改进的意见。

3. 环保设施投资构成分析

汇总建设项目环保设施的各项投资,分析其投资结构,并计算环保投资在总投资中所占比例。具体可以表2-6的形式体现。

表2-6　　　　　　　　　　建设项目环保投资情况

项　　目		建　设　内　容	投　　资
废气治理	1		
	2		
	⋮		
废水治理	1		
	2		
	⋮		

续表

项　目		建 设 内 容	投　资
噪声治理	1		
	2		
	⋮		
固体废物处置	1		
	2		
	⋮		
厂区绿化			
其他	1		
	2		
	⋮		

对于改扩建项目，环保设施投资一览表中还应包括"以新带老"的环保投资内容。

4. 依托设施的可行性分析

对于技改扩项目，往往需要继续利用原有的环保设施，如原有的污水处理厂等。工程分析中应对原有设施是否能够满足技改扩建后的要求，进行认真核实，分析依托设施的可靠性。

另外，应注意的是，随着经济的发展，依托公用环保设施已经成为区域环境污染防治的重要组成部分。例如，对于项目产生的废水，经过预处理后排入区域或城市污水处理厂进一步处理后排放的项目，除了对其采取的污染防治措施技术的可靠性、可行性进行分析评价外，还应对接纳排水的污水处理厂的工艺合理性进行分析，分析其处理工艺是否与项目排水的水质相容等。

（五）清洁生产水平分析

清洁生产是一种新的污染防治战略。实施清洁生产，可以减轻末端治理的负担，提高项目建设的环境可行性。工程分析中应对项目清洁生产水平有简要的分析。在对建设项目进行清洁生产分析时，对于国家已经公布清洁生产标准的行业，可以以标准中的要求与建设项目进行直接比较，从而判定项目清洁生产水平；对于国家暂无清洁生产标准的行业，重点通过与国内外同类型项目的单位产品或万元产值的物耗、能耗、水耗和排放水平等进行比较，找出其差距。

（六）总图布置方案与外环境关系分析

1. 卫生防护距离及安全防护距离保证性分析

主要是参考国家有关的卫生防护距离规范，分析厂区与周围保护目标之间所定卫生防护距离的可靠性，合理布置建设项目的各构筑物及生产设施，给出总图布置方案与外环境关系图，图中应标明保护目标与建设项目的方位关系，保护目标与建设项目的距离，保护目标的内容与性质。

确定卫生防护距离有两种方法，一种方法是按国家已颁布的某些行业的卫生防护距离，根据建设规模和当地气象资料直接确定；另一种方法是对于尚无工业卫生防护距离标准的，可根据《环境影响评价技术导则—大气环境》（HJ 2.2—2008）中推荐的方法计算大气环境防护距离。

2. 分析项目内部平面布局的合理性

根据水文、气象等条件分析项目内部平面布局的合理性，对于认为布局不合理的地方提出改进措施。

3. 分析对周围环境敏感点处置措施的可行性

分析项目所产生的污染物的特点及其污染特征，结合现有的有关资料，确定建设项目对附近环境敏感点的影响程度，在此基础上提出切实可行的处置措施（如搬迁、防护等）。

四、生态影响型项目的工程分析

生态影响型项目工程分析的内容应结合工程特点，提出工程施工期和运营期的影响和潜在影响因素，能量化的应给出量化指标。其具体内容包括以下五个方面。

（一）工程概况

阐述工程的名称、建设地点、性质、规模和工程特性，并给出工程特性表。其中工程组成中应特别注意将所有的工程活动都纳入分析中，一般按照主体工程、辅助工程、配套工程、公用工程、环保工程、大临工程（大型临时工程）、储运工程等进行分析。对于生态影响型的项目除了对主体工程、配套工程的了解外，还应特别注意对辅助工程进行详细的了解。辅助工程主要包括以下方面。

（1）对外交通。需要了解其走向，占地类型及面积，匡算土石方量，了解修筑方式等。

（2）施工道路。连接施工场地、营地，运送各种物料和土石方，都有施工道路的问题。对于已设计施工道路的工程，具体说明其布线、修筑方法，主要关心是否影响到环境敏感目标，是否注意植被保护和水土流失防治；对尚未设计施工道路的工程，则需明确选线原则，提出合理的修建原则与建议，尤其应给出禁止线路占用的土地或地区。

（3）料场。包括土料场、石料场、沙石料场等施工建设的料场。需要明确各种料场的点位、规模、采料作业时期及方法，尤其需要明确有无爆破等特殊施工方法。

（4）工业场地。工业场地布设、占地面积、主要作业内容等。一般应给出工业场地布置图，说明各项作业的具体安排，使用的加工设备等。在选址合理性论证中，工业场地的选址是重要论证内容之一。

（5）施工营地。集中或单独建设的施工营地，无论大小，都须纳入工程分析中。施工营地占地类型、占地面积、事后进行恢复的设计是分析的重点，需要进行环境合理性分析。

（6）弃土弃渣场。包括设置点位、每个场的弃土弃渣量、弃土弃渣方式、占地类型及数量、事后复垦或进行生态恢复的计划等。弃土弃渣场的合理选址是环境影响评价重要论证内容之一，在工程分析中需说明弃渣场坡度、径流汇集情况等，以及拟采取的安全设计措施和防止水土流失措施等。

（二）施工规划

结合工程的建设进度，介绍工程的施工规划，对与生态环境保护有重要关系的规划建设内容和施工进度要做详细介绍。

（三）生态环境影响源分析

通过调查，对项目建设可能造成生态环境影响的活动（影响源或影响因素）的强度、范围、方式进行分析，能定量的要给出定量数据。如占地类型与面积、植被破坏量，特别是珍稀植物的破坏量、水土流失量等均应给出量化数据。

（四）主要污染物与源强分析

项目建设中的主要污染物废水、废气、固体废物的排放量和噪声发生源源强，需给出生产废水和生活污水的排放量和主要污染物排放量；废气给出排放源点位，说明源性质、主要污染物产生量；固体废物给出工程弃渣和生活垃圾的产生量；噪声则要给出主要噪声源的种类和声源强度。

（五）替代方案

介绍工程选点、选线和工程设计中就不同方案所做的比选工作内容，说明推荐方案理由，以便从环境保护的角度分析工程选线、选址推荐方案的合理性。

总体而言，生态影响型项目工程分析应着重把握以下要点。

（1）工程组成要求完全，即把所有的工程活动都纳入分析中，这类项目应特别注意大型临时性工程、储运工程活动可能带来的环境影响。

（2）重点工程应明确，这类项目中主要造成环境影响的工程应作为重点的工程分析对象。重点工程一般指工程规模较大、其影响范围大或时间较长的或位于环境敏感区附近的项目。例如，高速公路项目的重点工程主要指隧道、桥梁（大桥、特大桥）、高填方路段、深挖方路段、立交桥、服务区、取土场、弃土场等。

（3）工程分析应是全过程分析。生态影响是一个过程，不同时期有不同的问题需要解决。一般分为选址选线期（工程预可研期）、设计方案（初步设计与工程设计）、建设期（施工期）、运营期和运营后期（服务期满）。

（4）污染源分析。大多数生态影响型建设项目污染源强较小，影响也较小，评价等级一般是三级。可根据项目情况从以下几个方面考虑：锅炉、车辆扬尘、生活污水、工业场地废水、固体废物、生活垃圾、土石方平衡、矿井废水等。

（5）应注意相关内容的分析。施工建设方式、运营期方式不同，都会对环境产生不同影响，需要在工程分析时给予考虑。有些发生可能性不大，一旦发生将会产生重大影响者，则可作为风险问题考虑。

第三节 环境影响的识别

一、建设项目环境影响的基本内容

从原则上讲，投资项目的环境影响涉及所有的环境问题，包括从大气环境污染、水环境污染、噪声污染、固体废弃物污染到资源和生态系统的各种类型环境问题。项目对环境产生的影响，可能是对环境造成危害的负面影响，如加重环境污染、破坏资源或生态系统，也可能是正面影响，如减轻环境污染、节约资源或改善生态环境。不同类型的投资项目，所造成的环境影响会体现出不同的形式和特点。对此，项目评价人员在分析过程中应予以充分的考虑。

（一）不同类型投资项目的环境影响

不同类型的投资项目，其环境影响会有不同的内容和特点。在此，我们把项目分为区域开发项目、制造业项目、农业项目、城市建设项目、交通运输项目、水利工程项目、采掘工程项目、能源项目、卫生保健项目、社会服务项目、公用事业项目和放射性设施项目等 12

大类型，并分别阐述其环境影响。

1. 区域开发项目

区域开发项目是指国家或地方规划建设的开发区、工业园区、特大型开发建设项目或集中在某一区域的若干大型项目。区域开发项目通常规模大、占地广、门类复杂、环境影响具有复合性，且最终常常形成规模不等的城市或具有城市功能的区域。区域开发项目建成后往往会改变当地的环境和生态系统条件。因此，这类项目的环境影响评价，对一个地区或城市的可持续发展具有十分重要的意义。例如，许多区域开发项目在建设前属于"农业生态系统"，生产者、消费者、分解者相对较均衡，系统内自给自足。在项目建成后，则变成"城市型生态系统"，生产者、分解者的作用大大减弱，几乎所有的物质和能源需要从外界输入，而同时又要排出大量的废物，对周边环境造成污染。对环境造成的污染主要包括：大气污染、水污染、固体废弃物污染等。这些污染大都来自项目建成后园区内的工业废气、废水、固体废弃物以及生活用水等。有些项目建成后还会对周边景观或文物古迹造成影响。此外，区域开发项目一般均涉及大量基础设施建设，如公用设施、道路、住宅、社会服务设施和绿化建设，从而有可能使居民的生活居住条件、卫生条件和安全状况得到改善。区域开发项目自身的规划层次性和战略性决定了其对环境影响的不确定性。规划层次越高，项目对环境影响的不确定性越大。

2. 制造业项目

制造业是一个范围十分广泛的行业类别，其中包括机械、电子、汽车、纺织印染、服装、造纸、印刷、化工、烟草、饮料、金属制品、木材家具、皮革毛皮、医药、文教体育用品、化纤、塑料、橡胶制品等 20 多个细分类。制造业项目对环境的影响主要是其排出的废弃物对环境的影响，主要有大气污染、水污染、固体废弃物污染、噪声污染等。不同项目在废弃物的排放方面差别很大，对环境造成的影响也大不相同。例如，啤酒业属于食品加工行业，其排出的废弃物以污水为主，因此对环境的影响主要是对水环境的污染，而大气污染、噪声污染相对较少。石油化工项目会对环境产生更大的影响，其产生的废气、废水、固体废弃物都会对环境产生极大的污染，同时机器运转也会产生噪声污染。制造业的污染大户包括纺织印染、化纤、皮革皮毛羽绒、造纸、木材家具、石化等行业。制造业不同类型项目的行业特点差别及其排出物存在的差异，决定了对其环境影响识别必须具备较高的专业知识。

3. 农业项目

农业项目包括农业生产、农产品加工、农田水利灌溉和畜牧业项目，一般都是综合开发项目。农业项目造成的环境影响几乎是全方位的，如水污染、空气污染、资源破坏和生态系统受损。例如，化肥和农药的不当使用和随意改变耕作技术（将稻田改为菜地）会降低土壤的质量和肥力，降低农业产量，污染水源；农产品加工（如谷物和棉花）导致扬尘和农药污染；灌溉系统的设计缺陷会导致局部常发性洪水泛滥并影响鱼类等水生生态，而土地开垦则会导致林地和草地丧失。同时，这些影响也意味着土地、森林、水、鱼类、农作物、野生动植物等环境资源受到破坏和贬值。当然，农业项目也会对环境产生正面影响，如对土壤的改良，就会提高土地的生产能力和改善生态环境。

4. 城市建设项目

城市建设项目顾名思义就是指在城市内建设的项目，大多为城市的道路、房屋、给排水等项目，在项目建成后对环境的污染相对较小，但可能会影响到城市的景观。城市建设项目对环境的影响主要表现在建设期，其中包括大气污染、噪声污染、水污染、拆迁安置问题以及对城市景观和文物古迹的影响等。大气污染可以分为以下三个方面：①土方施工时的扬尘；②车辆行驶时产生的扬尘；③风力产生的扬尘。

噪声污染主要是机器运转，车辆行驶及工人施工时产生的噪声。水污染主要是建设工地的生活污水、施工产生的废水等污染。在很多城市建设项目中，居民拆迁安置问题比较敏感，应妥善处理。对城市景观和文物古迹的影响应该在项目建设前就进行周密考虑，以便采取相应的保护措施。

5. 交通运输项目

交通运输项目主要包括公路、铁路、桥梁、水运、民用机场和管道等建设项目，建设规模一般较大、施工时间长，对环境的影响呈带状分布，主要包括水污染、大气污染、噪声污染、固体废弃物污染、振动污染及电磁波污染等。水污染包括路桥沿线车站的废水及生活污水，水运项目对沿线水域（河流、湖泊、海洋）的影响和桥梁建设对水域的影响，包括对水生态环境以及对水产养殖等的影响。大气污染来自路桥上行驶的车辆排出的尾气。噪声污染和固体废弃物污染同样来自行驶的车辆。振动污染主要是指火车行驶时产生的振动波及周边环境。电磁波污染主要是由于车辆上安装的无线电通信发射机产生的电磁波对环境的影响。

6. 水利工程项目

水利工程项目一般由防洪、治涝、灌溉、供水等单个项目或综合项目组成，在建设期内会对环境造成水污染、大气污染、噪声污染、固体废弃物污染等，这些污染主要由施工造成，与上述项目建设期的环境影响相同。除此之外，水利工程项目在建设期还可能产生移民安置问题，较之城市建设项目中的拆迁安置问题更加难以解决，时间更长，规模更大。水利工程项目在建成后对环境的影响主要是改变原有的生态环境，主要包括：①大规模蓄水会导致库区和下游水质变化；②大面积水面蒸发会改变局部小气候环境，如湿度，从而打破原有的生态平衡，如有害昆虫生长等；③水土流失；④引发地震及其他各类地质灾害；⑤水位上升淹没历史文化古迹及自然景观；⑥土壤侵蚀和淤积；⑦抬高地下水水位；⑧如果利用水库开发旅游项目，还要考虑由此而带来的相应环境问题。

当然，水利工程拦洪蓄水，可以改善水库下游的洪水控制，增加耕作面积，同时，增加下游的农业灌溉用水量，改善下游的水产养殖业。水虽然是可再生自然资源，但如果开发利用不合理，会使再生过程受阻，不仅影响正常的生产和生活，还会降低经济的可持续发展能力。

7. 采掘工程项目

采掘工程项目主要是指涉及金属矿石开采、煤炭开采、石油以及天然气的开采等项目。根据各个矿区的地理条件以及资源分布的具体情况，采掘工程项目有可能是地下开采也有可能是地上开采。纯地上开采更容易产生粉尘、噪声和固体废弃物（如废石），处理不当就容易造成空气污染（如黑色冶金和有色冶金矿山的粉尘、H_2S、SO_2、NO_x、汞、铍、CO、氟化物等以及煤矿矸石自燃产生的 SO_2、NO_x 和烟尘）、水体污染（如煤矿的 PH、SS、COD、DO、砷、硫化物等）、噪声污染并占用大量土地。地上开采对当地的自然景观和生态环境破坏（如水土流失）也比较大。另外，无论是地上开采还是地下开采的采掘项目都需要特别注意对固体废物处理和水资源（包括地上河流以及地下水资源）保护方面的问题。采掘项目基本上都属于不可再生自然资源的开采，因此要特别注意稀缺资源的采收水平及对资源、环境等方面的影响。

8. 能源项目

能源项目主要包括电力、天然气、煤气、成品油等资源的生产。电站根据发电原理的不同可能造成的污染也大有区别，水电项目相对来说污染源比较少，主要集中在噪声污染和对周围生态环境的影响方面；火电厂易形成的污染有空气污染和固体废弃物的污染；核电站的主要污染源则体现在生产中的核原料与深埋的核废料可能对周围生态环境的影响方面。天然气、煤气与油品的生产危险性比较高，一旦泄漏很容易造成爆炸或火灾，其可能形成的污染有大气、噪声、地下水以及地表水污染等。

9. 卫生保健项目

卫生保健项目包括医院、社区保健机构、卫生防疫、疾病控制系统等项目。与其他项目类型相比，卫生保健项目的特点在于对可能致病细菌的大量接触以及对医疗设施和试剂的使用。这类项目有可能造成的污染除了一般水污染、空气污染、生活垃圾污染、噪声污染外，更值得注意的是来自病房和门诊的污水排放、医疗性固体废弃物以及在医疗、诊断过程中可能出现的电磁辐射等污染。

10. 社会服务项目

社会服务项目与人民群众的日常生活密切相关，如公园、绿化、剧场、影院、博物馆、餐饮、旅馆、学校、娱乐业项目等。社会服务项目一般容易形成的负面环境影响有空气粉尘污染、用水污染、噪声污染、固体废弃物污染等。但是，根据具体项目的不同，还有可能会形成另外某种或某些形式的污染。比如建设一座加油站，就要考虑项目建成以后油品泄漏或溢出可能对地下水、地表水造成的影响，以及可能发生的事故对环境造成的综合影响等。有些社会服务项目的环境影响很小，如学校、餐饮、旅馆、小型居民服务设施（理发、彩扩、缝纫等设施），有些则会有明显的正面环境影响，如公园建设或绿化项目在净化空气、减少噪声、调节气候、水土保持和保障生物多样性等方面的影响。

11. 公用事业项目

公用事业项目主要是指提供公用性服务的项目，如水、电、煤气的供应、供热、垃圾处理、快速轨道交通等项目。这类项目可能形成的污染有空气污染、噪声污染、固体废弃物的污染等。因为这些项目大多发生在人群比较其中的地区尤其是城区当中，就有可能造成对当地人文景观的破坏，项目施工期间需要大量铺设地下管道，对地表植被会造成不同程度的破坏，这些因素在进行环境影响评价时都需要予以考虑。许多公用事业项目可以减少现有的环境污染，减少疾病，具有十分显著的环境效益，如集中供热可以减少大气污染；燃气项目可以减少因烧煤造成的空气污染；供水和污水处理项目则可以减少水体污染，提高水资源的利用效率，改善居民的健康水平。

12. 放射性设施项目

放射性设施项目容易造成的是放射性污染，其主要污染源可能包括贯穿辐射、活化气体、放射性废物和其他非放射性污染。贯穿辐射指中子和 γ 射线；活化气体是指空气经中子照射后生成的放射性活化气体；放射性废物则包括气体、液体、固体三种形态的废物；非放射性污染源主要有由空气电离产生的臭氧等有害气体以及项目运行过程中产生的噪声污染等。不同类型投资项目的环境影响和各类制造业项目污染物排放情况如表 2-7 和表 2-8 所示。

表 2-7　　　　　　　　　　不同类型投资项目的环境影响一览表

项目类型	直接与潜在环境影响
区域开发项目	(1) 土地功能和生态系统的变化； (2) 地表湿地和植被丧失； (3) 引起物种和遗传基因的损失； (4) 候鸟迁徙地或水文情况变化； (5) 原有农、牧、副、渔产品及产量减少； (6) 当地居民的迁移
农业项目	(1) 造成土壤侵蚀； (2) 造成土壤肥力的变化； (3) 对地表水水质、大气环境质量的影响； (4) 造成林业、草原等陆生生态的变化； (5) 化肥和农药对农业、渔业、生态的影响； (6) 对社会经济产生影响
城市建设项目	(1) 工地扬尘； (2) 施工噪声； (3) 施工废水、工地生活污水； (4) 工地周边固体废弃物； (5) 破坏城市景观和文物古迹； (6) 拆迁安置
交通运输项目	(1) 原有地表生态环境破坏或改变，降低自然生态功能； (2) 造成土地功能改变； (3) 造成农业土地的损失； (4) 增加大气污染； (5) 噪声扰民； (6) 动物和人群穿行造成的意外伤亡； (7) 造成海滩、河口、渔业资源恶化； (8) 造成水体水质污染； (9) 造成水生动植物群落发生变化； (10) 造成盐渍化并侵入地下水
水利工程项目	(1) 流域水文、水质变化； (2) 水土流失； (3) 土壤侵蚀及淤积； (4) 引发地震或气候变化； (5) 水生生态资源变化； (6) 对供水、农业、航运、防洪、矿业和土地利用的影响； (7) 造成移民； (8) 对公共健康及古迹的影响等
采掘工程项目	(1) 粉尘、NO_x、CO、H_2S、PH、SS、COD、DO、砷、硫化物等和矸石自燃产生的 SO_2、NO_x、烟尘污染空气； (2) 噪声； (3) 固体废弃物（如废石）占用土地并污染水源； (4) 造成水土流失； (5) 破坏自然景观； (6) 回采率低时浪费资源
能源项目	(1) 引起城市热岛效应； (2) 引起大气和水体污染； (3) 引起固体废弃物增加； (4) 引起交通流量的变化； (5) 引起能源、资源的匮乏及价格上升
卫生保健项目	(1) 病房和门诊的污水排放； (2) 医疗性固体废弃物；

续表

项目类型	直接与潜在环境影响
卫生保健项目	(3) 电磁辐射污染； (4) 生活垃圾污染； (5) 致病性空气污染
社会服务项目	(1) 造成自然景观和文物古迹的破坏； (2) 造成景区生态环境的破坏； (3) 净化空气、减少噪声； (4) 调节气候、水土保持； (5) 保持生物多样性
公用事业项目	(1) 空气污染、噪声污染； (2) 固体废弃物的污染； (3) 地表植被丧失； (4) 过量抽取地下水引起地面下沉； (5) 远距离调水造成水价上升和生态系统变化； (6) 改善空气质量； (7) 减少水体污染，提高水资源的利用率； (8) 提高健康水平
放射性设施项目	(1) 贯穿辐射如中子和 γ 射线； (2) 活化气体如空气经中子照射后生成的放射性活化气体； (3) 气体、液体、固体三种形态的放射性废物； (4) 非放射性污染如空气电离产生的臭氧等有害气体

表 2-8　　　　　　　　　各类制造业项目污染物排放情况

项目类别		废气污染物	废水污染物
电镀		铬酸物、HCN、NO_x、粉尘等	pH（酸度）、COD、BOD_5、挥发酚、石油类、氰化物、六价铬、铜、锌、镍、镉、锡等
铸造		CO、NO_x、SO_2、氟化物、铅、粉尘等	COD、SS、挥发酚、石油类、铅、氰化物等
无机化工	氮肥	CO、CO_2、H_2S、氨、NO、NO_2、甲烷、酸雾、粉尘、烟尘、总α、总β、γ剂量率等	COD、BOD_5、硫化物、石油类、挥发性酚、氰化物、砷、氨氮、硝酸盐氮、亚硝酸盐氮、尿素、碳酸盐、铜等
	磷肥	SO_2、粉尘、氟化物、酸雾等	pH（酸度）、SS、COD、氟化物、砷、磷
	硫酸	SO_2、NO_x、粉尘、氟化物、硫酸雾和SO_2等	pH（酸度）、SS、硫化物、氟化物、铜、铅、汞、锌、镉、砷等
	磷酸	氟化氢、SO_2或NO_x、石膏尘、粉尘等	pH、F-
	硝酸	NO_x等	pH
	纯碱	石灰粉末、SO_2、NH_3等	$CaCl_2$、NaCl、氨氮
	硫化碱	粉尘、H_2S等	
	氯碱	氯、HCL、汞等	pH（酸度）、COD、SS、汞、Cl_2、碱等
	合成氨	CO、CO_2、NH_3、甲烷、H_2S、粉尘、烟尘等	氨氮、碳酸氢铵、乙醇胺、挥发性酚、氰化物、砷、SS、盐类、石油类、铜、悬浮物等
	黄磷	CO、氟化物、硫、磷	元素磷、氰化物、氟化物等
	铬盐		pH（酸度）、总铬、六价铬等

续表

项目类别		废气污染物	废水污染物	
有机化工	石油化工	SO$_2$、NO$_x$、H$_2$S、HCl、CO、铅、烃、苯、酚、醛、粉尘、氟化物等	pH、SS、COD、BOD$_5$、硫化物、挥发性酚、氰化物、石油类、苯类、多环芳烃等	
	化纤	H$_2$S、CS$_2$、氨、粉尘等	pH、SS、COD、BOD$_5$、石油类、铜、锌等	
	染料	SO$_2$、H$_2$S、HCl、氯、氯苯、苯胺类、硝基苯类、光气、汞等	pH（酸、碱度）、SS、COD、BOD$_5$、硫化物、挥发性酚、苯胺类、硝基苯类等	
	颜料		pH、COD、SS、硫化物、汞、六价铬、铅、镉、砷、锌、石油类等	
	橡胶	H$_2$S、苯、粉尘、甲硫醇等	合成橡胶	pH（酸、碱度）、COD、BOD$_5$、石油类、铜、锌、六价铬、多环芳烃等
			橡胶加工	COD、BOD$_5$、硫化物、六价铬、石油类、苯、多环芳烃等
	农药	H$_2$S、CS$_2$、HCl；粉尘、氯、苯、汞、氯甲烷等	pH、SS、COD、BOD$_5$、硫化物、挥发性酚、砷、有机氯、有机磷等	
	制药	SO$_2$、H$_2$S、HCl、氯、肼、醇、醛、苯、氨等	pH（酸、碱度）、SS、COD、BOD$_5$、石油类、硝基苯类、硝基酚类、苯胺类等	
	油漆	苯、酚、粉尘、铅、醛、酮、醇等	COD、BOD$_5$、挥发性酚、氰化物、石油类、铅、六价铬、苯类、硝基苯类等	
	油脂化工	氯、氯化氢、氟化氢、氯磺酸、SO$_2$、NO$_x$、粉尘等	氯、HCl、HF、氯磺酸、SO$_2$、NO$_x$、粉尘等	
	合成脂肪酸	SO$_3$	pH、COD、BOD$_5$、SS、油、锰等	
	塑料		COD、BOD$_5$、硫化物、氰化物、铅、砷、汞、石油类、有机氯、苯类、多环芳烃等	
造纸		H$_2$S、粉尘、甲醛、硫醇等	pH（酸、碱度）、SS、COD、BOD$_5$、硫化物、挥发性酚、铅、汞、木质素、色度等	
纺织印染		H$_2$S、粉尘等	pH、SS、COD、BOD$_5$、硫化物、挥发性酚、苯胺类、六价铬、色度等	
皮革及其制品		H$_2$S、铬酸雾、粉尘、甲醛等	pH、SS、COD、BOD$_5$、硫化物、氯化物、总铬、Cr^{3+}、六价铬、色度等	
陶瓷制品		粉尘、炉窑废气、烟尘、SO$_2$、NO$_x$、CO等	pH、COD、铅、镉等	
电子、仪器、仪表		汞、粉尘、铅等	pH（酸、碱度）、COD、苯类、氰化物、六价铬、汞、镉、铅等	
合成洗涤剂		HCl、HF、NO$_x$、粉尘等	pH、COD、BOD$_5$、DO、油、苯类、表面活性剂、氯化物、苯酚、水温等	
肥皂或香皂			皂化黑、皂化油脂、低级脂肪酸、甘油、食盐等	
电池		铅等	pH（酸度）、铅、锌、汞、镉等	

续表

项目类别		废气污染物	废水污染物
建材	水泥	粉尘、铅、氟化物、汞、SO_2等	pH、SS 等
	石棉制品	石棉尘、SO_2等	pH、SS 等
	玻璃、玻璃纤维	粉尘	pH、SS、COD、挥发性酚、氰化物、铅、砷等
	油毡	沥青烟等	COD、石油类、挥发酚等
	人造板、木材加工	粉尘	pH（酸、碱度）、COD、BOD_5、SS、挥发性酚

（二）建设项目环境影响的程度

环境影响的程度是指建设项目的各种"活动"对环境要素的影响程度。因此，在环境影响识别中，可以使用一些定性的，具有"程度"判断的词语来表征环境影响程度，如"重大影响"、"轻度影响"、"轻微影响"等。这种表达没有统一的标准，通常与评价人员自身的文化素质、环境价值取向和当地环境状况有关。但这种表达对给"影响"排序，确定其相对重要性或显著性是非常有用的。

在环境影响程度的识别中，通常按照三个等级或五个等级定性地划分环境影响程度。按五个等级划分不利环境影响的方式如下文所述。

1. 极端不利

外界压力引起某个环境因子无法替代、恢复与重建的损失，此种损失是永久的、不可逆的，如使某濒危的生物种群或有限的不可再生的资源遭受灭绝性威胁。

2. 非常不利

外界压力引起某个环境因子严重而长期的损害或损失，其代替、恢复和重建都非常困难和昂贵，并需要很长时间，如造成稀少的生物种群濒临灭绝或有限的、不易得到的可再生资源严重损失。

3. 中度不利

外界压力引起某个环境因子的损害或损失，其代替、恢复和重建是可能的，但相当困难且可能要较高的代价，并需较长的时间。对正在减少或有限供应的资源造成相当损失，使当地优势生物种群的生存条件产生重大变化或严重减少。

4. 轻度不利

外界压力引起某个环境因子的轻微损失或暂时性破坏，其再生、恢复与重建可以实现，但需要一定时间。

5. 微弱不利

外界压力引起某个环境因子暂时性破坏或受干扰，此级敏感度中的各项是人类能够忍受的，环境的破坏或干扰能较快地自动恢复或再生，或者其代替与重建比较容易实现。

环境影响的程度和显著性与拟建项目的"活动"特征、强度及相关环境要素的承载力有关。有些环境影响可能是显著的或非常显著的，在对项目做出决策之前，需要进一步了解其影响的程度，所需要或可采取的减缓、保护措施及防护后的效果等。有些环境影响可能是不重要的，或者说对项目的决策、项目的管理没有什么影响。环境影响识别的任务就是要区分、筛选出显著的、可能影响项目决策和管理的、需要进一步评价的主要环境影响（或问题）。

（三）建设项目环境影响识别的基本内容

环境影响识别的技术路线，如图2-6所示。

二、建设项目环境影响识别的技术方法

（一）环境影响识别的一般技术要求

在建设项目的环境影响识别中，在技术上一般应该考虑以下几个方面的问题：①项目的特性（如项目类型、规模等）；②项目涉及的当地环境特性及环境保护要求（如自然环境、社会环境、环境保护功能区划、环境保护规划等）；③识别主要的环境敏感区和环境敏感目标；④从自然环境和社会环境两方面识别环境影响；⑤突出对重要的或社会关注的环境要素的识别。

在进行环境影响识别过程中，应该识别出可能导致的主要环境影响（影响对象）、主要环境影响因子（项目中造成主要环境影响者），说明环境影响属性（性质），判断影响程度、影响范围和可能的时间跨度。

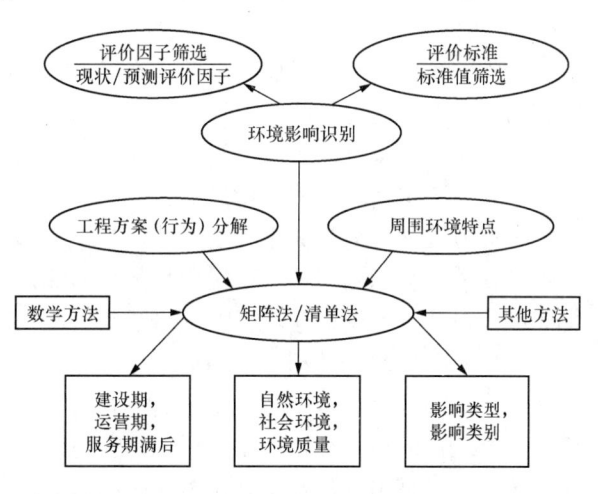

图2-6　环境影响识别的技术路线

（二）环境影响识别的一般步骤

在进行建设项目的环境影响识别过程中，首先需要判断拟建项目的类型，即拟建项目是污染型建设项目，还是非污染生态影响型建设项目。在此基础上，根据国家发布的《建设项目环境保护分类管理名录》中的若干规定和建议，对拟建项目对环境的影响进行初步识别。例如，拟建项目是否对环境可能造成重大影响、轻度影响或者微小影响。

（三）环境影响识别的技术方法

环境影响识别的技术方法包括清单法、矩阵法和叠图法等。

1. 清单法

清单法又称为核查表法，是将可能受开发方案影响的环境因子和可能产生的影响性质，用一张表格的形式罗列出来，从而进行识别的一种方法。这种方法目前还在普遍使用，并有多种形式。

（1）简单型清单。仅是一个可能受到影响的环境因子表，不做其他说明，可做定性的环境影响识别分析，但不能作为决策依据。

（2）描述型清单。环境影响识别常用的是描述型清单，这种清单在简单型清单基础上增加了环境因子如何度量的准则。包括以下两种形式。

1）环境资源分类清单。对受影响的环境要素（环境资源）先做简单的划分，以突出有价值的环境因子，这种方法比较常用。通过环境影响识别，将具有显著性影响的环境因子作为后续评价的主要内容。该类清单已按工业类、能源类、水利工程类、交通类、农业工程、森林资源、市政工程等编制了主要环境影响识别表，在世界银行《环境评价资源手册》等文件中均可查获。这些编制成册的环境影响识别表可供具体建设项目环境影响识别时参考。

2）传统的问卷式清单。在清单中仔细列出有关"项目环境影响"需要询问的问题，针

41

对项目的各项"活动"和环境影响进行询问。答案可以是"有"或"没有"。如果答案为有影响，则在表中注解栏说明影响程度、发生影响的条件及环境影响的方式，而不是简单地回答某项活动将产生某种影响。

（3）分级型清单。在描述型清单基础上又增加对环境影响程度进行分级。

2. 矩阵法

矩阵法是由清单法发展而来的，不仅具有影响识别功能，还有影响综合分析评价功能。它将清单中所列内容系统加以排列，把拟建项目的各项"活动"和受影响的环境要素组成一个矩阵，在拟建项目的各项"活动"和环境影响之间建立起直接的因果关系，以定性或半定量的方式说明拟建项目的环境影响。

该类方法又分为相关矩阵法、迭代矩阵法和表格矩阵法。

在环境影响识别中，一般采用相关矩阵法，即通过系统地列出拟建项目的各阶段的各项"活动"，以及可能受拟建项目各项"活动"影响的环境要素构造矩阵，确定各项"活动"和环境要素及环境因子的相互作用关系。

表格矩阵法是由多个方格组成的一张表格。这张表格有两个轴：一个横轴、一个竖轴。横轴位于表格的第一行，竖轴位于表格左边的第一列。横轴列出建设项目可供选择的各种建设方案，竖轴列出各建设文档可能影响的自然环境、经济、社会与文化和土地利用规划等方面的环境因素。这样就得到了一张由许多方格组成的网格表。在每一个小方格中，填写某一建设方案（或特定活动）对某个特定因素的影响。一般在小方格中画两条斜线，斜线左上角用数字表示直接影响值的大小。斜线右下角数值表示间接影响值的大小，中间斜格中的数值表示综合影响值的大小，综合影响值的大小等于直接影响值和间接影响值的代数和乘以权重，一般权重值列在右边第一列。

3. 其他识别方法

具有环境影响识别功能的方法还有叠图法（包括手工叠图法和 GIS 支持下的叠图法）和影响网络法。

叠图法在环境影响评价中的应用包括通过应用一系列的环境、资源图件叠置来识别、预测环境影响，标示环境要素、不同区域的相对重要性，以及表征对不同区域和不同环境要素的影响。

叠图法用于涉及地理空间较大的建设项目，如"线型"影响项目（含公路、铁路、管道等）和开发项目。

网络法是采用因果关系分析网络来解释和描述拟建项目的各项"活动"和环境要素之间的关系。除了具有相关矩阵法的功能外，还可以识别间接影响和累积影响。

第四节　环境影响的预测及治理

一、环境影响预测

根据环境现状调查、项目工程分析及其环境影响识别的结果，选择适当方法，对建设项目所产生的环境影响进行预测和评价。内容与方法如图 2-7 所示。

（一）投资建设项目环境影响预测方法

预测分析环境影响时应尽量选用通用、成熟、简便并能满足准确度要求的方法。一般采用数学模型法、物理模型法、类比调查法和专业判断法进行预测。

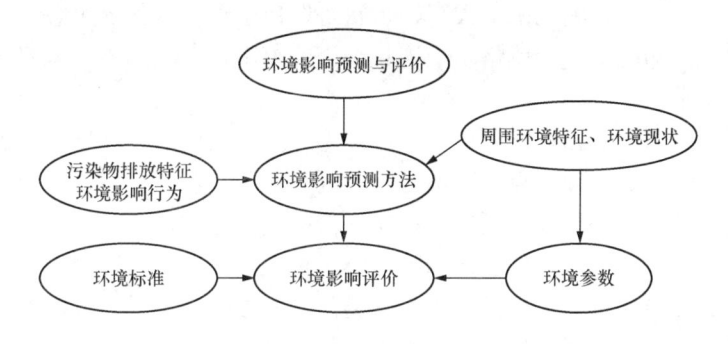

图 2-7　环境影响预测与评价工作内容

1. 数学模式法

数学模式法能给出定量的预测结果，但需一定的计算条件和输入必要的参数、数据。选用数学模型时要注意模型的应用条件，如实际情况不能很好满足应用条件要求而又拟采用时，应对模型进行修正并验证。

2. 物理模型法

物理模型法定量化程度较高，再现性好，能反映比较复杂的环境特征，但需要有合适的试验条件和必要的基础数据，且制作复杂的环境模型需要较多的人力、物力和时间投入。在无法利用数学模式法预测而又要求预测结果定量精度较高时，应选用此方法。

3. 类比调查法

类比调查法的预测结果属于半定量性质。如由于评价工作要求时间较短等原因，无法取得足够的参数、数据，不能采用前述两种方法进行预测时，可选用此方法。

4. 专业判断法

专业判断法则是定性地反映建设项目的环境影响。建设项目的某些环境影响很难定量估测（如对文物与珍稀景观的环境影响），或由于评价时间过短等原因无法采用上述三种方法时，可选用此方法。

具体预测建设项目对环境的影响，如预测建设项目对大气环境的影响、对水环境的影响、对生态环境的影响、对声环境的影响等，可以直接参考相对应的环境影响评价技术导则中规定的方法。

（二）环境影响预测的时段及内容

1. 投资建设项目环境影响预测的时段

所有建设项目均应预测生产运行阶段的正常排放和不正常排放两种情况的环境影响。

对于大型建设项目，当其建设阶段的噪声、振动、地面水、大气、土壤等的影响程度较重，且影响时间较长时，应进行建设阶段的影响预测。

矿山开发、垃圾填埋场等建设项目，应预测项目服务期满后的环境影响。

在进行环境影响预测时，应考虑环境系统对外来影响的自净能力。一般情况，应考虑两个时段，即影响的自净能力最差的时段（对污染物而言即为环境净化能力最低的时段）和影响的自净能力一般的时段。如果评价时间较短，评价工作等级又较低时，可以只预测环境对影响自净能力最差的时段。

2. 投资建设项目环境影响预测的范围及内容

（1）预测范围。分析预测范围的大小、形状等取决于评价工作的等级、工程和环境的特性。一般情况下，预测范围等于或略小于现状调查的范围，其具体规定按照各单项环境影响评价技术导则的要求执行。

在预测范围内应布设适当的预测点，通过预测这些点所受的环境影响，由点及面反映该范围所受的环境影响情况。预测点的数量与布置因工程和环境的特点、当地的环保要求及评价工作的等级而不同，可参见各单项环境影响评价的技术导则。

（2）预测内容。对评价项目环境影响的预测，重点是对能代表评价项目的各种环境质量参数变化的预测。环境质量参数包括两类：一类是常规参数，一类是特征参数。前者反映该评价项目的一般质量状况，后者反映该评价项目与建设项目有联系的环境质量状况。各评价项目应预测的环境质量参数的类别和数目与评价工作等级、工程和环境的特性及当地的环保要求有关。

3. 投资建设项目环境影响评价

对建设项目进行环境影响评价，必须按照规定的标准进行。因此，对拟建项目的环境影响进行评价，应根据环境影响识别与定量预测的结果，结合评价适用的标准，包括环境质量标准、污染物排放标准、总量控制标准及有关环境保护的各类行业标准、职业安全及卫生健康标准、认证认可标准等，得出拟建项目环境影响评价的结论。

二、建设项目的环境治理

（一）环境治理措施

1. 制定环境治理方案的原则

在对环境影响进行分析评价的基础上，应按照国家有关环境保护法律、法规的要求，制定环境影响治理方案，并对其工程可行性及经济合理性进行分析论证。环境污染治理方案的制定应遵循以下原则：①反映废气、废水、固体废弃物、粉尘、噪声等不同污染源和排放污染物的性质特点，所采用的技术和设备满足先进性、适用性、可靠性等的要求；②符合发展循环经济的要求，对项目产生的废气、废水、固体废弃物等，提出回收处理和再利用方案，提高资源综合利用效率；③污染治理效果应能满足达标排放的有关政策法规要求；④项目环境影响的监测、控制方案能够满足环境管理的要求。

2. 污染治理措施

应根据项目的污染源和排放污染物的性质，采取不同的污染治理措施：①废气污染治理，可采取冷凝、吸附、燃烧和催化转化等方法。②废水污染治理，可采用物理法（如重力分离、离心分离、过滤、蒸发结晶、高磁分离等）、化学法（如中和、化学凝聚、氧化还原等）、物理化学法（如离子交换、电渗析、反渗透、气泡悬上分离、气提吹脱、吸附萃取等）、生物法（如自然氧池、生物滤化、活性污泥、厌氧发酵）等方法。③固体废弃物污染治理，有毒废弃物可采用防渗漏池堆存；放射性废弃物可采用封闭固化；无毒废弃物可采用露天堆存；生活垃圾可采用卫生填埋、堆肥、生物降解或者焚烧方式处理；利用无毒害固体废弃物加工制作建筑物材料或者作为建材添加物，进行综合利用。④粉尘污染治理，可采用过滤除尘、湿式除尘、电除尘等方法。⑤噪声污染治理，可采用吸声、隔音、减振、隔振等措施。⑥建设和生产运营引起环境破坏的治理。对岩体滑坡、植被破坏、地面塌陷、土壤劣化等，应提出相应治理方案。

（二）环境治理方案的优化比选

对环境治理的各局部方案和总体方案进行技术经济比较，并进行综合评价，通过治理方案的比选，提出推荐方案，编制环境保护治理设施和设备表。方案比选主要评价以下内容：

（1）技术水平对比。分析对比不同环境保护治理方案所采用的技术和设备的先进性、适用性和可靠性。

（2）治理效果对比。分析对比不同环境保护治理方案在治理前及治理后环境指标的变化情况，以及能否满足环境保护法律法规的要求。

（3）管理及监测方式对比。分析对比各治理方案所采用的管理和监测方式的优缺点。

（4）环境效益对比。将环境治理保护所需投资和环保设施运行费用与所得的收益进行对比分析，并将分析结果作为方案比选的重要依据。

第五节 企业投资项目核准制环境审查评价

建设项目核准制环境审查评价与环境影响评价具有一定的相似性，但又具有自身的特色。下面简要介绍建设项目核准制环境审查评价的内容。

一、企业投资项目的环境准入核准分析

（一）项目申请报告编写的一般要求

将企业投资项目的审批制改为核准制和备案制，是投资体制改革最引人注目的制度安排，其中人们最为关注的就是如何编写、评估和审查企业投资项目的申请报告。为贯彻落实投资体制改革精神，进一步完善企业投资项目核准制，帮助和指导企业开展项目申请报告的编写工作，规范项目核准机关对企业投资项目的核准行为，国家发展改革委于 2007 年 5 月 28 日发布《项目申请报告通用文本》（发改投资〔2007〕1169 号），要求从 2007 年 9 月 1 日开始，报送国家发展改革委的项目申请报告，原则上均应按照《项目申请报告通用文本》的要求进行编写。

项目申请报告是企业投资建设应报政府核准的项目时，为获得项目核准机关对拟建项目的行政许可，按核准要求报送的项目论证报告。项目申请报告应重点阐述项目的外部性、公共性等事项，包括维护经济安全、合理开发利用资源、保护生态环境、优化重大布局、保障公众利益、防止出现垄断等内容。编写项目申请报告时，应根据政府公共管理的要求，对拟建项目从规划布局、资源利用、征地移民、生态环境、经济和社会影响等方面进行综合论证，为有关部门对企业投资项目进行核准提供依据。至于项目的市场前景、经济效益、资金来源、产品技术方案等内容，不必在项目申请报告中进行详细分析和论证。项目申请报告一般应包括以下内容：①申报单位及项目概况；②发展规划、产业政策及行业准入分析；③资源开发及综合利用分析；④节能方案分析；⑤土地利用、征地拆迁及移民安置分析；⑥环境和生态影响分析；⑦经济影响分析；⑧社会影响分析。

（二）《项目申请报告通用文本》对环境影响的编写要求

《项目申请报告通用文本》要求专设环境和生态影响分析一章，要求为保护生态环境和自然文化遗产，维护公共利益，对于可能对环境产生重要影响的企业投资项目，应从防治污染、保护生态环境等角度进行环境和生态影响的分析评价，以确保生态环境和自然文化遗产在项目建设和运营过程中得到有效保护，并避免出现由于项目建设实施而引发的地质灾害等

问题，为项目核准提供分析依据。通用文本提出要重点论述如下内容：①环境和生态现状，包括项目场址的自然环境条件、现有污染物情况、生态环境条件和环境容量状况等。②生态环境影响分析，包括排放污染物类型、排放量情况分析，水土流失预测，对生态环境的影响因素和影响程度，对流域和区域环境及生态系统的综合影响。③生态环境保护措施。按照有关环境保护、水土保持的政策法规要求，对可能造成的生态环境损害提出治理措施，对治理方案的可行性、治理效果进行分析论证。④地质灾害影响分析。在地质灾害易发区建设的项目和易诱发地质灾害的项目，要阐述项目建设所在地的地质灾害情况，分析拟建项目诱发地质灾害的风险，提出防御的对策和措施。⑤特殊环境影响。分析拟建项目对历史文化遗产、自然遗产、风景名胜和自然景观等可能造成的不利影响，并提出保护措施。

在环境和生态现状方面，应通过阐述项目场址的自然环境条件、现有污染物情况、生态环境条件、特殊环境条件及环境容量状况等基本情况，为拟建项目的环境和生态影响分析提供依据。

拟建项目对生态环境的影响方面，应分析拟建项目在工程建设和投入运营过程中对环境可能产生的破坏因素以及对环境的影响程度，包括废气、废水、固体废弃物、噪声、粉尘和其他废弃物的排放数量，水土流失情况，对地形、地貌、植被及整个流域和区域环境及生态系统的综合影响等。

生态环境保护措施方面，应从减少污染排放、防止水土流失、强化污染治理、促进清洁生产、保持生态环境可持续能力等角度，按照国家有关环境保护、水土保持的政策法规要求，对项目实施可能造成的生态环境损害提出保护措施，对环境影响治理和水土保持方案的可行性和治理效果进行分析评价。治理措施方案的制定，应反映不同污染源和污染排放物及其他环境影响因素的性质特点，所采用的技术和设备应满足先进性、适用性、可靠性等要求；环境治理方案应符合发展循环经济的要求，对项目产生的废气、废水、固体废弃物等，提出回收处理和再利用方案；污染治理效果应能满足达标排放的有关要求。涉及水土保持的建设项目，还应包括水土保持方案的内容。

地质灾害影响方面，要求对于建设在地质灾害易发区内或可能诱发地质灾害的项目，应结合工程技术方案及场址布局情况，分析项目建设诱发地质灾害的可能性，并提出规避地质灾害风险的对策。强调要通过工程实施可能诱发的地质灾害分析，评价项目实施可能导致的公共安全问题，其中尤其要关注是否会对项目建设地的公众利益产生重大不利影响。对依照国家有关规定需要编制的建设项目地质灾害及地震安全评价文件的主要内容，应在项目申请报告中进行简要描述。

对于特殊环境影响而言，要求对于历史文化遗产、自然遗产、风景名胜和自然景观等特殊环境，应分析项目建设可能产生的影响，研究论证影响因素、影响程度，提出保护措施，并论证保护措施的可行性。

（三）对项目申请报告相关要求的理解

我们认为，应该从以下几个方面来理解国家投资管理部门在企业投资项目核准环节对环境影响核准的分析评价要求。

第一，强调加强环境准入的核准。企业投资项目核准制强调要重视对投资项目环境影响的核准及评价论证工作。环境影响分析，要分析项目可能造成的环境影响及其是否符合环保政策法规的要求；提出减少污染排放、强化污染治理、促进清洁生产、提高环境质量的对策措施。事实上发挥着为环境及其他方面的准入进行最后把关的作用。

第二，注意与环保部门环境影响评价的区别。我们认为，从项目核准环节对企业投资项目环境影响的分析，和环境审批环节的环境影响评价的区别主要体现在以下方面：①关注内容不同。环境影响评价主要是从环保部门的职责范围角度开展污染物治理及环境保护的分析评价，核准制所关注的环境准入涉及的内容更为广泛。②关注的重点不同。环境影响评价重点从工程、技术层面关注环境影响的分析评价，核准制重点从建设环境友好型社会的角度，从产业技术、结构调整、政策协调、区域发展等角度对环境影响进行系统分析评价。③关注范围不同。环境影响评价重点关注单个项目本身可能带来的环境问题，核准制重点强调从流域、区域、海域以及宏观、战略等层面来研究项目所面临的环境问题，关注不同项目之间环境影响的叠加效应及系统综合影响。④报告内容不同。环境影响评价文件要求按照有关环保法律法规的要求分别编写环境影响评价报告书、报告表或登记表，项目申请报告则要求编写环境和生态影响专门一章，该章的编写可以引用环境影响评价文件的相关内容，但应根据企业核准的要求进行调整和补充。

第三，强调环境保护和生态建设并重。无论是现状描述、未来环境影响预测还是对策措施研究，都是既包括"环境影响"，又包括"生态影响"。强调不仅重视环境污染、环境破坏的防治，还要重视生态保护问题。这里所阐述的"环境和生态影响"，应涵盖国家环保部、水利部、卫生部、地震局等不同部门职权范围所管辖的环境问题，因此是"大环境"的概念，体现了国家宏观经济管理部门从全面、集合的角度进行环境准入管理的宏观视野。

第四，强调企业要关注社会责任。强调破坏自然、掠夺自然，就是破坏自己、掠夺自己；要关注人，也要关注自然；要满足人的需要，也要维护自然的平衡；要关注人类当前的利益，更要关注人类未来的利益。我国人口众多，资源短缺，生态脆弱，在发展过程中要倍加尊重自然规律，充分考虑资源和生态环境的承载能力，不断加强生态建设和环境保护，合理开发和节约使用各种自然资源，努力建设低投入、少排污、可循环的节约型社会，促进人与自然的和谐，实现可持续发展。这是企业必须履行的社会责任。

第五，重视环境影响评价结果的符合性分析。在项目申请报告的编写中，可能会在环境影响评价报告的基础上进行编写，并对其内容进行补充和调整。这就要求不能把提交给环保部门的环境影响评价文件相关内容进行简单地移植，而是按照核准制的要求，对相关内容进行符合性分析的基础上，进行补充完善，在"大环境"的框架下，对建设项目实施后可能造成的环境影响进行分析、预测和评价，提出预防或者减轻不良环境影响的对策和措施，以消除不利影响，促进经济、社会和环境协调发展。对于不符合有关法律法规要求的项目方案，应提出改进措施建议，并可提出不予核准的建议或决定。

第六，从宏观及综合的角度进行环境影响分析。国家投资综合管理部门站在更高的层次上，从宏观的战略的高度去分析有关区域性、整个流域或海域的建设规划及环境影响问题，而不是仅局限于对某一单个项目进行环境影响评价，强调避免就项目论项目的做法，要求从规划及战略角度进行环境影响评价，以满足建设资源节约型和环境友好型社会、发展循环经济、推动清洁生产，贯彻落实科学发展观的需要。

第七，强调对地质灾害影响分析。按照通用文本的要求，对于一些大型基础设施建设项目，尤其是大型水利、水电工程建设项目，要在总结经验教训的基础上，阐述项目建设所在地的地质灾害情况，分析拟建项目诱发地质灾害的风险，提出防御的对策和措施，强化对地质灾害影响的准入分析。

第八，强调对水土保持的准入评价。强调要阐述水土流失情况，重视项目对水土流失影响的预测。对于涉及水土保持的建设项目，应提出水土保持方案，强调要对治理方案的可行性、治理效果进行分析论证和评价。

第九，重视对特殊环境影响的分析。除保护生态和环境之外，还应重视对于涉及自然和文化遗产保护的项目，应分析项目对人类自然遗产的影响及其保护措施的可行性，在确保人与自然和谐发展的同时，确保人类文明的传承。

第十，强调咨询工程师的社会责任。根据投资体制改革的相关配套文件规定，企业投资项目申请报告的编写和评估，应由具备相关资质的工程咨询机构来承担。上报国家发展改革委的项目申请报告，以及由国家发展改革委委托承担项目核准咨询评估的机构，应具备甲级工程咨询资质。因此，项目申请报告编写和评估，原则上应由专业工程咨询机构来完成。我国所倡导的建设小康社会，要求建设一个人与自然更加和谐共处，可持续发展能力不断增强，生态环境得到改善，资源利用效率显著提高的社会，使国家走上生产发展、生活富裕、生态良好的文明发展道路，这些执政理念及发展思路的具体落实，必须与众多投资建设项目的实施联系起来，并应在工程咨询机构承担的对项目申请报告的编写、评估等咨询活动中得到体现。因此，在企业投资项目环境准入的核准论证中，咨询工程师应该发挥其应有作用。

二、企业投资项目环境准入核准的重点关注事项

（一）正视环境保护和经济发展之间的矛盾及利益冲突

环境影响是投资项目可能产生的重要外部影响，因此也是推进投资体制改革对投资项目的审批、核准和备案中需要重点关注的内容。为保护环境及贯彻执行可持续发展的相关政策法规，对于可能对环境产生重要影响的建设项目，包括政府投资及企业投资项目，都应从投资项目环境影响的角度进行分析评价。

我国的保护环境与经济发展的矛盾及各种利益关系的博弈经过30多年的集聚，目前变得十分尖锐和复杂。发达国家上百年工业化过程中分阶段逐步出现的各类环境问题，在我国30年来集中出现，使得我国面临保持经济快速增长与执行更严格的环境准入政策的艰难抉择。

应该说，我国对环境保护的重视，在法律法规的制定及政策宣示引导的层面，已经做得较为完善。同时也应该看到，我们30多年来一直坚持反对的"先污染、后治理"的经济发展模式，却正在被我们义无反顾地实践着，但这种情况已经开始发生变化。我国早在20世纪90年代初就明确提出转变经济增长方式，虽然目前的经济增长模式与十年前没有显著改变，但人们已经不再将"可持续发展"仅仅作为"国际绿色时髦"的口头用语。在强劲的经济增长势头下，环境保护不断被"边缘化"的势头已经得以遏制，人们已经开始严肃认真地对待保护环境及可持续发展这一严峻问题。

今后，我国将更加强调坚持可持续发展的重要性，强调从规划和战略的层面进行环境准入管理；将国土空间划分为优化开发、重点开发、限制开发和禁止开发四类主体功能区，加强主体功能区规划管理；通过资源定价、清洁生产、循环经济、流域间生态补偿机制建立等举措，逐步制定和完善环境友好型经济政策。这表明，由于近年来积极倡导科学发展观及实施可持续发展战略，我国目前总体上正处于从快速发展到科学发展的过渡期，我国正努力改变环境资源管理和经济社会发展政策"两张皮"的格局，可持续发展的政策宣示正在转化为

具体行动。

同时，我们应该正视目前仍然面临的严峻挑战：①全国主要污染物排放和能耗指标表现欠佳；②我们每年数十万亿元的全社会固定资产投资中，高耗能、资源消耗型和环境污染型项目仍然很多，重化工业发展及工业化进程加快对国内资源环境的压力持续增加；③环境二元化的趋势已经难以阻挡，表现为大城市及经济发达地区环境治理投资及监管能力相对较强，环境质量也在不断改善，出现污染项目向落后地区、农村地区转移的现象，我国正面临着随着产业结构梯度转移规律的演进而使得"每一块国土都按发展阶段先后被污染一遍"的困境，使得我们正面临同时收获"不断绿化的大城市"和"不断黑化的农村"的困境；④污染在偏僻地区的分散化、荫蔽化，却难以得到有效遏制，反而一定程度上被默许。

同时，我们面临着各种利益的艰难权衡和选择：①保护环境，实行更严格的环境准入限制，与发展权的维护问题，尤其是落后地区希望发展经济，摆脱贫困的强烈愿望的兼顾协调问题；②我国被称为"世界工厂"，以质优价廉的商品占领世界市场，同时也造成资源、环境、劳动安全等方面严重的低成本透支；③我国大量利用外资，接受国外产业资本的转移，同时也意味着在参与国际分工的过程中将产业技术"锁定"在附加值较低，节能减排效率低下的产业环节；④我国致力于淘汰"劣小企业"，这又与落后地区发展、扩大就业等产生矛盾；⑤我们希望"扩大内需"来拉动经济增长，这又与倡导节约型社会的发展理念存在冲突；⑥我国提倡建设资源节约型和环境友好型社会，但我国人均资源消费远远低于世界平均水平；⑦在权衡资源节约、环境保护和经济发展之间关系的时候，我们将长期面临当代利益与后代利益、发达地区与落后地区利益等方面的冲突，存在区域伦理、代际伦理、先发优势和后发劣势、效率与公平等方面关系的权衡。

在对企业投资项目进行环境和生态影响分析时，必须根植于我国的特殊国情，一方面应对环境问题的关注贯穿于项目论证分析评价的各个环节和全部过程，彻底改变以牺牲环境、破坏生态为代价的粗放型增长方式，不以牺牲环境为代价去换取一时的经济增长，不以眼前发展损害长远利益，不以局部发展损害全局利益，更加强调以产业发展为主转向空间均衡为主，更加注重从经济效率转向经济与生态效率相结合，从单纯追求 GDP 转向讲求生态环境成本，综合考虑项目的生态效率等因素，走可持续发展道路。另一方面，也不应回避矛盾和问题，客观分析造成目前环境困境的原因，为协调各种利益关系来研究制定适宜的政策措施。

（二）从投资项目层面进行环境准入分析评价

1. 对建设项目是否符合环境影响评价制度进行分析

从投资项目层面进行环境准入的分析评价，就是要通过一定的制度性安排，进行建设项目的环境和生态影响的分析评价。项目的投资建设是一项与资源环境非常密切的人类社会经济活动，对环境产生多方面的影响，包括对各种环境因素或环境介质的影响、对动植物和人类健康的影响，有时还涉及对社会、经济和文化的影响。为了反映和控制投资项目所造成的负面影响，需要首先从项目层面分析是否符合环境影响评价的相关制度。

环境影响评价是指对建设项目实施后可能造成的环境影响进行分析、预测和评价，对环境产生的物理性、化学性或生物性作用及这些作用造成的环境变化和对人类健康与福利的可能影响进行全面分析，提出预防或者减轻不良环境影响的对策和措施，并进行跟踪监测，以消除不利影响，促进经济、社会和环境的协调发展。《中华人民共和国环境影响评价法》指出，环境影响评价是指对规划和建设项目实施后可能造成的环境影响进行分析、预测和评价，提出预防或者减轻不良环境影响的对策和措施，进行跟踪监测的方法与制度，从而达到预防因规划和建设项目实施后对环境造成不良影响，促进经济、社会和环境的协调发展。我国的环境影响评价制度，在早期出台有关法律法规的基础上，不断发展完善，目前已经形成以政策、法规、技术导则为支撑的环境影响评价体系，公众参与等趋于完善。环境影响评价已成为保护环境、推进可持续发展的重要手段。

我国环境影响评价制度的内容主要规定体现在《中华人民共和国环境保护法》、《中华人民共和国环境影响评价法》、《建设项目环境保护管理条例》等相关法律法规，以及中华人民共和国环境保护的单项法等。环境影响评价是一种具有法律约束力的环境管理制度，因而具有法律强制性，违反这一制度即意味着违法。建设项目环境影响评价纳入项目建设管理程序，规定建设单位应在提交项目申请报告之前委托有资质的环境影响评价单位进行环境影响评价，根据不同情况分别编写环境影响报告书、环境影响报告表和环境影响登记表，并按照国家环境保护主管部门规定的内容、格式进行编制或填报。在对企业投资项目进行核准时，首先应对项目是否符合环境影响评价的相关政策法律法规要求进行分析。

2. 阐述项目建设方案环境影响分析的相关内容

主要应包括以下内容：

（1）环境影响因素的识别和评价。对于项目建设方案，应对其可能造成的环境影响因素及可能出现的环境风险进行识别和评价。主要包括：①废气，对气体排放点、污染物产生量及排放量、有害成分和浓度、排放特征及其对环境危害程度分析计算的合理性进行分析；②废水，对工业废水废液和生活污水的排放点、污染物产生量及排放数量、有害成分和浓度、排放特征、排放去向及其对环境危害程度分析计算的合理性进行分析；③固体废弃物，对固体废弃物产生量及排放量、有害成分、堆积场地及占地面积，以及对环境造成的污染程度分析计算的合理性进行分析；④噪声，对噪声源位置、声压等级、噪声特征及其对环境造成的危害程度进行分析计算和评价；⑤粉尘，对粉尘排放点、产生量及排放量、组成及特征、排放方式，以及对环境造成的危害程度进行分析计算和评价；⑥其他污染物，对生产过程中产生的电磁波、放射性物质等污染物发生的位置、特征、强度值，以及对周围环境危害程度进行分析计算和评价。

（2）对环境治理方案的可行性进行分析论证。在环境影响因素及其影响程度进行分析评价的基础上，按照国家有关环境保护法律、法规的要求，对环境治理方案的工程可行性进行分析论证。主要包括：①治理措施方案的制定，应反映废气、废水、固体废弃物、粉尘、噪声等不同污染源和排放污染物的性质特点，所采用的技术和设备应满足先进性、适用性、可靠性等的要求；②对项目产生的废气、废水、固体废弃物等，提出回收处理和再利用方案，提高资源综合利用效率；③污染治理效果应能满足达标排放的有关政策法规要求；④项目环境影响的监测、控制方案能够满足环境管理的要求。

除保护生态环境之外，还应重视保护自然文化遗产的问题。对于涉及自然及文化遗产保护的项目，应分析项目对人类自然遗产的影响及其保护措施的可行性，在确保人与自然和谐发展的同时，确保人类文明的传承。

（三）从项目所依托的战略及规划的层面进行环境准入分析

随着环境保护事业的蓬勃发展，近年来在环境保护领域逐步呈现以下转变：①从单纯末端环境污染控制到全过程控制。②从项目环境影响评价到从宏观规模、结构与布局的优化调整,从时间、空间等累积环境的影响等方面采取措施,要求从产业政策、相关规划的相容性、协调性等角度思考和管理环境准入问题。③从清洁生产到循环经济,如工业项目环境影响评价中要求必须有清洁生产的内容;规划环境影响评价中则要涉及循环经济发展的内容。④从单纯的环境保护到生态建设。这种转变的一个重要特征就是开始普遍重视战略环境影响评价（SEA）。

战略环境影响评价就是对政策（Policy）、计划（Plan）、规划（Program）及其替代方案所带来的环境后果和替代方案的环境影响进行系统、全面的分析评价。战略环境评价通过对政策、计划和规划等的环境影响进行评价,将结果应用于这些战略的综合决策,从而提高决策质量,体现预防性原则,促进更有效的保护环境。

从战略层面进行环境准入把关,其原因体现在以下方面:

1. 项目环境影响评价存在局限性

项目环境影响评价一般是在既有政策、计划和规划框架下,针对具体建设项目开展的,在本质上应属于对发展项目的一种反映性评价,而不是战略层面的前瞻性预测。项目环境影响评价比较注重减少某一开发行为对环境产生的近期不良后果,而不太关注这一行为与过去的、现在或将来的开发行为共同产生的累积效应或协同效应,也难于考虑诱发的或间接的环境效应。受政策、计划和规划的限制,项目环境影响评价在发展项目的选择及优化布局方面的作用是有限的。比如,一个地区的经济发展政策、总体规划布局是不符合环境友好型社会的政策导向的,则以该项政策或规划为依据而提出的具体项目就难以符合建设环境友好型社会的发展目标。如果仅仅关注具体项目的环境影响评价,而忽略政策、计划或规划层面的环境问题,就难以全面考虑环境影响减缓的对策措施。

2. 实施可持续发展战略的要求

实现可持续发展是世界各国对发展模式的重大战略选择,而实现可持续发展的首要关键就是要制定可持续发展的战略和政策。要使制定和实施的每一项战略决策都体现可持续性,这就要求在战略决策过程中对战略选择进行系统全面的分析评价,其中一个很重要的内容就是要分析各种战略选择的环境影响,以便使得环境问题在政策、计划、规划（简称PPPs）和项目的各个决策层次上都能够得到充分的考虑。大多数情况下,当项目环境影响评价开始时,项目的选址、工艺、规模等方案已经初步确定,在既定的政策、计划和规划框架下,难以对项目选址、工程技术、资源利用等方案进行全面筛选,推荐的减缓措施可供选择的余地很窄,一般仅限于基于现状的污染治理措施方案选择。而真正理想的替代方案和减缓措施可能只有在早期的战略环境评价中才能较充分地加以考虑。战略环境评价可在制定发展战略过程中,充分考虑与环境有关的各种问题,对战略进行选择和调整,制定尽可能理想的发展战略。实施可持续发展战略对战略环境评价的采用提出了直接要求,积极开展战略环境评价研究和实践意义深远。如果说建设项目环境影响评价是"第一代环境影响评价",则涵盖政策、计划和规划等环节环境影响评价的战略环境影响评价可以被视为是"第二代环境影响评价",是项目环境影响评价的升级版。

我国目前还没有正式提出全面包含政策、计划、规划的战略环境影响评价概念,但已经将规划环境影响评价纳入到了环境准入评价的范围之内。规划环境影响评价是战略环境评价在规划层次上的应用,通过对拟议规划实施后可能造成的环境影响进行分析、预测和评价,提出预防或者减轻不良环境影响的对策和措施,并进行跟踪评价的方法与制度。根据有关规定，规划环境影响评价的主要对象是各类综合性规划与专项规划，概括起来就是国务院有关部门、设区的市级以上人民政府及其有关部门编制的"一地、三域、十专项"规划。①"一地"是指土地利用规划；②"三域"是指区域、流域、海域的建设、开发利用规划；③"十专项"是指工业、农业、畜牧业、林业、能源、水利、交通、城市建设、旅游、自然资源开发的有关专项规划。国务院及各省、自治区、直辖市人民政府批准设立的经济技术开发区、高新技术产业开发区、保税区、旅游度假区、边境经济合作区以及有关地方人民政府批准设立的各类工业园区，其区域开发规划应当进行环境影响评价，编制环境影响评价报告书。开发区及工业园区开发规划的环境影响报告书由批准设立该开发区及工业园区人民政府所属的环保部门负责组织审查。在对企业投资项目进行核准审查的过程中，应重视从项目所依托的战略及规划的层面进行环境准入的分析评价，以便全面识别政策、计划、规划等战略决策层面的环境问题。

第三章

建设项目水土保持评价

《中华人民共和国环境影响评价法》规定，对于涉及水土保持的建设项目，必须有经水行政主管部门审查同意的水土保持方案。国家发展改革委制定的企业投资项目核准咨询评估的相关规定中，也强调要重视建设项目水土保持方案论证。水土保持评价是建设项目环境影响评价的重要组成部分。

第一节 我国建设项目水土流失治理及审批管理规定

《中华人民共和国水土保持法》规定，修建铁路、公路和水利工程，应当尽量减少破坏植被；废弃的砂、石、土必须运至规定的专门存放地堆放，不得向江河、湖泊、水库和专门存放地以外的沟渠倾倒；在铁路、公路两侧地界以内的山坡地，必须修建护坡或者采取其他土地整治措施；工程竣工后，取土场、开挖面和废弃的砂、石、土存放地的裸露土地，必须植树种草，防止水土流失。开办矿山企业、电力企业和其他大中型工业企业，排弃的剥离表土、矸石、尾矿、废渣等必须堆放在规定的专门存放地，不得向江河、湖泊、水库和专门存放地以外的沟渠倾倒；因采矿和建设使植被受到破坏的，必须采取措施恢复表土层和植被，防止水土流失。

一、水土流失及其原因

（一）我国水土流失现状

水土资源是人类生存和发展的基本条件。我国人口众多，水土资源短缺，生态环境问题严重，全国水土流失面积356万 km^2，占国土总面积的37%，平均每年土壤流失量50亿 t。近50年来，因水土流失损失的耕地达3.3万 km^2（5000多万亩），平均每年约0.07万 km^2（100万亩）。根据水利部2005年7月至2008年11月开展的"中国水土流失与生态安全综合科学考察"研究显示，水土流失给我国造成的经济损失约相当于GDP总量的3.5%。水土流失严重地区多位于大江大河的中上游地区和水源区，是我国生态环境脆弱、经济发展滞后的地区。在我国诸多生态环境问题中，水土流失涉及范围广、影响大、危害重，是生态恶化的集中反映，已成为制约经济社会可持续发展和构建和谐社会的重大环境问题之一。因此，水土保持是促进人与自然和谐、保障国家生态安全与可持续发展的一项长期的战略任务。

（二）我国不同地区水土流失的总体特征

我国地域辽阔，自然条件区域差异显著，土壤侵蚀类型与成因复杂。《全国水土保持科技发展规划纲要（2008～2020年）》根据不同类型区地貌特征、生物气候及其土壤侵蚀特点，将我国主要土壤侵蚀划分为水力侵蚀区、风力侵蚀区及冻融侵蚀区三大类型区。其中，水力侵蚀区又细分为：东北黑土区、北方土石山区、黄土高原区、长江上游及西南诸河流域、西南岩溶区和南方红壤区六个亚区。

1. 水力侵蚀区

（1）东北黑土区。该区涉及松花江、辽河两大流域。区内地形多为漫岗长坡，在顺坡耕作情况下，水土流失不断加剧。土壤侵蚀主要来源于缓坡、长坡耕地水蚀及冻融诱发的重力侵蚀。

（2）北方土石山区。该区涉及海河、淮河两大流域，主要分布在流域上游的太行山、沂蒙山、桐柏山、大别山、伏牛山等地。区内降雨集中，大部分地区土层浅薄，岩石大面积裸露，山丘区一半以上耕地土层厚度在 50cm 以下，水土流失对土地生产力破坏极大。水土流失作为面源污染的载体，加剧了水源污染，对下游地区饮水安全构成重大威胁。

（3）黄土高原地区。该区涉及青海、甘肃、宁夏、内蒙古、陕西、山西、河南七省（自治区）。区内土层深厚疏松、沟壑纵横、气候干旱、植被稀少，降水时空分布不均，加之水土资源利用不合理，土壤侵蚀强度之大、流失量之多堪称世界之最。

（4）长江上游及西南诸河流域。该区主要涉及四川、重庆、云南、贵州、西藏、陕西、甘肃和湖北等省（自治区、直辖市）。区内地质构造复杂而活跃，山高坡陡，人口密集，降雨集中，坡耕地比重大，水土流失严重。同时，区内水土流失极易诱发滑坡、泥石流等山地灾害。

（5）西南岩溶区。该区以贵州高原为中心，包括广西西北部、云南东部和四川、重庆、湖南的部分地区。区内土层瘠薄，降雨强度大，陡坡耕种普遍，水土流失非常严重。水土流失剧烈的地区土层消失殆尽，土地石漠化极为严重。该区坡耕地综合整治，遏制水土流失的任务极为艰巨。

（6）南方红壤区。该区主要是指我国东南部地区，涉及广东、福建、海南、湖南、浙江、江西以及鄂东南和皖南地区。区内水土流失主要表现为：一是岩层高度风化后，风化壳深厚，在强降雨作用下极易产生崩岗侵蚀；二是近年来荒坡地林产品开发强度大，引发严重人为水土流失；三是该区不少人工林为单一树种的纯林，林下缺少灌木或草本植被覆盖，土壤表面裸露，保持水土能力很弱。

2. 风力侵蚀区

本区主要分布在新疆、内蒙古和青海、宁夏、甘肃、陕西、山西、辽宁、河北等省（自治区）的部分地方。区内土地过度开垦和草场超载放牧，植被覆盖度低，风力侵蚀和水力侵蚀交替发生，生态十分脆弱。

3. 冻融侵蚀区

冻融侵蚀主要分布在我国西部青藏高原、新疆天山、东北大小兴安岭等高寒地区。区内受人为活动影响较小，以自然侵蚀为主。

（三）水土流失的原因

水土流失多发生在山区、丘陵区。这些区域地貌起伏不平、陡坡沟多、降水集中、多暴雨、地表土质疏松、植被稀少等，是水土流失的自然原因；毁林开荒、陡坡顺坡开垦、超载过牧、盲目扩大耕地、滥砍滥伐、破坏天然植被、开发建设不注意采取水土保持措施等人为不当的经济活动，是造成水土流失的主导因素。

产生水土流失的土地主要有三种：一是坡耕地，每年每亩流失土壤 3～10t。二是荒山荒坡，大都用作放牧，每年每亩流失土壤 1～2t；一旦草皮遭到破坏，土壤侵蚀量将成倍地增长。三是沟壑，以沟头前进、沟底下切、沟岸扩张三种形式不断地向长、宽、深三个方向发展，是水力侵蚀与重力侵蚀相结合的产物。如西北黄土高原地区的沟壑侵蚀，南方的崩塌。

投资项目建设对水土流失的影响较大。例如黄河的水土流失，由于开发建设项目的兴起，增加了水资源供需矛盾。随着宁蒙河套地区经济社会的不断发展，该区主要利用自然资源优势吸引资金，大规模开发建设能源项目，且大多是高耗水项目。例如采用湿冷方式冷却的火电厂，一台 30 万 kW 机组每年需水约 450 万 m^3。高耗水能源开发建设项目，进一步增加宁蒙河套地区水资源的供需矛盾。

在所有开发建设项目中，农林开发项目、公路铁路项目、城镇建设工程引起的水土流失最为严重，占总面积的 78.2%，其中农林开发造成的水土流失量达 2.52 亿 t，占到 37%，居各类建设项目之首。近年来一些山丘区经济林发展很快，荒山、荒坡开发强度很大，但有些人只顾树上、不顾树下，量大面广的陡坡开垦、顺坡耕作、乱砍滥伐等活动，造成大面积的植被破坏和水土流失，成为水土流失的主要源地。全国现有 11998.8 亿 m^2（18 亿亩）耕地中，坡耕地为 2133.12 亿 m^2（3.2 亿亩），占 17.5%，每年产生的土壤流失量约为 15 亿 t，占全国水土流失总量的 1/3。目前我国坡耕地主要分布在长江上游地区、黄土高原地区、石漠化地区和东北黑土区。据测算，黄土高原地区坡耕地每生产 1 kg 粮食，流失的土壤一般达到 40～60kg。

二、水土流失的防治

（一）水土流失的危害

水土流失对当地和河流下游的生态环境、生产、生活和经济发展都造成极大危害。水土流失破坏地面完整，降低土壤肥力，造成土地硬石化、沙化，影响农业生产，威胁城镇安全，加剧干旱等自然灾害的发生、发展，导致群众生活贫困、生产条件恶化，阻碍经济社会可持续发展。主要表现在以下方面。

（1）制约可持续发展。水土资源是人类生存之本，能不能有效地保护和合理利用水土资源，不仅关系到当代人的生存和经济发展的需要，而且关系到未来经济的持续发展和能否给子孙后代保留一个良好的生存环境。我国人口众多，耕地稀少，土地后备资源相对匮乏，每年净增人口 1000 多万，耕地却以每年数百万亩的速度锐减，许多地方人均耕地不足 666.6m^2（1 亩），人地矛盾极为突出。严重的水土流失使本来十分珍贵的土地资源丧失，从而进一步加剧土地供求之间的矛盾。年复一年的水土流失，使土层越来越薄，已远远低于使土地维持较高生产力对土层和土壤数量的基本要求。研究表明，土壤流失的速度比土壤形成的速度快 100～400 倍，一旦造成水土流失就很难及时恢复。"土之不存，人将焉附"，更何谈可持续发展。

（2）加剧洪涝灾害。由于水土流失严重，大量泥沙输入江河、湖库。位于黄河中游的黄土高原，堪称世界水土流失之最，每年输入黄河的泥沙达 16 亿 t，其中 4 亿 t 粗沙淤积在下游河道，年复一年不断淤高，使黄河变为世界著名的"地上悬河"。素有"吞吐长江，接纳四水"之称的八百里洞庭，由于长江上游和湘、资、沅、澧四水的水土流失加剧，每年有上亿吨泥沙淤积在湖内，湖面不断缩小，吞吐能力日益减退。泥沙淤积不仅缩短水利设施寿命，减少调蓄库容，缩小江河过洪断面，更严重的是极大地威胁防汛安全。近年来一些河流出现小洪水、高水位、多险情的严重局面，就是中上游水土流失加剧导致下游不断淤高、泄洪不畅的结果。

(3) 导致贫穷。水土流失与贫困互为因果，凡是水土流失地区都是贫困地区，形成"越穷越垦越流失，越流失越垦越穷"的恶性循环。土地资源在广种薄收的粗放经营下，土层变薄，地力下降，产出很低，难以解决温饱问题。经过综合治理，以建设梯田等基本农田为突破口，改粗放经营为集约经营，保持了水土，培肥了地力，提高了抗灾能力和单位面积产量，是解决温饱问题的有效途径。

(4) 恶化环境。水土流失是生态环境恶化的突出体现。水土流失必然导致当地生态环境遭到破坏，沟壑纵横，土地破碎，风沙肆虐，旱涝频繁，严重影响当地生产生活条件，生态环境质量保障能力严重退化。

(二) 水土流失的治理

红花绿树、碧水青山，是可持续发展的应有之意。严重的水土流失，是生态环境恶化的集中反映，也是我国当前生态建设及环境保护所面临的最突出的问题之一。加强水土流失防治，促进人与自然和谐，保障国家生态安全和经济社会可持续发展是一项长期的战略任务。今后我国在水土流失治理方面主要采取以下行动。

(1) 实施保护优先战略，推进水土流失防治由事后治理向事前保护的根本性转变。严格保护自然植被，禁止过度放牧、无序采矿、毁林开荒和开垦草地等行为；对扰动地表、可能造成水土流失的各类投资项目建设，必须编报水土保持方案，全面落实水土保持"三同时"制度；从严控制重要生态保护区、水源涵养区、江河源头和山地灾害易发区等区域的开发建设活动，充分做好水土保持方案论证。

(2) 实施综合治理战略，构建科学完善的水土流失防治体系。按照因地制宜，因害设防，优化配置工程、生物和耕作措施，宜林则林，宜草则草，形成有效的水土流失综合防护体系。以坡耕地水土流失综合整治为突破口，推动小流域综合治理，加大梯田、坡面水系和小型蓄水工程建设力度，提高水土资源的利用效率和效益。

(3) 实施分区防治战略，因地制宜推进东中西部水土保持工作。东部地区大力推进生态清洁小流域建设，提高水土资源利用效率；中部地区加大投资项目建设的监督管理力度，遏制人为水土流失，对严重水土流失区进行综合治理；西部地区加大重点地区水土流失防治力度，建设旱涝保收基本农田，做好特色产业开发，为农民增收创造条件。

(4) 实施项目带动战略，以点带面实现水土保持发展。在继续加强长江上游、黄河上中游、东北黑土区和西南石漠化地区等重点治理的基础上，重点抓好黄土高原多沙粗沙区淤地坝建设、南方崩岗综合治理、高效水土保持植物资源建设与开发利用，以及水源地泥沙和面源污染控制等重点项目建设。

(5) 实施生态修复战略，有效利用大自然的自我修复力量，促进大面积植被恢复。切实加强封育保护，做好基本农田、灌溉草场建设，大力实施生态移民等工程，减轻对生态环境的压力，为生态自然修复创造条件。

(6) 实施科技支撑战略，依靠科技进步治理水土流失。通过自主创新与综合集成研究，建立符合我国国情的水土保持基础研究体系、重大科研攻关体系、示范和推广体系，推进水土保持领域的科技进步和水土流失的防治水平。

(三) 建设项目水土保持方案审批管理规定

《中华人民共和国水土保持法》规定，在山区、丘陵区、风沙区修建铁路、公路、水工程，开办矿山企业、电力企业和其他大中型工业企业，在建设项目环境影响报告书中，必须有水行政主管部门同意的水土保持方案。在山区、丘陵区、风沙区依照矿产资源法的规定开办乡镇集体矿山企业和个体申请采矿，必须持有县级以上地方人民政府水行政主管部门同意的水土保持方案，方可申请办理采矿批准手续。建设项目中的水土保持设施，必须与主体工程同时设计、同时施工、同时投产使用。建设工程竣工验收时，应当同时验收水土保持设施，并有水行政主管部门参加。

《开发建设项目水土保持方案编报审批管理规定》要求，凡从事有可能造成水土流失的开发建设单位和个人，必须在项目可行性研究阶段编报水土保持方案，并根据批准的水土保持方案进行前期勘测设计工作。水土保持方案分为"水土保持方案报告书"和"水土保持方案报告表"。在山区、丘陵区、风沙区修建铁路、公路、水工程、开办矿山企业、电力企业和其他大中型工业企业，必须编报"水土保持方案报告书"。在山区、丘陵区、风沙区开办乡镇集体矿山企业、开垦荒坡地、申请采矿，以及其他生产建设单位和个人，必须填报"水土保持方案报告表"。水土保持方案的编报工作由生产建设单位负责。具体编制水土保持方案的单位，必须持有水行政主管部门颁发的《编制水土保持方案资格证书》。水土保持方案必须先经水行政主管部门审查批准，项目单位或个人在领取国务院水行政主管部门统一印制的《水土保持方案合格证》后，方能办理其他批准手续。水行政主管部门审批水土保持方案实行分级审批制度，县级以上地方人民政府水行政主管部门审批的水土保持方案，应报上一级人民政府水行政主管部门备案。中央审批立项的生产建设项目和限额以上技术改造项目水土保持方案，由国务院水行政主管部门审批。地方审批立项的生产建设项目和限额以下技术改造项目水土保持方案，由相应级别的水行政主管部门审批。乡镇、集体、个体及其他项目水土保持方案，由其所在县级水行政主管部门审批。跨地区的项目水土保持方案，报上一级水行政主管部门审批。

经审批的项目，如性质、规模、建设地点等发生变化时，项目单位或个人应及时修改水土保持方案，并按规定程序报原批准单位审批。项目单位必须严格按照水行政主管部门批准的水土保持方案进行设计、施工。项目工程竣工验收时，必须由水行政主管部门同时验收水土保持设施。水土保持设施验收不合格的，项目工程不得投产使用。

第二节 水土保持方案的论证、评审和监测

一、建设项目水土保持方案论证

（一）论证报告书主要内容

《中华人民共和国水土保持法》规定，在山区、丘陵区、风沙区修建铁路、公路、水工程、开办矿山企业、电力企业和其他大中型工业企业，水行政主管部门负责审查建设项目的水土保持方案。建设项目水土保持方案论证报告书的主要内容如下。

1. 综合说明

应简要说明：①主体工程及立项的概况；②项目所在地的水土流失重点防治区划分情况；③主体工程水土保持分析评价结论；④水土流失防治责任范围及面积；⑤水土流失预测结果，主要包括损坏水土保持设施数量、建设期水土流失总量及新增量、水土流失重点区段及时段；⑥水土保持措施总体布局、主要工程量；⑦水土保持投资估算及效益分析；⑧主要结论与建议；⑨水土保持方案特性表。

2. 水土保持方案编制总则

应包括：①水土保持方案的目的和意义；②明确方案编制的依据，包括法律、法规、规章、规范性文件、技术规范与标准、相关资料等；③水土流失防治的执行标准，即按《开发建设项目水土流失防治标准》的规定，该标准为最低标准，执行中应结合当地的实际情况，说明本项目水土流失防治的执行标准；④论述方案编制的指导思想；⑤说明方案编制的原则；⑥确定设计深度和设计水平年。

3. 项目概况

应说明项目基本情况、项目组成及总体布置、施工组织、工程占地、土石方量工程投资、进度安排、拆迁与安置等情况。若有与其他项目的依托关系应予说明。

4. 建设项目区概况

应说明项目所在区域自然条件、社会经济、土地利用情况，水土流失现状及防治情况，项目所在地的国家级、省级和县级水土流失重点防治区划分情况，区域内生态建设与开发建设项目水土保持可借鉴的经验。

5. 主体工程水土保持分析与评价

应包括：①工程选址的制约性因素分析与评价；②主体工程方案比选及评价；③主体工程占地类型、面积和占地性质的分析与评价；④主体工程土石方平衡、弃土（石、渣）场、取料场的布置、施工方法与工艺等评价；⑤主体工程设计的水土保持分析与评价；⑥工程建设与生产对水土流失的影响因素分析；⑦结论性意见、要求与建议。

6. 防治责任范围及防治分区

应包括：①工程占地，要分行政区划（以县为单位，线型项目也可以地、市为单位）列表说明占地类型、面积和占地性质；②水土流失防治责任范围确定的依据；③防治责任范围结果，用文、表、图说明项目建设区、直接影响区的范围、面积等情况；④水土流失防治分区及结果。

7. 水土流失预测

应包括：①预测范围与预测时段；②说明预测方法及土壤侵背景值、扰动后的模数值的取值依据；③水土流失预测成果，应说明项目建设扰动地表面积、产生的弃土（石、渣、矸）量和可能产生的水土流失量、损坏水土保持设施面积与数量；④可能产生的水土流失危害分析与评价；⑤预测结论，综合分析及防治措施布设的指导性意见。

8. 防治目标及防治措施布设

应包括：①防治目标，提出定性与定量的防治目标；②水土流失防治措施布设原则；③水土流失防治措施体系与总体布局，并附防治体系框图；④不同类型防治工程的典型设计；⑤防治措施及工程量，应按分区、分工程措施、植物措施、临时措施列表说明各项防治措施工程的工作量；⑥水土保持工程施工组织设计；⑦水土保持措施实施进度安排。

9. 水土保持监测

应包括：①监测时段；②监测区域（段）、监测点位；③监测内容、方法及监测频次；④监测工作量，说明监测土建设施、消耗性材料、监测设备、监测所需人工等；⑤水土保持监测成果要求。

10. 投资估算及效益分析

应包括：①投资估算的编制原则、依据、方法；②水土保持投资概述，并附投资估算汇总表、分年度投资表、工程单价汇总表、材料用时汇总表；③防治效果预测，应对照制定的目标，验算各目标的达到情况；④水土保持损益分析，从水、土资源、生态与环境等方面进行损益分析与评价。

11. 实施保障措施

应包括：①工作管理，建设单位应明确水土保持管理机构或人员，专项负责水土保持方案的组织实施和管理、协调工作。②水土保持投资，建设单位应将方案确定的水土保持投资列入主体工程概（预）算，明确防治资金来源。③后续设计，方案批复后应由具有工程设计资质的单位完成水土保持工程初步设计及施工图设计。④防治责任，发包标书中应明确水土保持要求，列入招标合同，明确承包商防治水土流失的责任，外购土石料应明确水土流失防治责任。⑤水土保持工程监理，监理机构应具有水土保持工程监理资质或聘请注册水土保持生态建设监理工程师从事水保监理工作。⑥水土保持监测，监测单位应具有水土保持监测资质，监测单位按批复的水土保持方案要求编制监测实施方案。监测成果定期向水行政主管部门报告。水土保持设施竣工验收时提交监测专项报告。⑦监督管理，接受地方水行政主管部门的监督检查和业务指导。⑧竣工验收，主体工程投入运行前应当验收水土保持设施。验收内容、程序等应按《开发建设项目水土保持设施验收规定》执行。⑨资金来源及管理使用办法。

12. 结论与建议

应包括：①水土保持方案总体结论；②下阶段水土保持要求。

13. 附件、附图和附表

附件应包括：①项目立项的有关申报文件、批件或相关规划；②工程可行性研究的初步意见；③水保方案编制委托书；④方案（送审稿）技术评审意见；⑤说明项目可行性且与水土保持有关的协议；⑥说明防治责任转移的函件；⑦水土保持投资概（估）算附件；⑧其他与工程相关的资料。

附图应包括：①项目所在的地理位置图；②项目区地貌及水系图；③工程总平面布置图及施工总布置图；④项目区土壤侵蚀强度分布图、土地利用现状图、水土流失防治区划分图；⑤水土流失防治责任范围图；⑥水土流失防治分区及水土保持措施总体布局图；⑦水土保持措施典型设计图；⑧水土保持监测点位布局图；⑨其他图件。

附表主要包括水土保持投资估算附表、方案特性表等。

（二）水土保持方案的技术评审和审批

1. 水土保持方案技术评审要求

（1）开展水土保持方案技术评审是国家水土保持行政管理职能的延伸，是国家实施水土保持管理的重要环节。技术评审工作应遵循国家法律、法规和水行政主管部门的有关规定，符合水土保持技术标准与规程、规范的要求，确保技术评审的公开、公正、公平。

（2）水土保持方案技术评审单位（简称"技术评审单位"）须经水行政主管部门认定，对技术评审意见负责，并承担相应的法律责任。

（3）水行政主管部门对评审专家进行考核认定，并建立专家库，组织技术培训。未进入专家库并经过相应培训的专家不得参加水土保持方案的技术评审工作。

（4）水土保持方案技术评审由技术评审单位主持，应有水土保持、资源与环境、技术经济、工程管理和主体工程等专业的专家，项目所在地流域机构及地方水行政主管部门的代表，以及建设单位、主体工程设计单位、水土保持方案编制单位的代表参加。

（5）技术评审主持人和评审专家应对水土保持方案报告书的编制质量、技术合理性、经济合理性和是否满足控制水土流失、减轻水土流失灾害等要求承担技术责任，评审专家应对相应的专业领域承担技术与质量的把关责任。

（6）水土保持方案技术评审由水行政主管部门委托有关技术评审单位进行。技术评审单位在收到送审文件和水土保持方案报告书（送审稿）后5个工作日内完成初步审查，做出是否同意召开技术评审会议的决定并通知建设单位。

（7）对没有达到相应技术要求、不具备召开评审会议条件的水土保持方案报告书（送审稿），技术评审单位应退回建设单位并提出书面修改意见。其书面修改意见应同时抄送水行政主管部门，作为水土保持方案编制资格证书考核的内容。对一年内发生一次退回的水土保持方案编制单位提出批评，二次退回的提出警告并要求整改。

（8）对达到相应技术要求的水土保持方案报告书（送审稿），技术评审单位应提前1周发出技术评审会议通知并抄送水行政主管部门，在技术评审会议3天前将水土保持方案送达评审专家和项目所在地流域机构及地方水行政主管部门。

（9）水土保持方案技术评审应进行现场查勘。因特殊情况不能进行现场查勘的，应征得水行政主管部门的同意。

（10）水土保持方案报告书（送审稿）通过技术评审后，技术评审单位应及时提出水土保持方案报告书（送审稿）评审意见，并送达建设单位，由建设单位组织水土保持方案的修改、补充、完善，形成水土保持方案报告书（报批稿），送技术评审单位复核。

（11）技术评审单位应在5个工作日内完成水土保持方案报告书（报批稿）的复核工作。对通过复核的水土保持方案报告书（报批稿）出具技术评审意见报送水行政主管部门（预审项目按有关规定执行），同时抄送项目建设单位。

2. 不具备召开技术评审会议条件的情形

水土保持方案报告书（送审稿）有下列情况之一的，应考虑不具备召开技术评审会议条件：

（1）对主体工程基本情况把握不准、现场查勘深度不足，工程项目组成、规模、布置及施工工艺等表述不清楚。

（2）对主体工程水土保持功能评价、工程建设可能造成的水土流失预测及可能发生的灾害评价深度不足，分析结果不能为方案批复提供可靠的技术支撑。

（3）水土流失防治体系过于笼统，防治措施设计缺乏针对性和可操作性，临时防护措施安排不到位，不能有效减少和控制人为水土流失及可能引发的水土流失灾害。

（4）水土保持监测的目标、任务、内容、要求等总体安排和设计不具体，操作性不强，对水土保持监测的实施缺乏指导和控制作用。

（5）水土保持投资概（估）算不准确，图纸、工程量和概算不一致，独立费用明显不能满足开展相关工作。

（6）不符合国家水土保持方针政策和技术规范、规程的要求，文字、数据、图表等非技术性错误较多。

3. 水土保持方案审批程序

水利部开发建设项目水土保持方案的审批按下列程序执行：

（1）建设单位（业主）委托具备水土保持方案编制甲级资质的单位编制相应的《水土保持方案报告书》。

（2）由项目建设主管部门（无主管部门的项目由业主）向水利部（并同时抄送水利部委托的技术评审单位）报送《关于报审×××水土保持方案报告书（送审稿）的函》以及《水土保持方案报告书》（送审稿）一式三份，申请水土保持方案报告书（送审稿）的技术评审。

（3）水土保持技术评审单位受水利部委托，按照国家关于水土保持的法律法规及技术规范和要求，组织开展《水土保持方案报告书》（送审稿）的技术评审，包括现场查勘和技术文件评审，并形成专家评审意见。

（4）根据技术评审形成的专家评审意见，由业主组织《水土保持方案报告书》编制单位对《水土保持方案报告书》（送审稿）进行修改、补充和完善，形成《水土保持方案报告书》（报批稿），送技术评审组织单位进行复核。

（5）由《水土保持方案报告书》（送审稿）技术评审组织单位对《水土保持方案报告书》（报批稿）进行复核，符合有关规定和要求的出具《水土保持方案报告书》技术评审意见，并报送水利部。对不符合规定和要求的《水土保持方案报告书》（报批稿）退回方案编制单位重新修改、补充和完善。

（6）由项目建设主管部门（无主管部门的项目由业主）向水利部报送《关于报批×××水土保持方案报告书（报批稿）的请示》以及经水土保持技术评审组织单位核审同意后的《水土保持方案报告书（报批稿）》一式八份，申请批复《水土保持方案报告书》（报批稿）。

（7）水利部在收到并初核项目建设主管部门（无主管部门的项目由业主）关于《水土保持方案报告书》（报批稿）的报批文、《水土保持方案报告书》技术评审组织单位出具的技术评审意见及经复核后的《水土保持方案报告书》（报批稿）后做出受理决定，并在受理后20个工作日内（或经部领导同意后30个工作日内）完成批复或退回工作。

二、建设项目水土保持方案的实施监测

（一）水土保持方案实施监测规定

《中华人民共和国水土保持法》等法律法规规定，有水土流失防治任务的开发建设项目，建设和管理单位应设立专项监测点对水土流失状况进行监测，并定期向项目所在地县级监测管理机构报告监测成果。其目的在于对开发建设项目建设引起的水土流失面积、分布状况和流失程度，水土流失危害、发展趋势及水土保持防治效果等做出科学评价，从而为建设、管理单位防治水土流失提供技术指导和服务，为水土保持监测管理机构采集数据，从而为建立水土流失预测预报模型提供数据，为政府防治水土流失提供决策依据。

水利部《关于规范生产建设项目水土保持监测工作的意见》，要求建设项目在整个建设期内（含施工准备期）必须全程开展水土保持监测，其中生产类项目要不间断监测。主要监测内容包括工程建设扰动土地面积、水土流失灾害隐患、水土流失及造成的危害、水土保持工程建设情况、水土流失防治效果等，监测重点是取土（石）场、弃土（渣）场使用情况及安全要求落实情况，扰动土地及植被占压情况，水土保持措施（含临时防护措施）实施状况等。要求生产建设类项目征占地面积大于50公顷或挖填土石方总量大于50万 m^3 的，由建设单位委托有甲级水土保持监测资质的机构进行监测；征占地面积5~50公顷或挖填土石方总量5万~50万 m^3 的项目，由建设单位委托有乙级以上水土保持监测资质的机构进行监测；征占地面积小于5公顷且挖填土石方总量小于5万 m^3 的项目，由建设单位自行安排水土保

持监测工作。

（二）监测实施方案的制定

建设项目水土保持监测应制定实施方案，内容包括：

1. 建设项目及项目区概况

内容包括：①生产建设项目概况；②项目区自然、经济和生态环境概况；③生产建设项目水土流失防治布局。

2. 水土保持监测布局

内容包括：①监测目标与任务；②监测范围及分区；③监测重点及监测布局；④监测时段和工作进度。

3. 监测内容和方法

监测内容应涵盖开工之前、施工准备期、工程建设期间和水土保持措施试运行期。监测方法应阐述监测指标与控制节点。

4. 预期成果及形式

内容包括：①数据记录；②重点监测图[重要弃土（渣）场要提供千分之一地形图]；③水土保持监测报告；④附件。

5. 监测工作组织与质量保证体系

（三）监测总结报告的编写

建设项目水土保持监测工作应提交总结报告，内容包括：

1. 建设项目及水土保持工作概况

内容包括：①项目建设概况；②水土流失防治工作概况；③监测工作实施概况。

2. 重点部位水土流失动态监测结果

防治责任范围监测结果：①水土保持防治责任范围；②建设期扰动土地面积。

取土监测结果：①设计取土（石）情况；②取土（石）场位置及占地面积监测结果；③取土（石）量监测结果。

弃土监测结果：①设计弃土（渣）情况；②弃土（渣）场位置及占地面积监测结果；③弃土（渣）量监测结果。

3. 水土流失防治措施监测结果

内容包括：①工程措施及实施进度；②植物措施及实施进度；③临时防治措施及实施进度。

4. 土壤流失量分析

内容包括：①各阶段土壤流失量分析；②各扰动土地类型土壤流失量分析。

5. 水土流失防治效果监测结果

内容包括：①扰动土地整治率；②水土流失总治理度；③拦渣率与弃渣利用率；④土壤流失控制比；⑤林草植被恢复率；⑥林草覆盖率。

6. 结论

阐述：①水土流失动态变化；②水土保持措施评价；③存在问题及建议；④综合结论。

第四章

项目用海的环境影响评价

海洋工程的选址和建设应当符合海洋功能区划、海洋环境保护规划和国家有关环境保护标准，不得影响海洋功能区的环境质量或者损害相邻海域的功能。国家实行海洋工程环境影响评价制度。海洋工程的建设单位应当在可行性研究阶段，根据《海洋工程环境影响评价技术导则》及相关环境保护标准，编制环境影响评价文件，报有核准权的海洋主管部门核准。建设单位应当按照国家有关规定委托具有相应环境影响评价资质的机构开展海洋工程环境影响评价工作。

第一节 海洋环境及其分析评价

一、海洋和海洋环境

（一）海洋

地球上互相连通的广阔水域构成统一的世界海洋，海洋占地球表面的 70.8%。根据海洋要素特点及形态特征，可将其分为洋、海、海湾和海峡。洋是海洋的中心部分，是海洋的主体，一般远离大陆，面积广阔，约占海洋总面积的 90.3%。海是洋的边缘，是大洋的附属部分。按照海所处的位置可将其分为陆间海、内海和边缘海。海湾是洋或海延伸进大陆且深度逐渐减小的水域，一般以入口处海角之间的连线或入口处的等深线作为与洋或海的分界。海峡是两端连接海洋的狭窄水道。与人类活动比较密切的海域主要是海湾、河口、近岸海域、沿岸海域等，其中海岸带作为沿海国家经济、文化最发达的区域，更具有特殊性和重要性。

1. 海湾

海湾指被陆地环绕且面积不小于以口门宽度为直径的半圆面积的海域，是海岸带向陆地凹进，深度逐渐减小的海域部分，通常以湾口附近两个对应海角的连线作为海湾最外部的分界线。海湾形成的原因包括：①由于伸向海洋的海岸带岩性软硬程度不同，软弱岩层不断遭受侵蚀而向陆地凹进；②当沿岸泥沙纵向运动的沉积物形成沙嘴时，使海岸带一侧被遮挡而呈凹形海域；③当海面上升时，海水进入陆地，岸线变曲折，凹进的部分即成海湾。海湾由于两侧岸线的遮挡，风浪扰动小，水体平静，易于泥沙堆积，沉积物在湾顶沉积形成海滩。当运移沉积物的能量不足时，可在湾口、湾中形成拦湾坝，分别称为湾口坝、湾中坝。世界上大大小小海湾甚多，主要分布于北美、欧洲、亚洲沿岸，其中较大的有 240 多个。海湾是人类从事海洋经济活动及发展旅游业的重要基地。

由于我国的辽东湾、渤海湾、莱州湾、杭州湾和北部湾都是面积较大的海湾，其中包含了许多小海湾，《海洋工程环境影响评价技术导则》（GB/T 19485—2004）中海湾的定义不含这些海湾。

2. 河口

河口指入海河流终端受潮汐和径流共同作用的水域。一般认为，河口是一个半封闭性的海岸水体，它可自由地与开放的海洋相连接，在它之内，海水可以被内陆排出的淡水所稀释，而稀释的程度是可以被量测的。河口是河流和受水体的结合地段，受水体可能是海洋、湖泊、水库和河流等，因而河口可分为入海河口、入湖河口、入库河口和支流河口等。其中入海河口是一个半封闭的海岸水体，与海洋自由沟通，海水在其中被陆域来水所冲淡。河口及其周围地区是陆地与海洋、淡水与咸水的过渡地带。由于淡水输入的影响，河口的自然环境变化剧烈，特别是温度、盐度和化学要素的变化。一般根据动力条件和地貌形态的差异，把河口分为以河流特性为主的河流近口段，以海洋特性为主的河口段，河流因素和海洋因素强弱交替作用的口外海滨。河口的主要环境特性，是由海洋潮汐、波浪与河川的水文状况互动而形成的。河口水体淡水和盐水的混合，使悬浮物絮凝沉降，以及海洋生物作用时细颗粒物质聚集成团，促使河口泥沙发生淤积。河流输出物对河口的填充，使得三角洲不断推进和扩展。

河口是河口生物类群的主要食物来源，是许多海洋生物繁衍后代的场所，是多种候鸟和洄游鱼类的索饵场。河口具有丰富的渔业、港口、交通、淡水等资源，是人类影响较大的区域。随着经济的发展，有关泥沙整治和疏浚、河口供水、排污、环境保护等问题日益受到关注。

3. 近岸海域

近岸海域指距大陆较近的海域。已公布领海基点的海域指领海外部界限至大陆海岸之间的海域。领海指国家主权扩展于其陆地领土及其内水以外邻接其海岸的一带海域，领海的外部界限为一条其每一点与领海基线的最近点距离等于 12 n mile 的线。

4. 沿岸海域

沿岸海域定义为，近岸海域之内靠近大陆海岸，水文要素受陆地气象条件和径流影响大的海域。一般指距大陆海岸 10km 以内的海域，是离海岸较近，人类活动密度最大的海域。

5. 海岸线和海岸带

海洋表面与陆地表面的交界线，称为海岸线。海水昼夜不停地反复涨落，海平面与陆地交接线也在不停地升降改变。海岸线测定，可根据海岸的植物边线、土壤和植被的颜色、湿度、硬度以及流木、水草、贝壳等冲积物来确定其位置，我国规定多年平均高潮线为岸线。在现代海岸线以外，还有历史时期上升或下降的海岸线。我国漫长的大陆海岸线南北跨越热带、亚热带和温带三个气候带，全长约 18000km，其中大部分位于亚热带，占 60%。我国海域分布着 6500 个岛屿，岛屿岸线总长约 14000km。

海岸带是海陆交互作用的地带，包括遭受波浪为主的海水动力作用的广阔范围，即从波浪所能作用到的深度，向陆延至暴风浪所能达到的地带。现代海岸带一般包括海岸、海滩和水下岸坡三部分。海岸又称潮上带，是高潮线以上狭窄的陆上地带，大部分时间裸露于海水面之上，仅在特大高潮或暴风浪时才被淹没。海滩又称潮间带，是高低潮之间的地带，高潮时被水淹没，低潮时露出水面。水下岸坡又称潮下带，是低潮线以下直到波浪作用所能到达的海底部分，其下限水深一般为波浪波长的一半。海岸的形成经历了漫长的过程，受多种因素综合影响，交叉作用极其复杂。海岸发育一方面受到地质构造条件的宏观控制，另一方面主要受到河流、波浪、潮汐、海流、海平面变化、海洋生物活动等自然因素的影响。海洋动力和河流的侵蚀、搬运、堆积作用等形成多种海岸地貌类型。我国海岸带和海涂资源综合调查规程，将我国海岸分为河口岸、基岩岸、砂砾质岸、淤泥质岸、珊瑚礁岸、红树林岸。

基岩海岸又称港湾海岸，是由坚硬岩石组成的海岸，波浪作用强烈。其特点是坡度陡、水深大、地势险峻、岸线曲折、山甲湾相间、沿岸岛屿星罗棋布、天然良港多。我国的山东半岛、辽东半岛及杭州湾以南的浙、闽、台、粤、桂、琼等省，基岩海岸广为分布。

砂砾质海岸又称堆积海岸，其组成物质较粗，岸滩较窄陡。砂砾质海岸物质来源主要包括三个方面：①山地流出的河流把大量较粗的砾石和沙带入海；②从基岩海岸侵蚀和崩塌下来的物质；③海流波浪的纵横向作用，把邻近海岸或陆架上的粗粒物质携带而来。

淤泥质海岸，处于地质结构长期下沉的地区，有利于大量物质的堆积，主要由海流将较细的粉沙淤泥沉积堆积在海湾岸段而形成。淤泥质海岸岸线平直、坡度平缓，物质组成较细，结构较为松散，快速变化的冲淤过程易造成岸线的不稳定。我国的淤泥质海岸大体可分为淤泥质河口三角洲海岸、淤泥质平原海岸、淤泥质港湾海岸三类。主要分布在杭州湾以北的苏北平原海岸、辽东湾、渤海湾、莱州湾等。

珊瑚礁海岸、红树林海岸均属于生物海岸，是由于某种生物生长和迅速繁殖形成特殊景观的影响作用下形成的，主要分布在低纬度的热带和亚热带区域。我国东海南部分布着红树林海岸，南海更是以各种形式的生物海岸占优势。

（二）海洋环境的构成要素

环境要素，又称环境基质，是构成人类整体环境的各个独立的、性质不同的而又服从整体演化规律的基本物质组分。环境要素组成环境的结构单元，环境的结构单元又组成环境整体或环境系统。海洋环境按照不同的环境要素，可划分为海洋水文动力环境、海洋地形地貌与冲淤环境、海洋水质环境、海洋沉积物环境、海洋生态环境等内容。

1. 海洋水文动力环境

海水受到的作用力有本身的重力，通过边界作用的力如海面风应力、地表摩擦力，以及其他天体的引力。大规模的海水运动还受到地转惯性力的影响。在多方面作用力的共同作用下，海水总是处于不断的运动中，其主要运动方式为海洋潮汐、海流、海洋湍流、海浪。海水除水平方向运动外，还存在垂直方向运动，如上升流、下降流。

海洋水体的动力学过程大体如下：

（1）海洋潮汐。是因为月球与太阳等天体对地球各处引力不同，而造成的水位周期性的涨落现象。由于月球、太阳和地球三者的相对位置有规律地不断变化，引潮力时强时弱，所以潮汐变化有大有小，而且有规律地变化。潮汐是浅海动力因素中的重要因素，大范围的潮位涨落和周期性潮流运动，对岸滩冲淤与河口演变、泥沙与其他物质输移、海岸及近海工程总体布置都有极其重要的影响。大洋潮波传入大陆架浅海水域发生转折、变形，浅海分潮影响增强，周边反射干涉常形成地区性潮波系统与潮流场。

（2）海流。主要指风和热盐效应引起的、沿一定途径的大规模海水流动，包括大洋环流、浅海海流等。

（3）海洋湍流。是指海洋水体中不稳定的紊乱流动。

（4）海浪。常指由风产生的海水波浪，包括风浪、涌浪和海洋近岸波等。波浪是影响海岸演变、海岸工程稳定的最主要动力因素和关系近海工程成败的决定性动力因素。

正是由于海洋的流体特征，海洋形态的整体性和运动特征，以及动力过程的连续性，海洋工程的兴建会改变原本的水文动力状态，从而影响物质的输送、地形地貌与冲淤状态、海水质量、沉积物质量等。

2. 海洋地形地貌与冲淤环境

随着人类海洋开发工程技术能力的突飞猛进，各类海洋工程建设项目不断增多，建设规模日益复杂和庞大，人类对海洋环境的影响日益增强。沿海地区依靠其资源和空间优势，已成为世界各地经济发展的重点区域和人口集聚的中心。当今世界半数以上人口居住在沿海地区，而且仍呈上升趋势。海岸带的地貌形态及其变化对人类的生活和经济活动具有重大意义。海岸带和近岸海域受到河流、波浪、潮汐、海流等自然因素的影响，是海洋动力作用强烈的区域。因此，海洋建设项目的选址、海洋工程的运行安全等问题就显得尤为重要，否则，可能在一定程度上引发环境问题和环境灾害。

海洋地形地貌是由海洋动力，河流的侵蚀、搬运和堆积等综合作用而形成的。海洋工程设施可能通过改变原有的纳潮量和潮流场，影响原有海岸带的动态平衡，影响岸滩的冲淤，引起海岸线位置及轮廓的变化。例如，对沿海湿地的围垦改变了海岸形态，降低了海岸线的曲折度，破坏某些海洋生物赖以生存的栖息地。泥沙输移问题则涉及港口选址规划布置、航道的疏浚、抛泥区的选择、海岸线侵蚀、区域性填海设计、海洋结构物基础的安全等。而且随着经济的发展，污染物排放处置、滩涂促淤围垦和海洋环境保护等方面的问题日益突出，这些问题都与泥沙输运密切相关。

3. 海洋水质环境

由于人类活动直接或者间接地把物质或者能量引入海洋环境，产生损害海洋生物资源、危害人体健康、妨害渔业和海上其他合法活动、损害海水使用素质和减损环境质量等有害影响，称为海洋污染。海洋作为世界上最大的纳污水体，几乎容纳了地球上所有的污染物，江河湖泊的各种污染形式在海洋都存在。由于海洋是地球上地势最低的区域，海洋中的污染物很难转移或消除；同时作为一个相互连通的整体，污染的扩散范围广，任一海域的污染都有可能对邻近海域产生影响。现阶段，污水、废弃物、废油、化学物质源源不断地流入海洋，造成严重的石油污染、富营养化污染、有毒物质污染，这些有毒有害物质在生物体内富集，并通过食物链传递，危及人类健康。

4. 海洋沉积物环境

海洋沉积物是各种沉积作用所形成的海底沉积物的总称。海洋沉积物质主要包括由河流、风等带入海洋的碎屑物质，生物遗体、微生物分解物质等有机质成分，少量的由火山喷发堕入海中的火山灰，以及来自宇宙空间的陨石和宇宙尘粒等。海洋沉积物与海洋沉积环境密切相关。一般按不同海水深度的海洋沉积环境将海洋沉积物分为滨海带沉积物、浅海带沉积物、半深海沉积物和深海沉积物。沉积物是水环境中持久性的和有毒的化学污染物的主要存贮场所，有些化学性质较稳定的污染物，能在海洋中较长时间地滞留和积累，一旦造成不良影响则不易消除。

5. 海洋生态环境

生态系统是指在一定的空间内生物成分和非生物成分通过物质循环和能量的流动互相作用、互相依存、互相调控而构成的一个生态学单位。海洋水体，碎屑，成千上万的细菌、浮游植物、浮游动物、鱼类、鸟类、哺乳动物等生物个体组成了海洋生态系统。在海洋生物群落中，这些生物个体通过不断进化、相互作用，形成了复杂的食物链和食物网，实现了海洋生态系统物质循环和能量流动。海洋生态系统包括海岸带生态系统、近海生态系统、大洋生态系统以及深海生态系统。海洋生态环境是海洋生物生存和发展的基本条件。生物依赖于环境，环境影响生物的生殖和繁衍。

二、海洋环境敏感区及其保护

（一）海洋环境敏感区的界定

目前，对海洋环境敏感区的定义还比较模糊，没有统一的划分标准。关于海洋环境敏感区的研究工作开展较少，广度和深度不够，现有的研究成果大多集中在对海洋生态环境敏感区的研究，海洋水文动力环境敏感区、海洋水质环境敏感区等的研究仍显不足。

1. 环境敏感区的内涵

环境敏感区需具备下列条件：①对整个国家具有环境意义；②具有特定方式的农业开发，改变其农牧耕作方式已经或将对环境造成危害；③是维持区域经济持续稳定发展的必要条件。

《建设项目分类管理名录》所称环境敏感区，则是指具有下列特征的区域：①需特殊保护地区。国家法律、法规、行政规章及规划确定或经县级以上人民政府批准的需要特殊保护的地区，如饮用水水源保护区、自然保护区、风景名胜区、生态功能保护区、基本农田保护区、水土流失重点防治区、森林公园、地质公园、世界遗产地、国家重点文物保护单位、历史文化保护地等。②生态敏感与脆弱区。如沙尘暴源区、荒漠中的绿洲、严重缺水地区、珍稀动植物栖息地或特殊生态系统、天然林、热带雨林、红树林、珊瑚礁、鱼虾产卵场、重要湿地和天然渔场等。③社会关注区。如人口密集区、文教区、党政机关集中的办公地点、疗养地、医院等，以及具有历史、文化、科学、民族意义的保护地等。

2. 海洋水文动力环境敏感区的划分依据

海洋水文动力环境敏感区、亚敏感区、非敏感区，一般可以根据所在海域的地理位置、自然环境特征，或者海湾开敞度、海岸线类型等进行划分。

首先，海洋水文动力环境敏感区可依据以下原则划分：①开敞度很小，或感潮时间长的海湾；②多年平均流量小的河口；③多年平均流量较大，且以径流作用为主的河口；④海岸线形状受海水冲刷影响极易改变的海域。

其次，海洋水文动力环境亚敏感区可依据以下原则划分：①开敞度一般，或感潮时间较长的海湾；②多年平均流量一般，且以潮汐作用为主的河口；③多年平均流量较大，径流和潮汐交替作用的河口；④海岸线形状受海水冲刷影响易改变的海域。

最后，海洋水文动力环境非敏感区可依据以下原则划分：①开敞度较大，或感潮时间短的海湾；②多年平均流量大，且以潮汐作用为主的河口；③海岸线形状受海水冲刷影响不易改变的海域；④远离大陆，面积广阔的海域。

3. 海洋水质环境敏感区的划分依据

依据所处海域的海洋功能区划和保护目标，划分海洋水质环境敏感区、亚敏感区、非敏感区。

首先，海洋水质环境敏感区可依据以下原则划分：①开发利用和养护渔业资源、发展渔业生产的区域；②以保护海洋自然环境和自然资源，使之免遭破坏为目的，在海域、岛域、海岸带、海湾和河口对选择对象划出界线加以特殊保护和管理的区域；③以珍稀濒危物种种群及自然生境作为主要保护对象的区域。

其次，海洋水质环境亚敏感区可依据以下原则划分：①以人工培育和饲养具有经济价值生物物种为主要目的的生物资源开发利用的区域；②具有一定质和量的自然景观区，以及具有运动和娱乐价值的区域；③开发利用海水资源或直接利用地下卤水的区域；④具有一定质和量的自然景观区、人文景观区或两种景观结合的区域。

最后，海洋水质环境非敏感区可依据以下原则划分：①可供船舶安全航行、停靠、进行装卸作业和避风的区域；②现已建设或规划近期内建设海上工程的区域。

4. 海洋生物与生态环境敏感区的划分依据

依据所处海域的海洋生态功能目标，划分海洋生物与生态环境敏感区、亚敏感区、非敏感区。

首先，海洋生物与生态环境敏感区可依据以下原则划分：①具有特殊地理条件、生态系统、生物与非生物资源及海洋开发利用特殊需要，采取有效的保护措施和科学的开发方式进行特殊管理的区域；②抗干扰和生态恢复能力较弱的生态系统、生物资源的区域；③开发利用和养护渔业资源，发展渔业生产的区域。

其次，海洋生物与生态环境亚敏感区可依据以下原则划分：①具有一定质和量的自然景观区，以及具有运动和娱乐价值的区域；②开发利用海水资源或直接利用地下卤水的区域；③易受自然灾害侵袭，需要采取防治措施的区域；④在某个时期内禁止任何捕捞作业或禁止部分渔具作业，以利于生物资源恢复，使资源处于良好状态的区域。

最后，海洋生物与生态环境非敏感区可依据以下原则划分：①用海水做冷却水、冲刷库场等的海域；②供船舶安全航行、停靠、进行装卸作业和避风的区域。

（二）海洋环境保护的法律规定

要实现海洋环境保护的有效管理，确保有序、良性开发，就必须加强法制建设。《中华人民共和国环境保护法》（1989）、《中华人民共和国防治海岸工程建设项目污染损害海洋环境管理条例》（1990）、《中华人民共和国海洋环境保护法》（1999）、《防治海洋工程建设项目污染损害海洋环境管理条例》（2006）以及《中华人民共和国环境影响评价法》（2002）等一系列法律的出台，对保护海洋环境，维护海洋生态平衡起到了重要作用，标志着我国已将海洋环境保护工作纳入法制轨道。

《中华人民共和国环境保护法》，明确了"环境"的定义，确立了"环境保护与经济、社会发展相协调"的原则。规定了环境保护的原则、基本制度和管理措施，还把环境影响评价、污染者的责任、征收排污费、对基本建设项目实行"三同时"等，作为强制性的法律制度确定下来。对海洋环境保护也做出了原则性规定，"向海洋排放污染物、倾倒废弃物，进行海岸工程建设和海洋石油勘探开发，必须依照法律的规定，防止对海洋环境的污染损害"。

《中华人民共和国防治海岸工程建设项目污染损害海洋环境管理条例》，明确了"海岸工程"的定义，规定兴建海岸工程建设项目的建设单位，必须在可行性研究阶段，编制环境影响报告书或报告表，并对保护海洋资源，防治污染损害，以及法律责任等做出规定。

《中华人民共和国海洋环境保护法》，强调对海洋的生态保护、管理措施的可操作性，并确立了重点海域污染物总量控制制度、海洋环境标准制度、对严重污染海洋环境的落后工艺和严重污染海洋环境的落后设备的淘汰制度、海洋环境监测和监视信息管理制度、船舶油污保险和油污损害赔偿基金制度等一些新的环境保护管理制度。加大了行政处罚力度，细化了法律责任，对国务院环保行政主管部门、国家海洋、国家海事、国家渔业行政主管部门和军队环保部门的职责，做出了具体分工，体现了联合执法检查的特点。

《防治海洋工程建设项目污染损害海洋环境管理条例》，作为《海洋环境保护法》的配套法规，规定"国家实行海洋工程环境影响评价制度"，对海洋工程环保管理的内容、程序具体化。从法律角度提出严格控制围填海，并要求围填海工程必须举行听证会。对海洋工程建设前的环境影响评价制度，海洋工程建设、运行过程中污染损害的监管，海洋工程运行后排污行为的监管，海洋工程污染事故的预防和处理，法律责任等方面都做出了较具体的规定。

《中华人民共和国环境影响评价法》规定，海洋工程建设项目的海洋环境影响报告书的审批，依照《中华人民共和国海洋保护法》的规定办理。海洋工程建设项目的建设单位未依法报批建设项目环境影响评价文件、或者未依照相关规定重新报批或重新审核环境影响评价文件，擅自开工建设的，或建设项目环境影响评价文件未经批准或者未经原审批部门重新审核同意，建设单位擅自开工建设的，依照《中华人民共和国海洋环境保护法》的规定处罚。

这些法律的颁布实施，以法的强制力推广和强化人们的海洋环境保护意识，有利于遏制违法的涉海工程建设，对于保护和改善环境质量起到了积极的作用，为我国海洋可持续发展战略的实施奠定了良好的基础，对于我国海洋环境保护事业的发展具有重要意义。

第二节　海洋环境影响预测与评价

一、海洋开发及其对海洋环境的影响

（一）海洋开发用海的主要类型

1. 渔业用海

指为开发利用渔业资源、开展海洋渔业生产所使用的海域，包括渔业基础设施用海、养殖用海等。

2. 交通运输用海

包括港口用海，航道、锚地和路桥用海。

3. 工矿用海

指开展工业生产及勘探开采矿产资源所使用的海域，包括盐业用海、临海工业用海、矿产开采用海和油气开采用海。

4. 旅游娱乐用海

指开发利用滨海和海上旅游资源，开展海上娱乐活动所使用的海域，包括旅游基础设施用海、海水浴场和海上娱乐用海。

5. 海底工程用海

指建设海底工程设施所使用的海域，包括电缆管道用海、海底隧道用海和海底仓储用海。

6. 排污倾倒用海

指用来排放污水和倾废的海域，包括污水排放用海和废物倾倒用海。

7. 围海造地用海

指在沿海筑堤围割滩涂和港湾，并填成土地的工程用海，包括城镇建设用海和围垦用海。

8. 特殊用海

指用于科研教学、军事、自然保护区、海岸防护工程等用途的海域，包括科研教学用海、军事设施用海、保护区用海和海岸防护工程用海。

9. 其他用海

（二）主要涉海开发项目的环境影响

海洋环境影响评价是海洋环境保护工作的一个重要工作环节，是指对海域的规划和建设项目实施后可能造成的环境影响进行科学分析、预测和评估，提出预防或者减轻不良环境影响的对策和措施，进行跟踪监测的方法与制度。海洋环境影响评价仅仅针对可能对环境造成较大影响的规划和建设项目实施，对环境影响很小的建设项目，如海底电缆系统建设，可不进行环境影响评价工作，但需要填报环境影响登记表。

通过环境影响评价确认环境容量不许可或经济损益分析后不合适，可否定该建设项目。因此，海洋环境影响评价对于保护和改善海洋环境，防止污染损害，维护生态平衡，保障人民身体健康具有重要的意义。与此对应的是，建设项目对海洋环境可能造成影响的分析、预测和评估，环境保护措施及其技术、经济论证，对环境影响的经济损益分析及实施环境监测的建议成为环境影响评价的主要内容。

由于涉海建设项目类型众多，各类建设项目的特点不同，本章选择围海、填海工程，火力发电厂建设工程，海洋石油勘探开发工程，航道建设工程，港口建设工程等对海洋环境水文动力、水质、沉积物、生态等环境产生的影响予以重点介绍。这几类工程经验积累丰富，规范成熟，对其他涉海工程有很好的示范作用和借鉴意义。

1. 围海、填海工程

围海、填海工程改变了海域的自然属性，对环境可能造成的影响主要体现在以下方面：

（1）对海洋水文动力环境的影响。可能会改变区域的潮流运动特性，引起泥沙冲淤，对防洪和航运造成影响；或者改变海岸的结构，减少海湾的纳潮量，影响潮差、水流和海浪。

（2）对海洋水质和沉积物环境的影响。填海过程因扰动海床淤泥造成悬浮物浓度增加，工程后可能引起污染物迁移规律的变化，减小水环境容量和污染物扩散能力，并加快污染物在海底积聚。

（3）对海洋生态环境的影响。破坏围填区湿地资源和滩涂资源；同时由于填海过程导致悬浮颗粒物增加，海水变浑，透明度降低，从而影响海洋浮游植物光合作用，影响海洋动物的洄游、产卵、繁殖、索饵等，降低海洋初级生产力。

2. 火力发电厂建设

火力发电厂建设对海洋环境可能造成的影响主要体现在以下几个方面：

（1）对海洋水文动力环境的影响。如干扰水体流场，取、排水口对局部流态的影响，对海域悬沙分布及海床演变过程的影响等。

（2）对海洋水质和沉积物环境的影响。如温排水使水域温度升高，造成溶解氧的溶解度降低；冷却水中的氯排海后产生一系列的化学反应，与水中的一些无机物和有机物发生反应后会产生有毒化合物；以及电厂灰水排放的影响等。

（3）对海洋生态环境的影响。如对围填区湿地资源和滩涂资源的破坏，电厂温排水对水生生物种群结构、生长与繁殖等活动的影响等。

3. 海洋石油勘探开发

海洋石油勘探开发工程对海洋环境可能造成的影响主要体现在以下几个方面：

（1）对海洋水文动力环境的影响。如对局部流场以及海床演变过程的影响。

（2）对海洋水质环境的影响。如石油勘探工程中的水中爆破会影响水环境的浊度、悬浮物和无机氮，石油勘探开发、污染船舶的排污也会对海水和底质产生影响。

（3）对海洋生态环境的影响。如浊度和悬浮物影响生物的呼吸发育，减少动物饵料；水中爆破产生的声压波影响洄游性鱼虾习性，造成作业区域渔业资源的匮乏；石油类污染对海洋生物的毒性影响等。

4. 航道建设工程

航道建设所采取的工程措施主要包括筑坝、疏浚、护岸、炸礁、渠化等，航道工程对环境可能造成的影响主要体现在以下几个方面：

（1）对海洋水文动力环境的影响。如对水动力环境和流态、河床形态有一定的影响。

（2）对海洋水质和沉积物环境的影响。如航道整治水下疏浚、炸礁、清渣，或裁弯取直施工是导致悬浮物超标的主要原因，还有施工船舶油污水和生活污水的影响。

（3）对海洋生态环境的影响。如航道疏浚悬浮物对海洋生态的影响；水下炸礁产生的冲击波，对水生生物尤其是渔业水产资源会产生一定的扰动；航道整治完成后，船舶航行时机械和汽笛产生的噪声对海洋生物也有一定的影响。

5. 港口建设工程

港口建设工程对环境可能造成的影响主要体现在以下几个方面：

（1）对海洋水文动力环境的影响。如围填海和航道开挖疏浚，对局部流场流态、泥沙冲淤的影响。

（2）对海洋水质和沉积物环境的影响。如围填海泥沙流失及航道开挖，造成悬浮物浓度增加，还有船舶油污水和生活污水的影响。

（3）对海洋生态环境的影响。如围填海、航道和港池疏浚造成底栖生物、初级生产力的损失，以及污泥入海、污水排放对海洋生物资源的影响。

二、涉海建设项目环境影响预测的内容与方法

海洋环境影响预测范围与环境现状调查的范围相同或略小。应根据工程分析，确定主要污染源和主要污染物，并在工程性质、环境现状、当地环保要求分析的基础上，识别关键问题，筛选主要预测参数。一级、二级、三级评价项目，环境影响预测内容各不相同，一般预测的深度和广度依次递减。本章着重探讨海洋环境中的水文动力、海洋水质、海洋生态等主要环境要素的环境影响预测内容。

（一）海洋水文动力环境影响预测与评价

1. 预测范围和内容

一般情况下，预测范围等于或略小于现状调查的范围。一级和二级评价应重点预测潮流和余流的时间、空间分布性质与变化，包括涨、落潮流和余流的最大值及方向，涨、落潮流和余流历时，涨、落潮流和余流随潮位，涨、落潮变化的运动规律及旋转方向，或者对海域纳潮量的影响程度等。预测水文动力环境的变化可能对海洋地形地貌与冲淤环境、海洋水质环境、海洋生态环境等的影响内容、影响范围和影响程度。三级评价至少应预测工程项目兴建前后对海域潮流场的影响程度，如海域的纳潮量变化情况。

需要指出的是，如果建设项目所处位置位于海湾，应着重预测建设项目对海湾纳潮量的影响。

2. 预测方法

一级评价可采用物理模型实验法或数值模拟法。一般首先考虑数值模拟法，例如对给定的海湾、河口或近岸海域，可采用数值模拟方法求解潮波动力学基本方程，确定计算域内各点的潮位及潮流的分布及变化规律，并进行验证。在评价项目无法利用数学模型进行预测的情况下才采用物理模型法，如复杂海域等。数值模拟法主要分为二维数值模拟法和三维数值模拟法。宽浅型水域且潮混合较强烈、各要素垂向分布较均匀的近岸海域或河口、海湾，可采用二维数值模型近似描述海水的三维运动，其余情况则采用三维数值模型。

二级评价一般采用数值模拟法，常用二维浅海环境动力学数值模拟方法，预测评价建设项目对所在海域的水文动力环境影响程度。

三级评价可采用近似估算法等定性预测方法，参照已知的相似工程兴建前后对环境的影响，来预测建设项目对环境的影响。

（二）海洋水质环境影响预测与评价

1. 预测范围和内容

一般情况下，预测范围等于或略小于现状调查的范围。海洋水质环境影响预测所需的资料与数据包括污染源调查数据、水质调查监测数据、海洋生物调查数据、工程分析资料、海洋自然环境状况调查资料、海洋功能区划资料及其他相关参考资料。

在施工及正常生产和事故条件下，应评价海域的浓度增加值及其分布，计算超水质标准要求的最大面积、发生时间和持续时间，并列出各评价因子预测浓度增加值与现状值的浓度叠加分布表图。

一级和二级评价应绘出叠加现状值和预测值后的各评价因子等浓度曲线及平面分布图，预测超水质标准要求的最大面积、发生时间和持续时间，并考虑由建设项目引起的海岸形态、海底地形地貌的改变，对评价因子在评价海域浓度分布时的影响。

三级评价至少应预测超水质标准要求的最大面积、发生时间和持续时间，并以图表形式说明评价因子在评价海域的浓度增加值及其影响范围。

2. 预测方法

一级评价可采用物理模型实验法或数值模拟法。一般首先考虑采用海洋污染物输运扩散的数值模拟法，在评价项目无法利用数学模型进行预测的情况下才采用物理模型法，如复杂海域等。

二级评价一般采用数值模拟法，可采用简化的二维扩散方程解析式来估算污水排海后的影响范围。当忽略污染物的生化降解作用，可得到简化的二维扩散方程解析式。

三级评价可采用近似估算法，可以参照已知的相似工程兴建前后对环境的影响，来预测建设项目对环境的影响。

（三）海洋生态环境影响预测与评价

1. 预测范围和内容

一般情况下，预测范围等于或略小于现状调查的范围。海洋生态环境影响预测内容包括预测海岸线变化、栖息地变化、海床滩涂冲刷与淤积、污染物排放等对海洋动物产卵场、索饵场和育幼生长区的影响，对珍稀濒危动植物、底栖动植物、浮游生物、水产养殖、渔业捕捞、生态群落与结构等产生的影响。

建设项目施工阶段主要预测：施工活动对海洋生态环境变化的影响程度，以及由此导致生态因子的变化而使自然生物资源和生态环境受到的影响的性质、范围、程度和时段。建设项目生产运行阶段主要预测：建设项目各影响因子对生态环境造成影响的性质、程度、时段，主要包括生产运行对生态环境区域空间格局改变和水体利用的影响状况，以及由此导致的海岸线、海底地形变化对海洋生物资源和生态环境的影响范围和程度。

一级评价项目除了进行单项预测外，还要预测对区域性全方位的影响。有放射性核素评价要求的项目，还应预测分析海洋生态遗传变异的趋势。

二级评价项目要对所有重要评价因子进行单项预测。

三级评价项目只需要对关键评价因子，如珍稀濒危物种、海洋经济生物等进行预测。

2. 预测方法

生态评价方法尚处于研究和探索阶段。大部分评价采用定性描述和定量分析相结合的方法进行，而且许多定量方法由于不同程度地参与了人为的主观因素而增加了其不确定性。《海洋工程环境影响评价技术导则》规定海洋生态环境影响预测与评价，一般采用类比分析、生态机理分析、景观生态学等方法进行预测分析和定性描述，或辅之以数学模式进行预测分析。

一级评价项目应尽量采用定量或半定量预测方法，如数学评价法、质量指标法等。

二级和三级评价项目可采用半定量或定性预测方法，如类比法等。

第五章

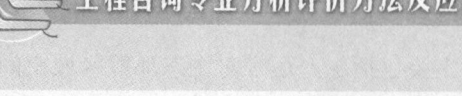

区域环境影响评价

我国从 1978 年改革开放至今，为了促进经济的快速发展，从国家到地方政府，相继批准了各种类型的开发区建设，如经济技术开发区、高新技术产业开发区、边境经济合作区、旅游度假区等。为了从整体上综合考虑开发区域内拟开展的各种社会经济活动对环境产生的影响，为区域开发规划和管理提供决策依据，我国专门颁布了《开发区区域环境影响评价技术导则》（HJ/T 131—2003），对各类开发区区域环境影响评价的工作程序、内容与方法提出明确要求。

第一节 区域环境影响及评价

一、区域环境影响评价及其特点

（一）区域环境影响评价的产生

为了促进区域经济的快速发展，国家和地方政府采取诸如在土地利用和政策倾向等方面的措施，给予一些特殊的政策，支持区域经济的快速发展。这些开发建设活动对环境的影响不再是小范围的，并造成区域性甚至全球性的污染影响。因而，环境影响评价的对象由单个建设项目扩展到区域或流域的更大范围。由此产生了区域环境影响评价。

国外的区域环境影响评价研究始于 20 世纪 70 年代中期。如美国在 20 世纪 70 年代末到 80 年代初，完成了西部能源开发和南部阳光地带发展两个区域开发规划的环境影响评价。这两份区域开发规划的环境影响评价报告，对美国西部和南部的可持续发展起到了相当重要的作用。20 世纪 80 年代中期，我国也开始了区域开发环境影响评价的实践与理论探索，并于 1987 年召开的"区域规划与区域环境影响学术研讨会"。此次会议建议：为了有效地控制区域性的环境污染，实现总量控制的原则，应该把建设项目环境影响评价与区域环境规划、区域环境影响评价结合起来进行。1995 年，原国家环境保护局在《中国环境保护 21 世纪议程》中提出要完善区域开发环境影响评价理论、技术和管理方法，全面开展区域开发环境影响评价。

区域环境影响评价是指"在一定区域内，以可持续发展的观点，从整体上综合考虑区域内拟开展的各种社会经济活动对环境产生的影响，并据此制定和选择维护区域良性循环，实现可持续发展的最佳行动或方案，同时也为区域开发规划和管理提供决策依据"。

（二）区域环境影响评价特点

1. 区域开发建设活动的特点

与单项建设项目相比，区域开发建设一般具有以下特点。

（1）规模大。一个区域开发往往有几十、几百亿元的工程投资，几百万吨到几千万吨的物质、能源的流动和消耗。

（2）面积大。区域开发建设项目，少则占地数平方千米，多则占地几十、几百甚至几千平方千米。

（3）性质复杂。许多开发区域属多功能综合开发，在区域内要建设多种行业、不同门类、不同规模的建设项目。这些建设项目，对开发环境有不同要求。

（4）管理层次较多。除有专门的管理机构外，每个开发项目一般均有其独立的法人。开发区内各建设项目，往往隶属不同的系统和业主，往往会造成环境管理上的困难。

（5）不确定因素多。许多开发区初期仅具有开发性质，但具体的开发项目往往不确定。

（6）环境影响范围大、程度深。由于开发区域建设项目多、规模大，开发区内各建设项目之间会产生相互之间的环境影响，而且这些项目作为整体会对开发区外部产生长距离、大范围的复合影响。例如，长江三峡水电建设工程，有可能对 1800 km 以外的长江口和上海市的自然和社会经济环境产生影响。

（7）有条件实施污染物集中控制和治理。虽然开发区域内的情况复杂，但由于开发区域具有相对集中等特点，众多的建设项目有可能在企业之间实行废物回用，并采用集中污染控制对策，以花费最小的代价，取得最佳的污染控制效果。

由于开发区普遍具有上述特征，这使得区域开发活动的环境影响评价，具有不同于其他单个建设项目活动对环境影响的特点。

2. 区域环境影响评价特点

（1）综合性。与建设项目的环境影响评价相比，区域环境影响评价不是只涉及一两项工程或项目，而是包含多个行业、多个项目，以及较大范围的社会经济活动内容。而且由于地域广大，一般小至几十平方千米，大至一个地区、一个流域，其涉及面包括区域内所有开发行为及其对自然、社会、经济和生态的全面影响，所涉及的环境、生态系统及资源问题也都大大复杂化。

（2）战略性。区域环境影响评价是从较大的空间范围和较长的时间上预测区域开发建设导致的环境变化和提出相应的环境保护措施。因此，区域环境影响评价具有较强的战略性，主要表现在其具有超前性和主动性。区域环境影响评价的服务对象主要为政府决策部门、规划部门和环境管理部门，而不是主要为开发建设项目的业主服务。

（3）不确定性。区域开发一般都是逐步、滚动发展的，在开发初期只能确定开发活动的基本规模、性质，而具体入区项目、污染源种类、污染物排放量等不确定因素多。因此，区域环境影响评价具有一定的不确定性。

（4）评价方法多样化。区域环境影响评价内容多，可能涉及社会经济影响评价、生态环境影响评价和景观影响评价等。因此，评价方法也应随区域开发的性质和评价内容的不同而有所不同。区域环境影响评价既要在宏观上确定开发活动规模、性质、布局的合理性，又要评价不同功能是否达到微观环境指标的要求。既要评价开发活动的自然环境影响，又要考虑其对社会、经济的综合影响。而某些评价指标是很难量化的，因此，评价必须是定性分析与定量预测相结合。

3. 区域环境影响评价重点

区域开发活动对区域的社会、经济发展有较大影响，同时区域开发活动是破坏一个旧的生态系统，建立一个新的生态系统的过程，因此，区域环境影响评价应更强调社会和生态环境影响评价。其环境影响评价的重点内容如下：

（1）根据区域的社会、经济和环境现状及规划目标，从宏观角度分析区域开发可能带来的环境影响。

（2）分析区域环境承载能力，根据环境容量确定开发区污染物允许排放总量。

（3）从环境保护角度论证开发区选址、功能区域、产业结构与布局、发展规模的环境合理性和可行性。

（4）从环境保护角度论证发展区环境保护基础设施建设，包括污染集中治理设施的规模、工艺、布局的合理性、优化污染物排放口位置及排放方式。

（5）从环境保护角度提出并论证发展区生态保护和生态建设方案；制订环境监测计划，建立发展区动态环境管理体系。

（三）区域环境影响评价的类型

区域环境影响评价的类型与环境规划的类型相互对应。一般来讲，制订某种类型的环境规划，就应开展相同类型的区域环境影响评价，与开发建设项目紧密相连的主要有以下两种评价。

1. 开发区建设项目环境影响评价

我国进行对外开放以来，全国各地特别是沿海省市开辟了一系列新经济开发区、高科技园区、保税区等。这些区域一般都有各自的经济发展规划，有的制订了区域环境规划。因此，应该在此基础上开展相应区域环境影响评价。

2. 城市建设和开发环境影响评价

城市建设与开发包括城市新区建设和城市旧城区改造建设。前者主要是具有相当规模的居住、金融、商贸和娱乐区域的开发，以及城市化过程中的城镇建设；后者的显著特点是依托现有工业基地，以老骨干企业为主，利用它们的经济基础和技术优势进行新建、扩建和改造，以扩大再生产，从而形成以大型企业为主的老工业开发区。

（四）区域环境影响评价的目的及意义

1. 区域环境影响评价的目的

区域环境影响评价的目的是通过对区域开发活动的环境影响评价，以完善区域开发活动规划，保证区域开发的可持续发展。在实际工作中，区域开发规划方案的编制和环境影响报告书的编制是一个交互过程，考虑区域开发性质、规划和布局，帮助制定区域开发规划方案，并对形成的每一个方案进行评价，提出修改意见，对修改后的方案进行环境影响分析，直至帮助最终形成区域经济发展与区域环境保护协调的区域开发规划和区域环境管理规划，促进整个区域开发的可持续性。

2. 区域环境影响评价的意义

根据区域环境影响评价在区域开发规划与区域环境管理中的地位和作用，区域开发活动环境影响评价的意义体现在以下方面：

（1）区域环境影响评价是从宏观角度对区域开发活动的选址、规模、性质、布局等的可行性进行论证，可避免重大决策失误，最大限度地减少对区域自然生态环境和资源的破坏。

（2）可为区域开发各功能的合理布局、入区项目的筛选提供决策依据。

（3）可以作为单项入区项目的评价的基础和依据，减少各单项工程环境影响评价的工作内容，缩短其工作周期。

二、区域环境影响评价的工作程序与内容

（一）区域环境影响评价的工作程序

区域环境影响评价与建设项目环境影响评价的工作程序基本相同，大体分为三个阶段，即准备阶段、正式工作阶段和报告书编写阶段，如图5-1所示。

根据区域环境影响评价的对象、目标、评价指标及其特点，区域环境影响评价可采用以下基本框架：

（1）确定评价对象、编写评价大纲。

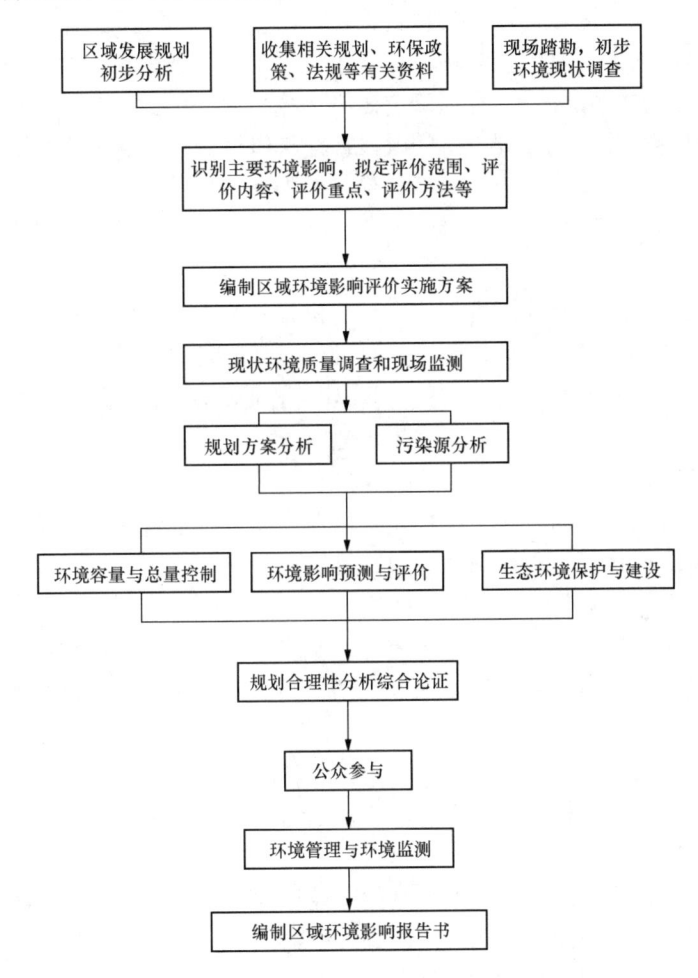

图 5-1 开发区区域环境影响评价工作程序

（2）全面分析区域开发总体发展战略、经济政策、部门计划、规划。包括各种替代方案，特别注意分最终目标和中期目标；识别所涉及的资源、能源和环境问题。

（3）确定区域开发环境影响区域，识别区域开发的主要影响因子以及制约因素。

（4）开展自然、社会环境调查和现状评价，包括生态敏感区识别；建立区域资源环境信息库。

（5）确定环境功能区，全面分析评估区域开发的环境影响，包括与区域开发政策有关的环境影响，与资源、能源开发利用有关的环境影响，以及开发计划、规划中确定的主要行业、

主要项目的环境影响，提出减缓和补偿措施。

（6）根据区域资源、环境特点及发展规划，分析区域发展的规模是否在区域资源环境承载力可承受的范围内。

（7）以可行的先进技术为基础，确定耗水、耗能系数，给出入区项目的约束条件、准入行业、准入条件。

（8）提出完整的环境监测方案：包括评价标准和导则的运用、专家咨询和公众参与、环境监测系统。

（9）提出建议和编写区域环境影响评价报告。

应该说明的是，区域开发涉及多项目、多单位，不仅需要评价现状，而且需要预测和规划未来，协调项目间的相互关系，合理确定污染物分担率。因此，为使区域环境评价工作成果更有针对性和符合实际，应在评价中间阶段提交阶段性中间报告，向建设单位、环保主管部门通报情况和预审，以便完善充实，修订最终报告。

（二）区域环境影响评价的基本内容

1. 阐明区域发展规划，论证规划的合理性

阐明区域发展规划主要是论述规划的来源、位置、范围、期限、性质（功能定位、产业定位）、发展方向、规划目标（总目标、分期目标、规划指标）、功能分区、用地布局、道路交通、主要环境基础设施规划、开发时序、政策与管理策略等，对区域发展定位、目标、规划布局等的合理性、可行性做出评价，并提出建议。

2. 区域环境现状的调查与评价

通过区域环境背景资料的收集、现场调查与监测等方法了解区域及其周围的自然环境、社会环境以及环境质量状况，对区域环境现状进行评价。

3. 环境影响的识别和筛选

综合分析开发区的性质、规模、建设内容、发展规划、阶段目标和环境保护规划，结合当地的社会、经济发展总体规划、环境保护规划和环境功能区划等，调查主要敏感环境保护目标、环境资源、环境质量现状和主要环境制约因素，分析现有环境问题和发展趋势，识别区域规划实施可能导致的主要环境影响，判定主要环境问题、影响程度以及主要环境制约因素，确定主要评价因子。选择的评价因子，应反映与规划区域建设活动相关的环境因子。

4. 污染源预测

在分析污染源现状的基础上，根据规划的产业结构、发展目标、能源结构等，考虑技术进步因素和污染物的集中控制，预测不同规划时段的区域污染源强。

5. 区域开发活动环境影响分析、预测

在区域环境问题的识别和筛选的基础上，分析区域开发活动对区域环境的影响，主要包括区域环境污染物总量控制分析和区域环境制约因素分析两个方面。

区域开发要坚持可持续发展战略，实施总量控制，资源问题应作为分析研究的首要问题。区域环境制约因素分析通过区域环境承载力分析、土地利用和生态适宜度分析，可以从宏观角度对区域开发活动的选址、规模、性质进行可行性论证，从而为区域开发各功能区的合理布局和入区项目的筛选提供决策的依据。

6. 环境保护综合对策研究

区域环境保护综合对策研究，应从区域环境战略对策、环境综合治理方案、区域环境管

理及监测计划等角度进行分析。

（1）区域环境战略对策。主要任务是保证区域环境系统与区域社会、经济发展相协调。通过以资源合理开发利用为主要内容的宏观环境分析提出相应的协调因子和宏观总量控制目标，并指导各环境要素的详细评价。

（2）环境综合治理方案。首先要尽量减少污染物排放量；其次是合理布局，充分利用各地区的环境容量，对必须进行治理的污染物，采取集中处理和分散治理相结合的原则，用最小的环境投资取得最大的环境效益等一整套污染综合防治办法，经济、有效地解决经济建设中的环境污染问题。

（3）区域环境管理计划。是为保证环境功能的实现而制定的必要的环境管理措施和规定。一般可分为环境管理机构设置与监控系统的建立（包括环境监测计划）、区域环境管理指标体系的建立和区域环境目标可达性分析三个方面。

7. 公众参与

由于区域评价所涉及的范围大、内容复杂，且具有前瞻性、不确定性，更需要注重公众参与。不但要征求所在区域及邻近地区公众的意见，还需要通过各种形式征求相关规划、资源管理等部门和有关专家的意见。

第二节　区域开发环境及规划分析

一、区域开发规划及环境状况

（一）区域开发规划的主要内容

对区域规划方案的初步分析是区域环境影响评价的基本前提，主要内容包括以下八个方面。

1. 开发区的位置、规划范围和期限

开发区区域位置要重点介绍其在上位规划中的位置，并明确标在上位规划图上。

规划范围包括批准部门、批准范围、四至；实际规划范围、四至等。

规划期限是指规划的现状基准年，近、中、远期规划年。

2. 开发区定位

开发区定位包括功能定位和产业定位。功能定位指开发区的主要职能，对于非专业化园区，一般可分为两类，即将开发区建设为综合性的新城区还是以工业为主的工业园区。

产业定位指规划的主导产业，即本区域规划的主要入区行业类型。其中的行业一般指工业门类，附优先发展项目清单。

3. 规划目标和规划指标

规划目标分为总目标和不同阶段的目标。用于描述本区域在规划期内总体和不同阶段的发展目标和阶段目标，相当于本区域发展的蓝图。

规划指标是实现总目标和阶段目标的量化值。首先要根据规划、环境特点、区域开发总目标建立规划指标体系，再在此基础上确定规划指标。

4. 用地布局

用地布局规划通常要包括三部分内容：功能分区、产业布局、用地布局。

功能分区是区域的总体框架结构，即规划范围内分为几个功能区，需说明各分区的地理位置、分区边界、主要功能及各分区间的联系，附功能分区图或规划结构图。

产业布局是开发区规划的主导产业分布，各产业分布应相对集中，便于形成产业链和资源的综合利用，附产业布局图。

用地布局是本区域详细的土地利用规划，需附总体规划图和用地平衡表。在图表和文字中详细说明各类用地（如居住用地、工业用地、公共设施用地、仓储用地、交通用地、市政设施用地、绿地等）的位置、面积、所占比例。

5. 基础设施建设规划

基础设施建设规划包括道路交通、给排水、供热、电力、通信、燃气、环卫、绿化、污水处理与中水回用、防灾规划等。在环境影响评价中，根据评价对象和评价内容，有选择性地论述这些规划，一般选择与环境保护关系密切的专项规划，主要是道路交通、给排水、污水处理与中水回用、供热、燃气（或其他能源）、环卫、绿化。

道路交通包括对外交通和本区域交通布局。给水规划主要论述水源、用水量、给水管网的情况。排水规划说明污水产生与排放量、排水方式、污水管网的设置、排放去向。污水处理规划说明本区域污水处理方式、污水处理厂的规模、服务范围、服务范围内的污水产生量、污水处理厂设计或实际进出水水质。供热规划说明供热方式、本区域和热源厂服务范围内的热负荷、集中供热热源、热源的供热能力等。燃气（或其他能源）说明本区域的气源（或其他能源）、用量、供给方式等。环卫规划主要说明垃圾产生量、转运和处置方式、设施位置和数量等。绿化规划说明公共绿地、防护绿地等的面积、位置等。

6. 区域开发时序

根据规划期限，论述不同规划时段的开发建设范围和主要内容。

7. 环保措施及替代方案

阐述在规划文本中已研究的主要环境保护措施和（或）替代方案。

8. 开发现状回顾

对于已有实质性开发建设活动的开发区，应增加有关开发现状回顾。内容包括：①开发过程回顾；②区内土地利用现状，用地布局，主要企业分布；③区内产业结构、重点项目，各主要企业环境影响评价及三同时执行情况；④能源、水资源及其他主要物料消耗、弹性系数等变化情况及主要污染物排放状况；⑤环境基础设施建设情况；⑥区内环境质量变化情况及主要环境问题。

在总体规划概述中需要注意的是：与环境影响有关的内容应重点叙述，而与环境影响关系不密切的内容可以简化，这样才能突出重点，分清主次。

（二）区域环境状况调查与评价

区域环境影响评价环境状况调查与评价，与建设项目环境影响评价类似。其主要内容包含四个方面。

1. 区域环境概况

主要是简述开发区的地理位置、自然环境概况、社会经济发展概况等主要特征，说明区域内重要自然资源及开采状况、环境敏感区和各类保护区及保护现状、历史文化遗产及保护现状。

2. 区域环境现状调查

主要包括：①空气环境质量现状，以及二氧化硫和氮氧化物等污染物排放和控制现状；

②地表水（河流、湖泊、水库）和地下水环境质量现状（包括河口、近海水域水环境现状）、废水处理基础设施、水量供需平衡状况、生活和工业用水现状、地下水开采现状等；③土地利用类型和分布情况，各类土地面积及土壤环境质量现状；④区域声环境现状、受超标噪声影响的人口比例以及超标噪声区的分布情况；⑤固体废物的产生量，废物处理处置以及回收和综合利用现状；⑥环境敏感区分布和保护现状。

3. 区域社会经济

主要概述开发区所在区域社会经济发展现状、近期社会经济发展规划和远期发展目标。

4. 环境保护目标与主要环境问题

概述区域环境保护规划和主要环境保护目标和指标，分析区域存在的主要环境问题，并以表格形式列出可能对区域发展目标、开发区规划目标形成制约的关键环境因素或条件。

二、区域规划方案分析

规划方案分析将开发区规划方案放在区域发展的层次上，从环境保护的角度进行合理性分析，从开发区的选址、定位、规划目标、用地布局及环保基础设施建设（包括污水集中处理、固体废物集中处理处置、集中供热、集中供气等）等方面对开发区规划的环境可行性进行综合论证。

（一）区域规划方案综合论证

1. 开发区选址合理性分析

开发区选址的合理性一般从与上位规划的符合性、区位特点、生产力配置基本要素、环境敏感性、环境影响等方面进行论证。

（1）与上位规划的符合性分析。区域开发是更大范围内的地域或城市总体规划的一部分，因此开发区的选址是否合理，也需要站在比开发区更高的层次上来综合分析。开发区的性质是否符合地域或城市总体规划的要求，或者与周围各功能区是否协调，将直接影响整个地域或城市的环境质量。开发区是否符合地域或城市总体规划的要求，是否与周围环境功能区协调，实际上取决于开发区的性质和选址是否合理。因此，在区域开发环境影响评价中，从开发区的性质和整个区域的环境特征出发，分析开发区性质与选址合理性是区域开发环境影响评价的重要内容。

以城市开发区为例，说明与城市总体规划符合性分析的主要内容。城市总体规划的主要内容包括：城市经济社会发展，城市性质与规模，城市、镇的用地发展方向，功能分区，用地布局，绿化景观、综合交通体系，区域空间管制（包括规划区范围内禁止、限制和适宜建设的地域范围），各类基础设施规划、防灾减灾等。开发区规划与城市规划的符合性主要从开发区的产业定位、规划范围、用地性质、基础设施等方面论述。首先，开发区规划确定的主导产业要尽量与城市规划确定的经济发展方向相符合，并可以继续深化。其次，按照《中华人民共和国城乡规划法》的规定，在城市总体规划、镇总体规划确定的建设用地范围以外，不得设立各类开发和城市新区，因此开发区的范围必须在城市规划范围内，在乡镇附近设立的开发区必须在乡镇总体规划的建设用地范围内；用地性质的符合性是指在城市总体规划的用地布局中，开发区所在范围的用地性质；开发区的用地性质可以在城市总体规划用地布局的基础上微调，但总体应与其符合；微调的原则是相互兼容的用地之间可以微调，不相互兼容的用地之间禁止微调，微调之后的用地不能对周围其他用地产生影响，并要有相应补偿。最后，开发区应当合理安排基础设施以及公共服务设施的建设，与依托的城市比较起来，一般而言，开发区的规模要小得多，应当充分利用城市市政基础设施和公共服务设施。开发区建设的基础设施如污水处理厂、热源厂等，其服务范围也不仅局限于开发区，因此需要分析开发区的公用基础设施与城市规划中主要基础设施的关系。

（2）生产力配置基本要素。开发区生产力配置一般有十二个基本要素，即土地、水资源、地质条件、矿产或原材料资源、能源、人力资源、运输条件、市场需求、气候条件、大气环境容量、水环境容量、固体废物处理处置能力。

在分析生产力配置基本要素时，要根据不同开发区的特点，抓住重点。水资源主要分析所在区域的水资源是否能满足开发区的需求；地质条件主要分析是否在地质灾害高发区、地表塌陷区；大气环境容量和水环境容量主要考虑环境是否能够承载开发区的建设。

（3）环境敏感性和环境影响。环境敏感性和环境影响通常从开发区所处位置的环境敏感性和脆弱性进行分析，如从与所在区域敏感保护目标的分布和相对位置、重点保护目标的分布，污染气象、地表水系和水质、地下水的涵养与补给特点等方面分析论证开发区建设的有利条件和限制因素。当选址临近生态保护区、水源保护地、重要和敏感的居住地，或周围环境中有重大污染源并对区域选址产生不利影响以及某类环境指标严重超标且难以短时期改善时，要建议提出调整。一般情况下，开发区边界应与外部较敏感地域保持一定的空间防护距离。

当开发区土地利用的生态适宜度较低，或区域环境敏感性较高时，应考虑选址的大规模、大范围调整。

2. 开发区定位合理性分析

在加速全球经济一体化的大背景下，解决好开发区发展方向定位是十分重要的，也是不可回避的，这关系到开发区的长远发展和可持续发展，也决定着开发区的综合竞争能力。所谓发展方向定位，主要指区域功能定位和产业定位。

功能定位主要指开发区与其所依托的母城的关系，及上级政府及母城对于开发区的特殊要求，抉择开发区是作为新城区还是新经济区。就概念而言，新城区和新经济区不是截然对立的，纯而又纯的经济区也是不存在的。两种不同定位的区别不在于区域社会功能要素的结构，而在于构成要素的规模。当区域定位为新城区时，则以人口规模来配置要素；而作为新经济区则以经济发展规模来配置要素，即以人口规模作为主导还是以经济规模作为主导，是问题的关键。一般而言，开发区通常定位为以发展工业为主的具有相对综合功能的新型城区，使外向型和内向型的产业相结合，逐步与周边地区融合。

产业结构定位要明确两个问题：一是开发区要成为众多企业的载体还是建成某些主导产业的基地，前者侧重于规模，后者更注重效益。二是如建成某些主导产业的基地，选择的主导产业是否合理。开发区主导产业选择要综合考虑三个方面的因素：一是上位规划和开发区批准机关确定的产业。二是现状具有一定发展基础，并且其进一步发展对自身和周围有带动作用的产业。三是国家和本区域未来发展具有明显成长潜力的产业。

一般根据以下条件评价其主导产业是否合理：一是与国家产业结构调整的方向相符；二是具有比较优势；三是要考虑环境的限制和敏感程度；四是要根据产品的关联程度形成相关产品在同一区域生产的企业群体，培育产业链，形成团队竞争的优势，保持区域经济发展的后劲。

对于已经有建设项目入区的，需分析已入区项目是否符合开发区的产业定位。对于不符合区域产业定位的企业,提出调整意见。在分析已入区企业是否符合区域产业定位时,需注意具体问题具体分析,不应机械地将未列入主导产业名录的企业均作为不符合产业定位的企业,还要分析其与规划的主导产业是否相容,对环境的影响是否可以接受。

3. 规划目标合理性论证

开发区的规划目标是多目标的综合,在规划目标合理性论证部分,重点对经济目标进行论证。一方面要从产业基础、入区行业、拟入区项目分析经济目标的可达性;另一方面需分析当地的资源、环境是否能够支持规划的经济目标实现。在当前经济技术条件下,如果当地资源、环境不能承载规划的经济目标,应对产业定位或经济目标做出调整。

当开发区发展目标受外部环境影响时(如受区外重大污染源影响较大),在不能进行选址调整时,要提出对区外环境污染控制进行调整的计划方案,并建议将此计划纳入到开发区总体规划之中。

4. 用地布局合理性分析

开发区规划合理性分析,不仅要看开发区与整个地域或城市总体规划布局的一致性,而且要重视开发区内部布局或功能分区的合理性。大多数开发区往往同时存在多种不同功能,如工业、居住、仓储、交通、绿地等,其对环境的影响和对环境的要求也不尽相同。如工业通常被视为重要的污染源,影响周围环境质量,除食品、电子或仪表等工业外,大部分工业对周围的环境质量要求都不高;生活居住一般对周围环境影响较小,但对周围环境的质量要求较高;仓储活动一般不产生污染,也不怕污染;而绿地则对环境具有改善作用。在区域开发总体规划布局时,如能对各功能进行合理的组织,将性质和要求相近的部分组合在一起,相互干扰或一方对另一方有影响的部分分开布局,并留出隔离空间,就能各得其所,互不干扰,有利于提高开发区的环境质量。在开发区总体布局的合理性分析方面,应从各种功能对环境的影响及对环境的要求出发,综合分析开发区总体布局的合理性。

工业用地是工业开发区的重要组成部分,其布局合理与否,对开发区环境具有十分重要的影响。因此,在开发区布局规划时,往往首先需要解决工业用地。一般来说,工业用地合理性分析包括以下两个方面:

(1)工业用地与其他用地关系分析。工业用地与其他用地关系合理性分析应考虑以下两个方面:①是否与居住等用地混杂。如果工业用地与开发区内的居住、商业、农田混杂,将导致居住区被工厂包围,居住环境受到严重影响;由于各项用地犬牙交错,限制今后各项用地的发展;相互干扰,不利生产,也不便生活。②污染重的工业是否布置在开发区小风风频出现最多的风向。从污染气象条件讲,位于静风和小风上风向则对周围环境污染较严重。因此,工业用地布置应避免在小风风频出现最多风向的下风向。

(2)工业用地内部合理性分析。工业用地内部的合理布置既可有利于生产协作,同时也可减少不良影响,有利于保护环境。工业用地内部合理性分析可以从以下几方面考虑:①企业间的组合是否有利于综合利用;②相互干扰或易产生二次污染的企业是否分开;③是否将污染较重工业布置在远离居住区一端。

5. 基础设施规划合理性分析

(1)道路交通。开发区的交通运输担负着开发区与外界及开发区内部的联系和交往功能。交通工具在运行中均产生不同程度的噪声、振动和尾气污染。因此,分析开发区交通布局的合理性是开发区规划方案评价的重要内容之一。在评价中应尽可能从下述方面论证交通组织的合理性：①根据不同交通运输及其特点，明确分工，使人车分离，减少人流、货流的交叉；②防止干线交通直接穿越居民区，防止迂回往返，造成能源消耗的增加、运输效率的降低和污染的重复与扩大；③开发区对外交通设施，如车站等，尽可能布置在开发区边缘，对外交通路线应注意避开穿越开发区等。

（2）给水。给水需充分考虑水源、供水能力和管网的布设。水源要根据不同地区的实际情况，综合考虑地表水、地下水和中水，为确保水资源的供需平衡，尽可能实施分质供水方案，以提高水资源的配置效率。供水能力需根据规划的开发区规模、性质、产业定位等确定，并留有一定余地。规划中水回用系统，需配套建设中水管网系统。

（3）污水处理与排水。排水方案一般采取雨污分流。可根据具体情况，选择污水处理的方式，一般多采用集中处理方式，但对于有特征污染物的废水，要单独处理达到进污水处理厂的标准后方可排入污水处理厂。通常集中式污水处理厂的服务范围可能比开发区的范围大，其规模需要根据其服务范围内的污水产生量确定。

（4）集中供热。集中供热包括热负荷、热源及其布局、热力管网等。可采用类比预测、分行业预测等方法对开发区的热负荷进行论证。类比预测是选用与该开发区具有一定相似性的经济技术开发区，确定相关供热系数后，根据规划的经济目标或各类土地的用地规模，预测开发区的热负荷。分行业预测先调查了解各行业及生活公用的热负荷系数，然后根据经济目标或各类土地的用地规模预测开发的热负荷。

根据热用户的分布和用热规模以及环境条件，分析热源的数量、布局及供热管网的合理性。

（5）环境卫生。从环境条件论证垃圾处理场的位置（区内或区外）、规模、处理工艺、位置的合理性。从开发区的规模、人口密度、景观、收集和转运的方便程度等方面论证垃圾转运站和垃圾中转站、小型转运站的数量、规模。

6. 环境功能区划的合理性和环境保护目标的可达性分析

（1）对比开发区规划和开发区所在区域总体规划中对开发区内各分区或地块的环境功能要求。

（2）分析开发区环境功能区划和开发区所在区域总体环境功能区划的异同点。根据分析结果，对开发区规划中不合理的环境功能分区提出改进建议。在实际评价中，由于开发区的面积一般都不是很大，在区域总体环境功能区划已经覆盖本区的情况下，往往不必再对开发区的大气和水环境重新进行功能区划。如有重要调整，需要提出调整建议。区域环境噪声功能区划一般不能覆盖新开发区，需对开发区环境噪声功能区划提出建议。

（3）根据开发区的规划目标、产业结构、行业构成、环境基础设施的建设情况，分析环境保护目标的可达性。

7. 绿地系统合理性分析

（1）绿地面积或覆盖率。足够的绿地面积或绿地覆盖率是发挥绿地改善环境作用的重要因素。在进行开发区绿地面积分析时，应审查其绿地覆盖率是否达到标准。

（2）绿化防护带的设置。绿化防护带的合理设置，可使开发区内污染源与生活区之间相隔离，从而减轻对生活区的污染影响。绿化防护带的位置可根据污染源的特点、自然条件或环境质量的要求确定，也可通过我国有关部门制定的工业卫生防护距离标准确定。

开发区防护带的设置是否合理，取决于防护带的位置是否合理，以及防护带有效宽度或距离是否能防止污染源对周围环境的影响，或是否符合国家关于防护距离的规定。

（二）开发区准入条件与准入行业

开发区应当根据产业发展规划进行产业布局，培育主导产业，完善配套功能，延长产业链，提高产业集聚水平。根据产业发展规划、项目投资规模、投资强度和环境保护等要求，制定项目准入条件。以鼓励占地少、污染少、能源消耗少、附加值高、科技含量高、投资规模大、经济效益好、具有自主知识产权的项目进入开发区。

开发区准入行业应遵循以下原则：符合国家相关产业政策，符合开发区产业定位，结合开发区对建设项目的环保要求，有利于发展生态产业、构建循环经济链网体系的原则，制定开发区项目准入条件。

按国民经济行业分类目录，给出主要入区行业的控制级别，一般分为鼓励、允许、限制、禁止几个级别。

（三）区域开发规划方案调整意见

通过规划合理性分析，提出规划方案调整意见。规划方案调整意见主要是对开发区选址、功能定位产业定位、规划目标、用地布局及环保基础设施建设的调整方案。

当开发区土地利用的生态适宜度较低，或区域环境敏感性较高时，应考虑选址的大规模、大范围调整。

当周围环境中有重大污染源并对区域选址产生不利影响以及某类环境指标严重超标且难以短时期改善时，需分析周围环境中重大污染源对开发区的功能定位、产业定位、规划目标的影响是否在可接受的范围内，提出调整意见。

当开发区选址临近生态保护区、水源保护地、重要和敏感的居住地，要建议提出功能定位产业定位和用地布局的调整意见。一般情况下，所选择的主导产业不应对这些敏感保护目标的功能和环境质量造成影响。开发区边界，应与外部较敏感地域保持一定的空间防护距离。

如果通过评价，区域的环境资源承载力不足以支撑开发区的规划目标时，需提出规划目标的调整意见。规模调整包括经济规模和土地开发规模的调整，在拟定规模的调整建议时应考虑开发区的最终规模和阶段性发展目标。

开发区内各功能区除满足相互间的影响最小，并留有充足的空间防护距离外，还应从基础设施建设、各产业间的合理连接，以及适应建立循环经济和生态园区的布局条件来考虑开发区布局的调整。对用地布局的调整建议应附建议调整后的布局图。

对基础设施规划的调整意见主要是热源厂、污水处理厂等基础设施规划的调整意见。包括源厂的位置、规模、除尘脱硫脱硝设施、效率、供热范围、管网的布设；污水处理厂的规模、工艺、出水水质标准、排污口的设置、排放去向等。

当开发区发展目标受外部环境影响时（如受区外重大污染源影响较大），在不能进行选址调整时，要提出对区外环境污染控制进行调整的计划方案，并建议将此计划纳入到开发区总体规划之中。

（四）主要环境影响减缓措施

通过规划合理性分析，提出环境保护对策和环境减缓措施。

大气环境影响减缓措施应从改变能流系统及能源转换技术方面进行分析。重点是煤的集中转换以及煤的集中转换技术的多方案比较。

水环境影响减缓措施应重点考虑污水集中处理、深度处理与回用系统，以及废水排放的优化布局和排放方式的选择。如在选择更先进的污水处理工艺的同时，考虑增加土地处理系统、强化深度处理和中水回用系统。

对典型的工业行业，可根据清洁生产、循环经济原理从原料输入、工艺流程、产品使用等进行分析，提出替代方案与减缓措施。

固体废物影响的减缓措施重点是固体废物的集中收集、减量化、资源化和无害化处理处置措施。

对于可能导致对生态环境功能显著影响的开发区规划，根据生态影响特征制定可行的生态建设方案。

第三节　区域资源需求与污染源分析

区域开发活动产生的污染源强与行业类别、资源能源消耗量、工艺的先进性、污染控制水平等有密切关系，区域开发的主要资源特别是水资源、能源消耗量和污染控制水平是污染源分析的基础，也是区域环境总量控制的基础。

一、区域需水量预测

（一）需水量预测的常用方法

开发区的需水量主要有居民生活、公共设施、工业、绿地等的需水量。在预测时分别预测规划年不同类型需水对象的需水量，然后将其叠加并考虑不可预见用水得到。

1. 居民生活用水量

一般用以下方法预测

$$居民生活用水量=居民人均用水指标×预测的人口数$$

需要说明的是，由于公共设施用水、工业用水等均单独计算，这里的居民人均用水指标不是城市规划中的综合用水指标。居民人均用水指标一般为 100~150 L/d。

2. 公共设施、道路广场用水量

一般用以下方法预测

$$公共设施用水量=单位面积用水指标×规划的公共设施面积$$

$$道路广场用水量=单位面积用水指标×规划的道路广场面积$$

单位面积公共设施、道路广场的用水指标可根据《城市给水工程规划规范》（GB 50282—1998）确定。

3. 绿化用水量

$$绿化用水量=单位面积用水指标×绿地面积×绿化期$$

绿化用水量可根据《城市给水工程规划规范》确定。

4. 工业用水量

工业用水量通常采用不同行业单位产值（或单位工业增加值）用水量类比法和单位面积用水量两种方法。

不同工业用地类型耗水量：按照《城市给水工程规划规范》（GB 50282—1998），一类工业用地单位面积耗水量为 1.2 万~2.0 万 $m^3/(km^2 \cdot d)$；二类工业用地单位面积耗水量为 2.0 万~3.5 万 $m^3/(km^2 \cdot d)$；三类工业用地单位面积耗水量为 3.0 万~6.0 万 $m^3/(km^2 \cdot d)$。但实际运用表明，即使按照《城市给水工程规划规范》（GB 50282—1998）用水指标的下限预测得到的工业用水量也往往偏高,这可能是因为《城市给水工程规划规范》(GB 50282—1998)主要是从保证供水设施的建设留有足够的余地来考虑的。

在开发区工业用水量预测中,往往用不同行业单位产值(或单位工业增加值)用水量类比法来确定。各行业单位产值(或单位工业增加值)用水指标的来源大体有两个途径:一是根据各行业的统计数据,并考虑规划期间的技术进步因素;二是在已经有比较多企业入区的开发区,通过实际调查各行业用水指标,并考虑规划期间的技术进步因素。

(二)新鲜水量预测

我国是水资源短缺的国家,在很多地方,水资源匮乏。除节约用水、提高水的重复利用率外,还要开辟新的水源。其中污水经过处理达到回用标准的中水就是重要水源之一。开发区的规划应将中水回用作为重要的规划内容。如果在规划中没有中水回用规划,在环境影响评价报告书中需提出相关建议。鉴于此,前述的开发区用水量并不完全是新鲜水量,还需进行新鲜水量的预测。首先要分析中水回用对象,分别预测其不同规划年的中水回用量,根据需水量和中水回用量得到新鲜水用量。

二、区域热负荷预测

区域集中供热,是节约能源,减轻环境污染的重要措施。落实热负荷,是集中供热管理的基础。

(一)现状调查

对现状工业热负荷调查的主要内容包括企业名称、性质、所在区域、产品及其规模、生产班次、单位产品能耗、热源、热媒性质及参数、平均热负荷、峰值热负荷、空调面积、空调冷负荷、空调热负荷等。

对现状采暖或制冷热负荷调查的主要内容包括采暖或制冷面积、热指标、热源等。

(二)热负荷预测

开发区热负荷包括工业热负荷、采暖热负荷、制冷热负荷。

开发区热负荷=(工业热负荷×同时使用系数+采暖热负荷或制冷热负荷×同时使用系数)+管网热损失

1. 采暖热负荷或制冷热负荷。不同用地类型采暖或制冷热负荷不同,以居住用地的采暖热负荷为例,说明其预测方法。

居住用地采暖热负荷=单位采暖面积的热指标×规划的居住用地面积×容积率×集中供热率

采暖热指标可根据有关规定选取,如山东省建筑节能的有关规定是:公用建筑:$35W/m^2$;居民住宅:$30W/m^2$;工业厂房:$30W/m^2$。

2. 工业生产热负荷。通常有两种方法预测:一种是用不同类型行业或企业单位产值(或增加值)热指标乘以规划的产值(或增加值)得到各行业的热负荷,将开发区规划的各行业热负荷相加得到开发区工业热负荷;第二种方法是用不同类型行业单位用地面积的热指标乘以规划的行业用地面积,再将开发区各类工业用地的热负荷相加得到。

各行业单位用地或单位产值(或增加值)的热指标可通过实际调查或类比调查得到。如通过调查,青浦工业园区不同行业单位面积热指标如下:生物医药产业区:$50t/(h·km^2)$;电子信息产业区:$25t/(h·km^2)$;现代纺织及新材料产业区:$30t/(h·km^2)$;精密机械及装备制造产业区:$20t/(h·km^2)$;出口加工区:$40t/(h·km^2)$。

三、污染源预测

区域开发污染源预测主要是根据规划的发展目标、规模、规划阶段、产业结构、行业构成等，分析预测开发区污染物来源、种类和数量。特别注意考虑入区项目类型与布局存在较大不确定性、阶段性的特点。污染源预测需根据开发区不同发展阶段，分析确定近、中、远期区域主要污染源。鉴于规划实施的时间跨度较长并存在一定的不确定性因素，污染源分析预测以近期为主。区域污染源分析的主要因子应满足下列要求：①国家和地方政府规定的重点控制污染物；②开发区规划中确定的主导行业或重点行业的特征污染物；③当地环境介质最为敏感的污染因子。下面简要介绍大气、水、固废污染源预测的方法。

（一）污染源现状调查

很多开发区在批准建立前或者进行环境影响评价前，已经入住了不少企业。开发区的环境影响评价需调查现状污染源。开发区污染源调查的任务就是全面了解区域内的污染源情况，以便确定主要污染源和主要污染物，以明确存在的主要环境问题，提出解决问题的措施。

污染源调查的第一步是普查，查清区域内污染源和污染物的一般情况，并将调查材料进行分类整理；第二步是根据区域内环境问题的特点（如主要是大气污染还是水体污染）确定进一步调查的对象，进行深入调查；最后是整理调查资料，写出调查报告和建立污染源档案。普查的主要内容是污染源的名称、位置、污染物名称、排放量、排放强度、排放方式、排污去向（排向大气、水体等）和排放规律（定时集中排放、连续均匀排放等）。进一步调查的内容因污染源而异，例如工业污染源的调查项目有：主要产品种类、产量、总产值、利润、职工人数、原材料种类、原材料（包括燃料、原料和水等）消耗总量和定额、生产工艺过程、主要设备和装置、排污情况、治理现状和计划等。生活污染源的调查项目有：人口、上下水道状况、燃料构成和消耗量、每人每日的排污量等。

（二）污染源预测

1. 污染源分析

根据规划的发展目标、规模、规划阶段、产业结构、行业构成等，分析预测区域开发污染物来源、种类和数量。特别注意考虑入区项目类型与布局存在较大不确定性、阶段性的特点。

根据开发区的不同发展阶段，分析确定近、中、远期区域主要污染源。鉴于规划实施的时间跨度较长并存在一定的不确定性因素，污染源分析预测以近期为主。

区域污染源分析的主要因子应满足下列要求：①国家和地方政府规定的重点控制污染物；②开发区规划中确定的主导行业或重点行业的特征污染物；③当地环境介质最为敏感的污染因子。

2. 污染源一般估算方法

选择与开发区规划性质、发展目标相近的国内外已建开发区做类比分析，采用计算经济密度的方法（每平方公里的能耗或产值等），类比污染物排放总量数据。

对于已形成主导产业和行业的开发区，应按主导产业的类别分别选择区内的典型企业，调查审核其实际的污染因子和现状污染物排放量，同时考虑科技进步和能源替代等因素，估算开发区污染物排放量。

对规划中已明确建设集中供热系统的开发区，废气常规因子排放总量可依据集中供热电厂的能耗情况计算。

对规划中已明确建设集中污水处理系统的开发区,可以根据受纳水体的功能确定排放标准级别和出水水质,依据污水处理厂的处理能力和处理工艺,估算开发区和服务范围内水污染物排放总量。未明确建设集中污水处理系统的开发区,可以根据开发区供水规划,通过分析需水量,估算开发区水污染物排放总量。

生活垃圾产生量预测应主要依据开发区规划人口规模、人均生活垃圾产生量,并在充分考虑经济发展对生活垃圾增长影响的基础上确定。

3. 大气污染源强预测

大气污染源分析中,最重要的是确定大气污染物的产生与排放量。对入区项目已确定的开发区,同单个建设项目一样,其污染物排放量的确定,通常采用物料衡算法、排放系数法和类比测试法,但对大多数开发区而言,它们往往处于区域开发的规划阶段,只有入园项目类别的规划,项目一般不能确定,通常只能采用综合类比法等。

区域开发性质不同,其大气污染源也不相同。归纳起来,主要类型有燃料燃烧污染源、工艺废气污染源和汽车尾气污染源。

(1) 燃料燃烧污染源。一般是根据开发区的热源规划核算燃料燃烧的大气污染源。对于实行集中供热的开发区,主要分析集中供热热源厂的大气污染源强。需说明不同规划年热源厂的规模、拟采用的燃料类型、拟采用的煤质、规划采取的除尘脱硫脱硝措施、效率等,核算其大气污染物的产生与排放量。

开发区一般与其所依托的城市或乡镇共用集中供热热源,热源厂也不一定在开发区内。如果热源厂在开发区外,也需作为主要区外污染源进行分析。

(2) 工艺废气排放量。除分析预测燃料燃烧的大气污染源强外,还需分析预测工艺废气排放量,特别是特征污染物排放量。工艺废气排放量一般用排污系数法确定。

当开发区行业比较集中,在数据和条件许可时,可选择与拟建开发区性质类似的开发区进行类比,并估算其工艺废气排放量。如果开发区规划的主导产业比较多,可在统计分析现有类似工业区各行业单位面积或万元产值排污量的基础上,类比确定本开发区各类工艺废气的排放量。对于某些开发区,其入区项目已基本确定,可在分析拟入区建设项目污染物产生与排放的基础上,确定其各类工艺废气排放量。

(3) 汽车尾气污染源。汽车尾气污染物排放量估算可先估算开发区车流量,在此基础上估算汽车尾气污染物排放量。车流量可根据规划停车位估计,也可根据同类开发区类比估算。北京市环科院在汽车尾气排放状况研究课题中曾对北京市小型汽车进行调查、测试,得出低速行驶时大气污染物排放系数为 CO 25.04g/km,NO 21.35g/km。

4. 水污染源预测

开发区水污染源的类型归纳起来主要有工业水污染源、生活水污染源和区域非点源污染源。

(1) 工业水污染源。对于入区项目已定的开发区,工业水污染源分析一般可直接采取区域规划提供的、以物料衡算法为基础计算出的水污染源数据,或者采用排放系数计算出水污染源数据。

大部分工业开发区,入区项目常无法确定。可根据开发区的性质、规划目标、主导产业等,在需水量分析的基础上,采用不同行业单位面积或单位产值的排污系数,确定其污水产生量。

(2) 生活水污染源。开发区生活污水污染源主要来源于生活居住区、办公设施、大型服务设施等,其污染物主要为 COD、BOD5、SS、NH3-N、TN、TP 等。生活污水产生量可根据对开发区生活需水量的预测,采用排污系数法确定,一般污水产生量是生活需水量的 0.8~0.85。

(3) 区域非点源污染源。开发区的非点源污染源一般指地面径流携带的污染物源强,可按照第五章中关于面源的确定方法估算。

(4) 区域水污染物排放量预测。一般采用企业自身处理和区域污水集中处理相结合的方式处理开发区的水污染物,即企业排放的废水首先经过企业自身的处理设施达到规定的标准后,通过排污管道排入区域污水处理厂进一步处理。在建立中水回用系统的开发区,部分经过污水处理厂处理的出水经中水回用设施进一步处理达到回用水标准后回用。污水产生量减去回用水量,得到污水处理厂的排入外环境的水量(忽略损耗部分)。

污水处理厂的出水水质需根据受纳水体的功能要求确定。根据外排水量和出水水质,估算开发区排放水污染物的量。

如果开发区有一个以上的排污口,需分别估算各自的排污量和总排污量。

5. 固废产生量预测

固废产生量预测包括一般工业固废、危险废物和生活垃圾。

(1) 一般工业固废。燃料燃烧产生的固废可根据燃料类型、主要成分、燃料耗量、脱硫剂的用量、除尘脱硫效率等确定。

其他行业的固废产生量可根据开发区规划的主导产业,类比各行业单位产值(或增加值)的固废产生系数,并考虑技术进步因素预测。

对于一般固废,需提出综合利用途径,估算其综合利用量。

(2) 生活垃圾。生活垃圾产生量=人均生活垃圾产生量/天×规划人口

对于生活垃圾,需提出收集、转运、无害化处理的措施。

(3) 危险废物。首先分析产生危险废物的行业,根据产生危废的行业单位产值(或增加值)危废产生系数,根据规划的行业和发展目标,预测危废产生量。也可类比其他类似开发区建成区危废产生量与工业固废产生量之间的关系,考虑生产工艺改进和清洁生产水平的提高,预测危废产生量。按照规定,危险废物需委托有危废处理资质的单位处理。

四、环境影响分析与评价

(一) 区域开发环境影响识别

环境影响识别应综合分析开发区的性质、规模、建设内容、发展规划、阶段目标和环境保护规划,结合当地的社会、经济发展总体规划、环境保护规划和环境功能区划,调查主要敏感环境保护目标、环境资源、环境质量现状和主要环境制约因素,分析现有环境问题和发展趋势,以及可能对社会经济发展形成的制约条件进行充分研究。

环境影响识别主要应从两个方面进行,一是对社会经济的影响,二是对自然环境的影响。社会经济环境因素主要包括:能源及利用方式、产业结构、交通运输、土地利用、原辅材料、拆迁就业及居民收入、历史文化遗产、人群健康、景观、区域发展规划等方面;自然环境因素包括:水资源(地表及地下水)、环境空气、声环境、生态环境(动植物及生物多样性、土壤)、固体废物等方面。着重分析实施开发区规划可能导致的主要的、显著的环境问题。选择的评价因子,应反映与开发区规划的建设活动相关的环境因子。

（二）环境影响识别的方法

开发区区域环境影响识别可分为两个层次，一是宏观规划层次，二是具体项目层次。从宏观角度，可以有选择地采用下列一种或多种方法，宏观分析实施开发规划可能带来的环境影响，应特别着重对直接影响、累积影响和长期影响的识别，并说明各类环境影响的属性（如可逆影响、不可逆影响）、定性判断影响程度和影响范围。一般或小规模开发区主要考虑对区外环境的影响，重污染的或大规模（大于 $10km^2$）的开发区应同时考虑对区内的影响。

在规划决策层次上，从宏观角度（即总体建设和长远发展）上识别、分析实施开发区规划可能带来的潜在的主要环境问题（包括有利影响、不利影响；直接影响、间接影响；短期影响、长期影响；阶段影响、累积影响；可逆影响、不可逆影响）。重点突出对与土地开发、能源和水资源利用相关的主要环境影响的分析。一般可参考采用或选用表 5-1 所列的评价指标进行环境影响识别。

表 5-1　　　　　　　　　　区域环境影响评价指标

影响类别	影响因素	可量化的评价因子	备 注
社会经济	区域经济发展	GDP 总量； 工业增加值； 工业总产值	
	规模	人口规模，用地规模	
	人口结构	人口密度； 大专以上学历人口比例； 18～30 岁人口比例； 流动人口比例	
	产业结构	主导产业； 一、二、三产业比例	
	循环经济水平		
	能源及利用方式	一次能源和二次能源比例； 一次能源结构； 清洁能源利用率； 燃气普及率	
	交通运输	路网密度	
	土地利用	土地开发利用率	
	动拆迁及居民生活质量	动拆迁居民人数； 动拆迁建筑面积； 居民人均收入； 人均居住面积； 人均公共绿地面积； 自来水普及率	
	历史文化遗产		
	人群健康	流行病发病率	
	区域景观	多样性； 协调性； 生动性	

续表

影响类别	影响因素	可量化的评价因子	备注
自然环境	水环境	水污染物排放强度、排放量；地表水水质达标率；地下水水质达标率	重污染区域应考虑土壤、作物、地下水；地下水源补给区应考虑地下水涵养量
	空气环境	空气质量达标天数；空气污染物排放量	
	声环境	区域噪声；交通噪声	
	生态环境	基本农田数量；水土流失率；绿化覆盖率；多样性指数（Diversity）；优势度指数（Dominance）	
	固体废物	固体废物产生量；固体废物综合利用率；危险废物产生量	
环境基础设施	供水	可供水量	
	排水	废水排放去向、排放量	
	污水处理和中水利用	工业用水重复利用率；污水集中处理率；中水利用率	
	集中供热	集中供热（汽）率	
	固体废物处置	固体废物资源化率；固体废物无害化率；危险废物安全处置率	
	绿化	绿地率；公共绿地、防护绿地面积	

具体来说，区域开发活动环境影响识别的方法包括：

1. 影响矩阵法

与具体建设项目环评中采用的影响矩阵法相类似，在影响矩阵中，将具体的建设活动置换为规划内容或计划项目，对应于评价因子，采用五级分级方法，或采用文字简述，逐项说明环境影响；并对主要影响予以特别考虑：包括环境目标和优先性、环境影响类型、环境因子。

2. 图形重叠/GIS 系统

可用于辨识和标示开发规划将产生显著影响的地域（如开发区用地是否与其他规划、环境功能区划有冲突，开发规划是否侵蚀环境敏感区等），特别是辨识可能发生累积环境影响的地域。

3. 网络与系统流程图

可用于解释和描述规划内容与环境影响之间的因果关系，特别是识别间接影响和累积影响。

（三）评价范围的确定

按不同环境要素和区域开发建设可能影响的范围确定环境影响评价的范围。对于开发区而言，环境影响评价范围应包括开发区、开发区周边区域以及开发建设直接涉及的区域（或设施）。区域开发建设涉及的环境敏感区等重要区域必须纳入环境影响评价的范围，应保持环境功能区的完整性。各环境要素的评价范围具体数值可参照有关环境影响评价技术导则。

（四）区域环境影响评价中的专题要素评价

区域环境影响评价中的专题要素评价与建设项目环境影响评价中的专题要素评价方法相同，本章不再详细介绍，仅论述需要注意的问题。

1. 环境空气影响评价

（1）环境空气影响分析与评价的主要内容。环境空气影响分析与评价的主要内容包括：开发区能源结构；集中供热（汽）厂的位置、规模、除尘脱硫措施及其效率，污染物产生与排放情况及其对环境质量的影响预测与分析；工艺尾气排放方式、污染物种类、排放量、控制措施及其环境影响分析；区内污染物排放对区内、外环境敏感地区的环境影响分析；区外主要污染源对区内环境空气质量的影响分析。

（2）环境空气现状监测与评价。

1）评价等级。区域环境空气影响评价等级不低于二级。

2）评价范围。评价范围不能局限于区内，还需向外扩展。至于扩展范围的大小，需根据评价等级、环境条件及区内外的敏感保护目标而定。

3）监测点位。在区内和区外均应布设监测点。区内的测点可采用网格布点和功能区布点相结合的方法。这里所说的功能区，可以是环境功能区，在整个区域均属同一环境功能区的情况下，指区域总体规划中的工业区、居住区、商业区等。监测点位的设置要尽量利用例行监测点，以便能充分利用例行监测资料，分析评价区域环境空气质量状况及其变化情况。

4）监测项目。在区域有排放特征污染物的污染源时，监测项目既要有如 SO_2、PM_{10}、$PM_{2.5}$、NO_2 等常规表示环境空气质量的指标，也要有代表性的特征污染物。

（3）环境空气影响预测与评价。

1）污染源。污染源的分析要全面，既要考虑实际存在和规划中的点源，也要考虑面源。以开发区为例，开发区入区项目多，有些项目由于工艺的需要，可能有导热油炉一类的装置不能被集中供热所替代；不同的行业还有不同的工艺尾气排放；区内外交通及其他人类活动也会产生各种大气污染物等。如区域规划实施集中供热，常见的问题是，在预测评价时仅考虑集中供热热源的影响，将区域环境空气影响评价变成了某一点源的评价，这是不可取的。

在区外比较近的距离上有大的空气污染源时，在环境空气影响预测中需考虑其影响。

2）预测和评价对象。影响预测和评价要考虑区内外的相互影响，特别注意对敏感保护目标的影响预测和评价。

2. 地表水环境影响评价

（1）地表水环境影响评价的主要内容。地表水环境影响分析与评价应包括开发区水资源利用、污水收集与集中处理、尾水回用以及尾水排放对受纳水体的影响。

（2）水污染源调查。需要在报告书中绘制评价区域的地表水系，标明取水和排水去向。在区域水污染源调查与评价中，如果区域比较大，区域内污染源向不同的水体排污，则需分水体调查、评价水污染源。

(3) 地表水环境现状监测与评价。地表水环境现状监测布点既要考虑了解现状水质，也要考虑计算水环境容量的需要。一般在各支流和主要污染源排放口的上下游、出境断面、功能区变化的断面设置现状监测点。

(4) 地表水环境影响预测与评价。

1) 水质预测的情景设计应包含不同的排水规模、不同的处理深度、不同的排污口位置和排放方式。

2) 可以针对受纳水体的特点，选择简易（快速）水质评价模型进行预测分析。

预测评价时注意水体本底值的变化：区域集中开发建设通常均要建设污水处理厂，对区域内或其服务范围内的污水进行集中处理。在这种情况下，原本排入水体的水污染物变为进入污水处理厂处理后排放。而水环境现状监测值中是包含了原本排入水体的这些水污染物的贡献的，因此在预测评价时，不能简单地将污水处理厂排水作为一个污染源，用模型预测后叠加现状值。此时还要考虑这些源减排后的影响。

3) 区域评价需考虑面源的影响：区域评价范围大，面源的影响不可忽略，在评价时需考虑其影响。

4) 如果水污染源需通过比较长的明渠等进入评价河段，要考虑入河系数。

5) 预测需考虑水工程的影响。许多河流上都有水工程。不同的水工程对河流水文特性的影响不同，在同一河流某一水工程的上下游，其水文参数不同，选择的预测模型和参数也不同。

3. 地下水环境影响评价

(1) 根据当地水文地质调查资料，识别地下水的径流、补给、排泄条件以及地下水和地表水之间的水力联通，评价包气带的防护特性。

(2) 地下水环境现状监测与评价：一是在不同功能区布设监测点，特别注意在水源地及其附近布设监测点；二是监测因子要比较全面反映地下水质的情况。

(3) 地下水环境影响评价：既要评价区域开发建设对地下水质的影响，也要评价对地下水涵养的影响，特别要说明对地下水的保护措施。

根据地下水水源保护条例，核查开发规划内容是否符合有关规定，分析建设活动影响地下水水质的途径，提出限制性（防护）措施。

4. 环境噪声影响评价

(1) 根据开发区规划布局方案，按有关声环境功能区划分原则和方法，拟定开发区声环境功能区划方案。

(2) 现状监测与评价：监测点位的布设应以功能区布点与网格布点相结合的方法进行。有的评价将所评价的区域看作一个项目，在其边界布点监测，这种方法是不对的。

(3) 在预测评价时需考虑流动源的影响。一般来说，流动源主要是考虑交通干线对学校、医院、居民区等敏感保护目标分布的影响。

(4) 对于开发区规划布局可能影响区域噪声功能达标的，应考虑调整规划布局、设置噪声隔离带等措施。

5. 固体废物处理/处置方式及其影响分析

预测可能的固体废物类型，分类确定区域开发可能发生的固体废物总量，确定相应分类处理方式。分析固体废物减量化、资源化、无害化处理/处置措施及方案。对固体废物的处理/处置，要符合区域所制定的资源回收、固体废物利用的目标与指标要求。

开发区固体废物处理/处置纳入所在区域的固体废物管理/处置体系的，应确保可利用的固体废物处理处置设施符合环境保护要求（如符合垃圾卫生填埋标准、符合有害工业固体废物处置标准等），并核实现有固体废物处理设施可能提供的接纳能力和服务年限。否则，应提出固体废物处理/处置建设方案，并确认其选址符合环境保护要求。

对于拟议的固体废物处理/处置方案，应从环境保护角度分析选址的合理性。

6. 生态环境影响评价

评价的主要内容有：调查评价区土地利用现状，基本农田、耕地等的数量、分布；主要生态系统、生物群落、生物量等；调查评价区水土流失现状、主要水土保持工程。

调查生态环境现状和历史演变过程、生态保护区或生态敏感区的情况，包括：生物量及生物多样性、特殊生境及特有物种；自然保护区、湿地，自然生态退化状况包括植被破坏、土壤污染与土地退化等。

分析评价开发区规划实施对生态环境的影响，主要包括生物多样性、生态环境功能及生态景观影响。

分析由于土地利用类型改变导致的对自然植被、特殊生境及特有物种栖息地、自然保护区、水域生态与湿地、开阔地、园林绿化等的影响。

分析由于自然资源、旅游资源、水资源及其他资源开发利用变化而导致的对自然生态和景观方面的影响。

分析评价区域内各种污染物排放量的增加、污染源空间结构等变化对自然生态与景观方面产生的影响。

分析区域开发对水土流失的影响，区域水土保持方案的合理性，提出水土保持措施。

应着重阐明区域开发造成的包括对生态结构与功能的影响、影响性质与程度、生态功能补偿的可能性与预期的可恢复程度、对保护目标的影响程度及保护的可行途径等。

对于预计的可能产生的显著不利影响，要求从保护、恢复、补偿、建设等方面提出和论证实施生态环境保护措施的基本框架。

第四节 污染总量控制及综合治理

一、污染物排放总量控制

国务院 253 号令《建设项目环境保护管理条例》第三条规定："建设产生污染的建设项目，必须遵守污染物排放的国家标准和地方标准；在实施重点污染物排放总量控制的区域内，还必须符合重点污染物排放总量控制的要求。"与此规定相对应，环境影响评价中增加了"总量控制"篇章。因此，对于区域环境影响评价，区域污染物的总量控制十分重要。

（一）区域环境污染物总量控制的概念和分类

1. 污染物总量控制的概念

污染物排放总量控制，是指在某一区域范围内，为了达到预定的环境目标，通过一定方式，核定主要污染物的环境最大允许负荷（近似于环境容量），并以此进行合理分配，最终确定区域范围内各污染源允许的污染物排放量。

由于历史的原因,我国在环境管理中执行污染源排放浓度控制和总量控制的双轨制。有可能在一个环境单元中,所有污染源排放完全达标,但环境质量仍不能达到国家标准,所以在推行总量控制时,往往在要求达到排放标准的前提下,再按总量控制原则进行区域单元之内污染物进一步削减的优化分配。在区域环境影响评价中,也必须实行污染物排放的总量控制制度。

2. 污染物总量控制分类

目前的总量控制分类方法有以下几种形式:

(1) 环境容量总量控制和目标总量控制。环境容量总量控制是在环境容量研究的基础上,得到总量控制指标。但由于某些自净能力难以确定,因此环境容量总量控制还存在比较大的困难。目前,在区域评价中通常使用的方法,是将环境目标或相应的标准,看作确定环境容量的基础。即一个区域的排污总量应以其保证环境质量达标条件下的最大排污量为限,称为目标总量控制。区域评价中,一般应分析原有总量对环境的贡献以及新增总量对环境的影响,特别是要论证采用综合整治、总量控制措施后,排污总量是否满足环境质量要求。

(2) 指令总量控制。指令总量控制即国家和地方按照一定原则在一定时期内所下达的主要污染物排放总量控制指标。区域评价中所做的分析工作主要是如何在总指标范围内确定各小区域的合理分担率,一般要根据区域社会、经济、资源和面积等代表性指标比例关系,采用对比分析和比例分配法进行综合分析来确定。

(3) 最佳技术经济条件下的总量控制。这主要是分析主要排污单位在其经济承受能力范围内或是合理的经济负担下,采用最先进的工艺技术和最佳污染控制措施能达到的最小排污量,但要以其上限达到其相应的污染物排放标准为原则。可把污染物排放量最少量化的原则应用于生产工艺中,体现全过程控制的原则。

(二) 区域主要污染物总量控制分析

1. 技术路线

区域开发要坚持可持续发展战略,实施总量控制,资源问题应作为分析研究的首要问题。重点应分析区域经济、社会发展过程中经济发展、资源消耗与环境污染的相互关系,从资源利用的宏观全过程分析探讨通过资源合理利用与分配、提高科技水平、调整发展因子、提高资源利用效率等途径降低资源需求量、减少流失量、减轻环境压力,并可针对各类资源消耗过程中产生的主要污染物质,实现宏观总量控制。当总量控制不能满足要求时,可以通过对总体规划的调整来满足总量控制的要求,从而达到从总体上把握污染控制水平,促进经济、社会发展并与之相互协调的目的。

分析各类污染物质排放总量能否满足总量控制需求,确定合理的总量分担率,一般可采用如图 5-2 所示的技术路线进行分析与探讨。

2. 区域污染物总量控制分析的要点

区域污染物总量控制分析主要从以下方面进行:①污染物是否能达标排放;②环境质量是否达标;③是否符合指令总量控制要求;④贯彻"增产不增污,以新带老,集中治理的原则";⑤经济技术可行。

3. 区域污染物总量合理分配分析

为确定总量控制合理分担率,可以根据各地具体情况,采取不同的分配方法。

(1) 等比例分配。

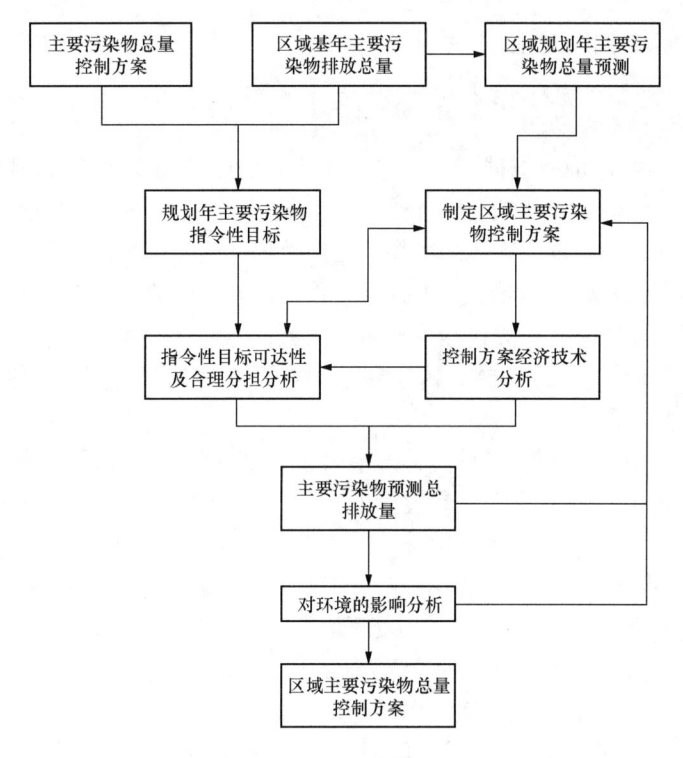

图 5-2 区域主要污染物总量控制分析程序

等比例分配方法计算公式

$$q_{ij} = Q_j \frac{t_{ik}}{t_k} \quad (5-1)$$

式中 q_{ij}——第 i 区域第 j 类污染物应分配的总量指标；

Q_j——地区第 j 类污染物总量指标；

t_{ik}——第 i 区域第 k 类指标分量；

t_k——地区第 k 类指标总量；

k ——可以表示为经济（如 GDP、总产值等）、资源（能源、水资源）、土地面积、人口数量，也可以是综合平均指标。

（2）排污标准加权分配。考虑各行业排污情况的差异，以各行业排放标准为依据，按不同权重分配各行业允许排放量，同行业按比例分配。

（3）分区加权分配。将所有参加排污总量的污染源划分为若干控制区域或控制单元，根据各区域或单元的环境目标、排污现状、经济技术条件等，确定区域各单元的削减权重，将排污总量按权重分配至各区，区域内可按等比例分配将指标分配至各污染源。

4. 预测总量的环境影响分析

在合理分担和技术经济允许的情况下，所确定的总量还必须满足环境质量的要求。在一般情况下，可以采用建立总量与环境质量输入相应关系的方法，常用的是模拟计算方法。计算模型的选择应与预测排放量的精度相适应，并应最终满足环境质量的要求。如不能满足要求，可以通过强化污染物控制来减少排放量。当能满足环境质量要求时，该排放量可作为区域的排放总量。

二、环境保护综合治理对策

（一）开发区规划的综合论证与环境保护措施

1. 综合论证的主要内容

开发区域环境影响评价应根据环境容量和环境影响评价结果，结合地区的环境状况，从开发区的选址、发展规模、产业结构、行业构成、布局、功能区划、开发速度和强度以及环保基础设施建设（污水集中处理、固体废物集中处理处置、集中供热、集中供气等）等方面对开发区规划的环境可行性进行综合论证：①开发区总体发展目标的合理性；②开发区总体布局的合理性；③开发区环境功能区划的合理性和环境保护目标的可达性；④开发区土地利用的生态适宜度分析。对应所识别、预测的主要不利环境影响，逐项列出环境保护对策和环境减缓措施。

2. 开发区规划方案调整

对开发区规划目标、规划布局、总体发展规模、产业结构以及环保基础设施建设制度调整方案。当开发区土地利用的生态适宜度较低，或区域环境敏感性较高时，应考虑选址的大规模、大范围调整。当选址临近生态保护区、水源保护地、重要和敏感的居住地，或周围环境中有重大污染源并对区域选址产生不利影响以及某类环境指标严重超标且难以短时期改善时，要建议提出调整；一般情况下，开发区边界应与外部较敏感地域保持一定的空间防护距离。开发区内各功能区除满足相互间的影响最小，并留有充足的空间防护距离外，还应从基础设施建设、各产业间的合理连接，以及适应建立循环经济和生态园区的布局条件来考虑开发区布局的调整。规模调整包括经济规模和土地开发规模的调整；在拟定规模的调整建议时应考虑开发区的最终规模和阶段性发展目标。当开发区发展目标受外部环境影响时（如受区外重大污染源影响较大），在不能进行选址调整时，要提出对区外环境污染控制进行调整的计划方案，并建议将此计划纳入到开发区总体规划之中。

3. 主要环境影响减缓措施

大气环境影响减缓措施应从改变能流系统及能源转换技术方面进行分析，重点是煤的集中转换以及煤的集中转换技术的多方案比较。水环境影响减缓措施应重点考虑污水集中处理、深度处理与回用系统，以及废水排放的优化布局和排放方式的选择。如在选择更先进的污水处理工艺的同时，考虑增加土地处理系统、强化深度处理和中水回用系统。对典型工业行业，可根据清洁生产、循环经济原理从原料输入、工艺流程、产品使用等进行分析，提出替代方案与减缓措施。固体废物影响的减缓措施重点是固体废物的集中收集、减量化、资源化和无害化处理处置。对于可能导致对生态环境功能显著影响的开发区规划，根据生态影响特征制定可行的生态建设方案。在此基础上，提出限制入区的工业项目类型清单。

（二）环境管理与环境监测计划

在环境保护综合对策中还应提出强化环境管理及环境监测能力建设的建议，内容包括：

（1）提出开发区环境管理与能力建设方案，包括建立开发区动态环境管理系统的计划安排。

（2）拟订开发区环境质量监测计划，包括环境空气、地表水、地下水、区域噪声的监测项目、监测布点、监测频率、质量保证、数据报表。

（3）提出对开发区不同规划阶段的跟踪环境影响评价与监测的安排，包括对不同阶段进行环境影响评估（阶段验收）的主要内容和要求。

（4）提出简化入区建设项目环境影响评价的建议。

第六章

规划环境影响评价

自 1979 年正式确立环境影响评价制度以来，我国的环境影响评价工作的重点是针对建设项目，有时会涉及少量的区域开发，但并没有把对环境有重大影响的规划纳入环境影响评价范围。直到 2002 年《中华人民共和国环境影响评价法》（简称《环评法》）的颁布，才明确规定对规划应进行环境影响评价。国务院于 2009 年发布《规划环境影响评价条例》，对规划环境影响评价做出进一步明确、具体的要求。

第一节 规划环境影响评价的产生和发展

一、规划与规划环境影响评价

（一）规划

规划是指调控期间为 5 年或者 5 年以上，人类活动在地域、空间上的部署和安排，一般具有明确的预期目标，规定具体的执行者及应采取的措施，不论名称为计划还是规划，均属于规划。比如城市规划、土地利用总体规划、生态规划等。

1. 范围界定

《环评法》中第 7 条、第 8 条就规划环境影响评价的范围做出如下具体规定：

（1）土地利用和区域、海域、流域开发建设的有关规划（一地三域规划）；

（2）工业、农业、畜牧业、林业、能源、水利、交通、城市建设、旅游、自然资源开发等 10 个行业的专项开发规划（专项规划）。

2. 概念界定

《环评法》所指规划具有如下特征：

（1）是指有关政府及其部门拟订的规划，而不是企业的规划；

（2）是指政府经济发展方面的规划，一般不包括政府的其他规划；

（3）是指实施后对环境可能产生不良影响的规划。

3. 类型界定

《环评法》对现阶段应当进行环境影响评价的规划区分为指导性规划和非指导性规划。

（1）指导性规划。包括土地利用、区域、流域、海域的建设、开发利用规划，以及专项规划中的宏观性、预测性的规划。该类规划也叫做政策导向性规划，提出政策性原则或纲领。

（2）非指导性规划。是《环评法》第 8 条规定的专项规划的主体，包括工业、农业、畜牧业、林业、能源、水利、交通、城市建设、旅游、自然资源开发的规划等。这类规划也称作项目导向性规划，为实现规划目标而设置的一系列项目或工程建议。

（二）规划方案

规划方案是指符合规划目标的，供比较和选择的方案的集合，包括推荐方案、备选方案、环境可行方案等，如图 6-1 所示。

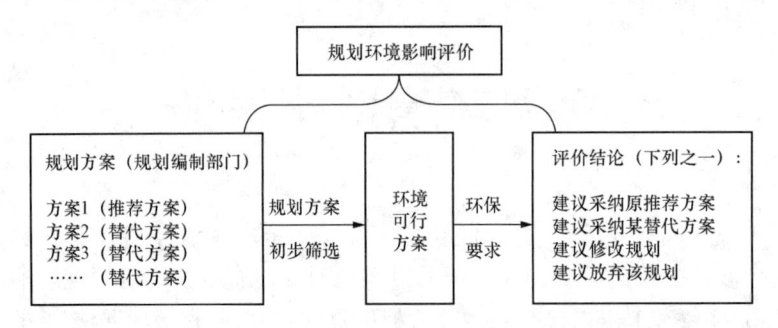

图 6-1　规划方案、环境可行方案、推荐方案、替代方案之间的关系

（三）规划环境影响评价

规划环境影响评价是指在规划编制阶段，对规划实施可能造成的环境影响进行分析、预测和评价，并提出预防或者减轻不良环境影响的对策和措施，进行跟踪监测的方法与制度的过程。

与"规划环境影响评价"相似的概念是"战略环境影响评价"，指"环境影响评价在战略、法规、政策、规划和计划层次上的应用，是系统、综合地评价政策、规划和计划及其替代方案环境影响的过程。战略环境影响评价的实施保证了在战略决策的早期阶段即充分考虑其环境影响，并为将环境影响最终纳入综合决策，即战略的制定中提供了重要的手段，更好地体现了预防为主的原则"。

综上分析可知，战略环境影响评价包含规划环境影响评价，规划环境影响评价属于战略环境影响评价的范畴，但仅限于规划层次。战略环境影响评价、规划环境影响评价与区域环境影响评价之间的区别如表 6-1 所示。由于二者的相似性，国内一些研究者常常将"规划环境影响评价"与"战略环境影响评价"等同起来。

表 6-1　战略环境影响评价、规划环境影响评价与区域环境影响评价的区别

项目	战略环境影响评价	规划环境影响评价	区域环境影响评价
决策主体	各级政府及其行政主管部门	各级政府及其行政主管部门	区域管理主体
评价者	决策者或委托研究机构	规划编制单位或规划环境影响评价资质单位	经国家环保部认可的环境影响评价单位
评价对象	法律、政策、计划、规划	规划方案的合理性	区域内项目的环境影响
评价时段	战略决策的全过程	规划的全过程	开发建设期间与开发完成后
评价范围	行政区域及受影响区域	规划区域及受影响区域	政策性区域
评价因素	环境为主，兼顾社会经济因子	环境为主，兼顾社会经济因子	环境为主，兼顾社会经济因子
评价方法	定性方法为主	定量、定性方法	定量、定性方法

（四）减缓措施

用来预防、降低、修复或补偿由规划实施可能导致的不良环境影响的对策和措施。

（五）跟踪评价

对规划实施所产生的环境影响进行监测、分析、评价，用以验证规划环境影响评价的准确性和判定减缓措施的有效性，并提出改进措施的过程。

二、开展规划环境影响评价的重要意义

（一）规划环境影响评价弥补了建设项目环境影响评价的不足

实践证明，建设项目环境影响评价制度在保护生态环境、贯彻可持续发展战略方面发挥了重要的作用，诸如其促进了产业合理布局和优化选址，控制了新污染源，强化了老污染源治理，推进了企业清洁生产技术的进步，提高了各界人士的环境意识等。

1. 建设项目环境影响评价的主要不足

第一，建设项目环境影响评价主要是着眼于项目本身的开发活动，而一个项目在开发前往往已经完善了其战略规划和思路，项目则只是一个战略规划或思路中的某一个步骤，环境影响评价结论无论是对项目认可或是否决，都难以影响其战略规划，更不可能指导规划的更改乃至否定。

第二，建设项目环境影响评价只是就项目本身的开发活动对环境产生的影响做出评价，它不能也不可能考虑到多个项目的综合或累积作用，或是该项目的一些附加开发项目所产生的间接环境影响，缺乏一种整体规划的环境分析。而对于一些项目，尤其是对生态系统影响较大的项目，往往不是单个开发项目能够评价出来的，需要考虑多个项目对生态系统的综合、累积、蚕食效应，而这些综合的效应并不是单个项目影响的算术总和。

第三，在实践中，建设项目环境影响评价在时间上往往是滞后的，按我国现行法规规定，是与项目可行性研究同步进行，但受项目决策者的环境意识及情绪影响，在现实中很难做到，即便做到同步进行，项目也往往已经基本落实已经立项，评价结论很难影响项目的进展，甚至难以影响项目的其他前期工作，如可行性研究、初步设计等，业主不愿意为了评价结论而放弃已做的前期工作，更不用说对项目的否定或是对选址的否定。

第四，本身技术的限制也使得环境影响评价在项目开发中很难满足其时间上的要求。因为建设项目受资金、计划的制约，一旦立项，各项前期工作是步步紧扣的，而按照我国现行的环境影响评价技术导则实施一个项目评价少则三个月，多则要一年两个不同季节，加上大纲编制、行政部门、专家的两次评审、审批，项目很难等到评价结论出来后再进行下一步工作。如果要评价从时间上满足项目要求，则限制了环境影响评价所需数据的收集，影响了环境影响评价的质量，也影响了项目环境影响评价的客观性，这样反过来也从实际上大大地削弱了环境影响评价对项目的影响力。

第五，难以考虑到合适的替代方案，一个评价除了对目标的结论外，很重要的是要提出合适可行的替代方案。但在环境影响评价中，由于没有考虑到战略思路的整体性，同时也由于时间的限制，因此其替代方案也就只能是应付式的。

由于建设项目环境影响评价的这些局限性，使得其在实施中是处于一种被动的评价地位，而不是一项预测性管理措施。

2. 规划环境的主要优势

与建设项目环境影响评价相比，规划环境影响评价在介入时机、评价因素、评价方法以及方案优选等方面都有很大的优势，具体表现为：

首先，能够更早地参与规划方案的形成，及早从生态环境与建设的角度出发，分析规划

方案可能引发的积极与消极的影响，从而进一步改善规划方案，从源头上尽量减少产生不利影响的可能性；

其次，可以考虑长期的、累积的环境影响；

再次，可以采用更为优化的评价方法，不但可以定量给出各个污染因子的排放量，还可以定性地给出大范围内的环境影响；

最后，可以进行多方案比选，必要时拟定替代方案，并提出消除、减缓不利环境影响的措施。

由此可见，规划环境影响评价在战略层次前瞻性地考虑规划和计划的环境影响，超越了单一建设项目，可以对区域乃至全国的环境影响做更为系统的考虑，对多个发展项目的累积影响做出分析，提供决策依据，在很大程度上弥补了建设项目环境影响评价的不足。

（二）规划环境影响评价减少由于战略规划不当而带来的环境问题

国内外环境与发展历史经验证明，同建设项目相比，政府一些政策和规划对环境的影响范围更广，历时更久，而且影响发生之后更难处置。

规划环境影响评价主要关心的就是对规划进行宏观决策时各方面所关注的环境问题，如规划目标、规模、布局等是否会导致重大的不利环境影响，哪些是可以通过避免、减缓的环境影响，哪些是不可逆转的不利环境影响。为避免、减轻重大的不利和或主要的不利环境影响，是否需要对规划进行调整，需要采取哪些环境对策和措施。进行规划环境影响评价的目的就是在规划编制和规划宏观决策阶段避免环境方面的失误，在决策的源头控制对环境的重大或主要影响。在规划环境影响评价过程中，当发现规划方案实施可能导致重大不利环境影响或主要不利环境影响时，优先考虑的是调整规划方案能否避免或减轻这些不利环境影响。

（三）规划环境影响评价是实现可持续发展的有力工具

可持续发展要求更为广泛的意义上将人类活动及其环境影响综合起来考虑，并且，这种考虑应该具有前瞻性，然而怎样有效地推进可持续发展战略却是在实践中远未解决的课题。而规划环境影响评价在决策层次，将环境、社会和经济综合在一起考虑，可以识别、分析累积环境影响，可以提出区域发展项目的优化方案和污染治理措施，因此可以在推进区域可持续发展方面起重要作用，成为一个有效的工具。

三、战略环境影响评价制度的建立和发展

（一）战略环境影响评价制度的建立

许多国家以立法或行政命令的形式要求其决策部门对于可能造成重大环境影响的立法议案、部门性政策及规划方案开展战略环境影响评价。

1. 以立法形式要求战略环境影响评价

1987 年，荷兰《环境保护法》正式生效，该法规定开展正式的战略环境影响评价，在 1989 年，荷兰在通过的《国家环境政策规划》中明确了战略环境影响评价的工作程序。

1991 年，新西兰《资源管理法》正式生效，该法要求地方政府拟采纳的政策、计划议案必须经战略环境影响评价通过后方可生效，并将战略环境影响评价与计划、决策、监测相结合作为资源管理的系统方法。

美国的《国家环境政策法》第 102 条款规定，任何对人类环境产生重要影响的立法建议、政策及联邦机构所要确定的重要行动都要进行战略环境影响评价。1978 年，美国开始通过环境质量委员会制定相应文件来具体指导战略环境影响评价工作的实施。美国的一些州政府还在此基础上制定了地方法规来保证在本地区战略环境影响评价的实施。

此外，亚洲的韩国以及我国的香港、台湾等地区也以立法形式要求实施战略环境影响评价。

2. 以行政命令形式要求

1993年，丹麦以首相决议形式要求开展战略环境影响评价，并由其环境部制定了以定性评价为主的战略环境影响评价行动指南来协助各部门实施。

1990年，加拿大以内阁决议的形式要求所有联邦部门对其提交内阁审查的、可能产生环境影响的政策与计划议案实施战略环境影响评价，以确保决策过程中进行系统、综合的环境考虑。

3. 以其他形式要求

英国一直反对将战略环境影响评价制度化。1991年，英国制定的《政策评价与环境》文件中规定的政策评价却在程序与方法上类似战略环境影响评价，其环境部于次年又制定了《政策规划指南》文件，并以内阁名义推荐将《政策评价与环境》文件应用于发展计划、政策议案等。

此外，还有些国家如法国、德国等尽管既没有关于战略环境影响评价的立法或内阁决议，也没有相应的行动指南，但也在不同程度上实施了战略环境影响评价。

20世纪90年代以来，我国逐渐认识到开展战略环境影响评价的重要性和紧迫性，并在《中国21世纪议程》、《国务院关于环境保护若干问题的决定》等文件中明确提出开展对规划、重大政策与法规的环境影响评价。

（二）国外战略环境影响评价发展情况

在美国，有17个州以法律和行政命令的方式对战略环境影响评价进行了规定，其中加利福尼亚、纽约和华盛顿按照《国家环境政策法》的要求对规划及政策开展了大量环境评价。1986年，加利福尼亚州颁布的《加利福尼亚环境质量法案》（CEQA）及其补充规定中明确规定必须推行战略环境影响评价，自此以后，加利福尼亚州每年编制130份以上的规划环境影响评价报告。

1990年，加拿大内阁指示各部在政策、规划和计划等战略层次上关注环境。同年，加拿大政府宣布推行环境评价改革，其内容为新的环境评价法和政策、计划建议环境评价程序的制定。1997年，加拿大外交部在《2000年议程》中强调将对其所有的内阁建议实施环境影响评价。为强化战略环境影响评价的作用，1999年，加拿大内阁通过了《政策、规划和计划建议环境评价指令》，并根据该指令制订了实施指南。同年，加拿大环境评价署开始着手对政策部门内的人员进行战略环境影响评价培训，并对《京都议定书》加拿大承诺义务开展了战略环境影响评价。2001年，在哥伦比亚召开的国际影响评价协会年会上，加拿大提交了战略环境影响评价在加拿大实施的结构性框架指南。

1987年，荷兰建立了法定的战略环境影响评价制度。该制度要求对废弃物管理、饮水供应、能源与电力供应、土地利用规划等都进行环境影响评价。1989年，荷兰修改了"国家环境政策规划"，要求对所有可能引起环境变化的政策、规划和计划进行战略环境影响评价。

1993年，日本在环境基本法第19条中针对港湾计划的环境影响评价做过有关规定，即对港湾的设置、填土方项目的计划阶段进行的战略环境评价。此外土地利用计划已纳入了国家级制度化的战略环境评价中去。但是，这些战略环境评价仅仅在东京和崎玉县有所实施。就全国而言目前还没有法制化，或者说正在进行法制化的研讨阶段。

2000年2月，南非发布了《南非战略环境评价》，其主要内容为规划和计划的战略环境影响评价指南，并开展了开普敦申办2004年奥运会战略环境影响评价等一系列实践活动。

此外，包括世界银行、欧盟在内的许多国际组织对战略环境影响评价给予了高度重视，并开展了相应的研究与实践。欧盟于 1987 年在第四次环境行动纲领中声明"欧共体委员会将尽快将扩展到政策规划中去";1990 年,欧洲经济委员会首次提出制定政策、规划和计划环境评价导则的建议;1992 年在第五次环境行动纲领中声明"为了实现可持续发展需要对所有相关的规划、政策进行战略环境影响评价"。

四、我国规划环境影响评价工作的开展

（一）我国规划环境影响评价进展

我国的环境影响评价制度自建立以来,一直注重建设项目环境影响评价,直到 20 世纪 90 年代以后,我国才逐渐认识到的重要性和紧迫性,并在《中国 21 世纪议程——中国世纪人口、环境与发展白皮书》、《国务院关于环境保护若干问题的决定》等文件中明确提出对现行重大政策和法规开展环境影响评价。1998 年 12 月国务院颁布的《建设项目环境保护管理条例》中明确指出"流域开发、开发区建设、城市新区建设和旧城改造等区域性开发,编制建设规划时,应当进行环境影响评价"。这是我国第一次以法规形式对区域环境影响评价做出明确的规定。

2002 年 10 月 28 日,《中华人民共和国环境影响评价法》由全国人大常务委员会审议通过,并于 2003 年 9 月 1 日起施行。该部法律明确规定"国务院有关部门、设区的市级以上地方人民政府及其有关部门,对其组织编制的土地利用有关的规划,区域、流域、海域的建设、开发利用规划,应当在规划编制过程上组织进行环境影响有关部门、设区的市级以上地方人民政府及其有关部门,对其组织编制的工业、农业、畜牧业、林业、能源、水利、交通、城市建设、旅游、自然资源开发的有关专项规划,应当在该专项规划草案上报审批前,组织进行环境影响评价,并向审批该专项规划的机关提交环境影响报告书。"并陆续制订了《专项规划环境影响报告书审查办法》、《关于进行环境影响评价的规划的具体范围》及《规划环境影响评价技术导则试行。在《规划环境影响评价技术导则（试行）》（HJ/T 130—2003）中规定了规划环境影响评价的内容、适用范围、评价目的与原则、评价工作程序、评价内容与方法、环境影响评价文件的编制要求,并在附录中对规划环境影响评价的环境目标和指标予以规定,实施的法律和行政支持体系已初步建立。

我国香港特别行政区对政府的规划进行环境影响评价最早开始于 1988 年,涵盖土地利用规划或战略性增长区、全港土地使用规划、运输战略和政策,以及战略性建议和方案等方面。较为突出的研究范例是,1996 年香港政府环保署完成的"全港发展策略"（TDSR）战略环境评价研究报告。

（二）规划环境影响评价工作程序

我国开展时间不长,各项研究尚不完善。总体来说,我国的规划环境影响评价的工作程序如图 6-2 所示。

规划环境影响评价的工作程序分为四个阶段。

1. 前期研究阶段

这一阶段,规划环境影响评价的主要工作是任务解读与环境因素现状调研,具体包括:①规划项目内容与要求解读;②环境影响评价工作边界的界定;③选用评价方法;④相关要素的现状调研。如是比较重要的规划,应形成环境影响评价工作大纲。

2. 目标评估阶段

这一阶段,规划环境影响评价的工作重点包括两个方面:①评估规划目标和手段的环境可行性,即发展目标是否超出了资源承载力和环境容量的限制;②完善环境保护的工作目标与思路,在规划目标策略中充分体现环境保护的相关要求。

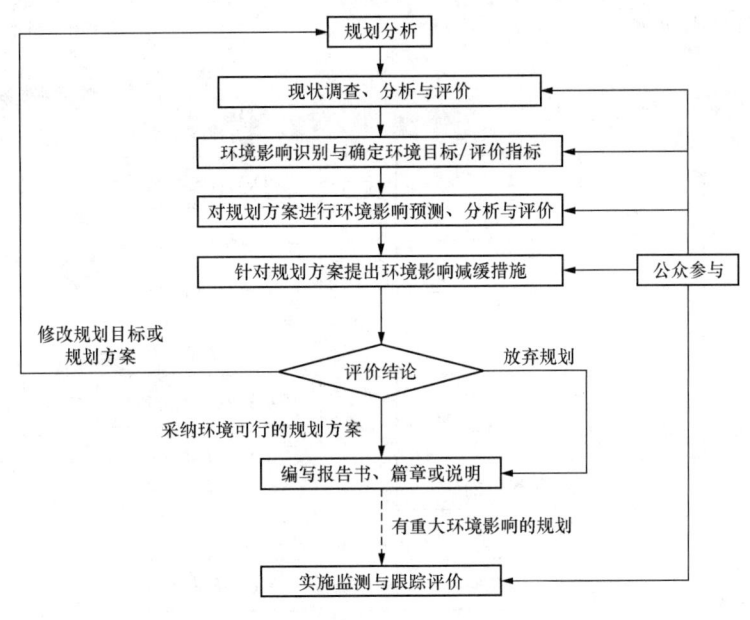

图 6-2 规划影响评价的工作程序

3. 方案评估阶段

这一阶段，规划主要工作是设计、选择规划实施方案，此时也是规划环境影响评价的核心工作阶段，即替代方案评估。所谓"替代方案"，是指为实现一定的目标，可以采取的、供比较和选择的方案的集合，在某些情况下也包括"零方案"，即规划不实施的方案。规划环境影响评价应通过一系列定量定性方法，全面分析各个方案的环境影响，从中筛选环境最优方案作为推荐方案。当然，经协调后，最后规划确定的方案不一定是环境最优方案，但规划环境影响评价必须保证其能满足环境保护要求。因此，替代方案评估是一个多次反复和协调的过程。

4. 措施制定阶段

这一阶段，规划环境影响评价主要针对最终方案中可能存在的问题，提出环境保护措施建议，既包括工程技术方面，也包括责任管理方面。在部分特殊情况下，还应明确环境监察与审核的要求。

在此过程中，规划编制程序与规划环境影响评价编制程序的关系如图 6-3 所示。

（三）规划环境影响评价的基本内容

规划环境影响评价应以区域发展规划为评价对象，评价规划的区域发展对环境的累积影响，考虑不同开发阶段总体项目的实施对区域环境的累积效应。根据规划确定的区域发展规划方案，分析不同发展阶段总体实施对区域环境的累积效应，结合区域环境承载力分析、区域环境容量确定等，在此基础上论证区域开发备选方案，提出经济合理、满足区域环境容量的区域开发内容及次序，论证区域开发布局与污染治理方案，提出区域开发的项目布局与产业结构、排污分配方案、问题控制方案。

我国的规划环境影响评价基本内容包括以下八个方面：

（1）规划分析。包括分析拟议的规划目标、指标、规划方案与相关的其他发展规划、环境保护规划的关系。

（2）环境现状与分析。包括调查、分析环境现状和历史演变，识别敏感的环境问题以及制约拟议规划的主要因素。

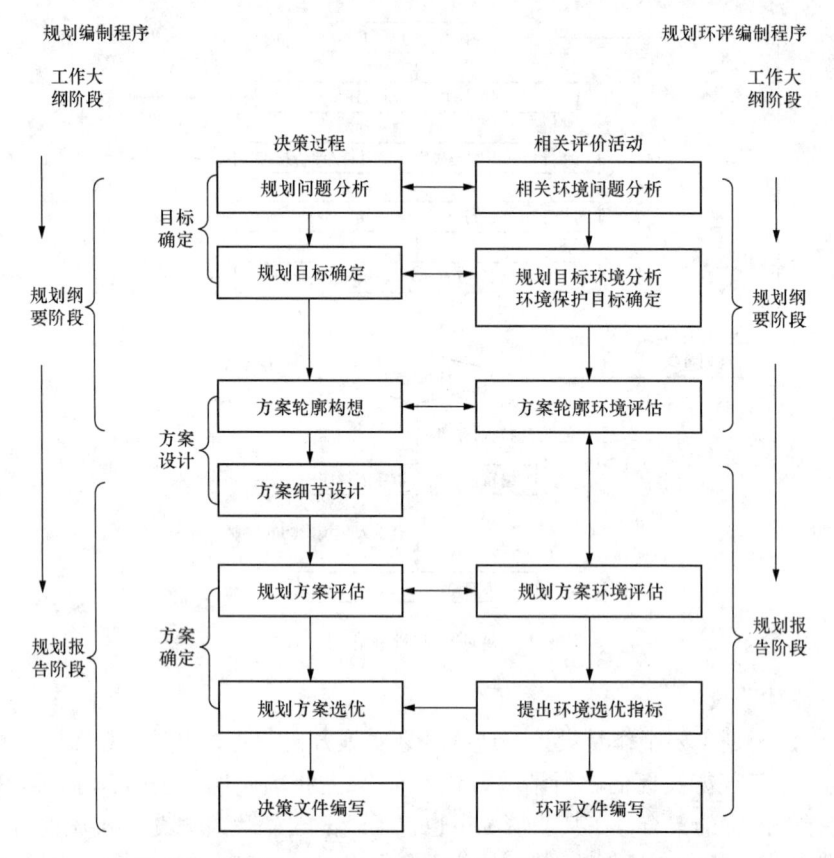

图 6-3　规划编制程序与规划环境影响评价编制程序关系

（3）环境影响识别与确定环境目标和评价指标。包括识别规划目标、指标、方案，包括替代方案的主要环境问题和环境影响，按照有关的环境保护政策、法规和标准拟定或确认环境目标，选择量化和非量化的评价指标。

（4）环境影响分析与评价。包括预测和评价不同规划方案包括替代方案对环境保护目标、环境质量和可持续性的影响。

（5）提出对策措施。针对各规划方案包括替代方案，拟定环境保护对策和措施，确定环境可行的推荐规划方案。

（6）开展公众参与。

（7）拟定监测、跟踪评价计划。

（8）编写规划环境影响评价文件。

根据不同情况，分别编写规划环境影响评价报告书、篇章或说明。

第二节　规划环境影响评价技术方法

一、规划方案及其分析评价

（一）规划方案分析

规划分析是规划环境影响评价工作中的重要内容，也是基础性的工作，基本内容应包括：规划描述、规划目标的协调性分析、规划方案的初步筛选以及确定规划环境影响评价的内容与范围四个方面。

1. 规划的描述

规划环境影响评价应在充分理解规划的基础上进行，应阐明并简要分析规划的编制背景、规划的目标、规划对象、规划内容、实施方案及其与相关法律法规和其他规划的关系。

2. 规划目标的协调性分析

按拟定的规划目标，逐项比较分析规划与所在区域行业其他规划（包括环境保护规划）的协调性。

尤其应该注意拟定规划与两类规划的协调性分析：第一类是与该规划具有相似的环境、生态问题或共同的环境影响，占用或使用共同的自然资源的规划，主要是将这些规划放置在同一环境或资源问题上分析其协调性；第二类是该规划与环境功能区划、生态功能保护区划、生态省（市）规划等环境保护的相关规划是否协调。

3. 规划方案的初步筛选

规划的最初方案一般是由规划编制专家提出的，评价工作组应当依照国家的环境保护政策、法规及其他有关规定，对所有的规划方案进行筛选，可以将明显违反环境保护原则和/或不符合环境目标的规划方案删去，以减少不必要的工作量。

筛选的主要步骤有：识别该规划所包含的主要经济活动，包括直接影响或间接影响到的经济活动，分析可能受到这些经济活动影响的环境要素；简要分析规划方案对实现环境保护目标的影响，进行筛选以初步确定环境可行的规划方案。具体方法有专家咨询、类比分析、矩阵法、核查表法等。

4. 确定规划环境影响评价内容和范围

根据规划对环境要素的影响方式、程度，以及其他客观条件确定规划环境影响评价的工作内容。每个规划环境影响评价的工作内容随规划的类型、特性、层次、地点及实施主体而异；根据环境影响识别的结果确定环境影响评价的具体内容。

确定评价范围时不仅要考虑地域因素，还要考虑法律、行政权限、减缓或补偿要求，公众和相关团体意见等限制性因素。

确定规划环境影响评价的地域范围通常考虑以下两个因素：一是地域的现有地理属性（流域、盆地、山脉等），自然资源特征（如森林、草原、渔场等）或人为的边界（如公路、铁路或运河）；二是已有的管理边界，如行政区等。

（二）现状调查及分析评价

现状调查、分析与评价是进行规划环境影响识别的基础，主要通过资料与文献收集、整理与分析来进行，必要时进行现状调查与测试。规划的现状调查与分析中除了要对规划影响范围内各环境要素的现状进行调查、分析外，还要求进行社会、经济方面的资料收集及评价区可持续发展能力的分析。

1. 现状调查

现状调查应针对规划对象的特点，按照全面性、针对性、可行性和效用性的原则，有重点地进行。内容应包括环境、社会和经济三个方面。调查重点应放在与该规划相关的重大问题，以及各问题之间的相互关系及已经造成的影响。

2. 现状分析

（1）分析社会经济背景及相关的社会、经济与环境问题，确定当前主要环境问题及其产生原因。

（2）分析生态敏感区（点），如特殊生境及特有物种、自然保护区、湿地、生态退化区、特有人文和自然景观以及其他自然生态敏感点等，确定评价范围内对被评价规划反应敏感的地域及环境脆弱地带。

（3）分析环境保护和资源管理，确定受到规划影响后明显加重，并且可能达到、接近或超过地域环境承载力的环境因子。

3. 环境限制因素分析

可以从下列几个方面分析对规划目标和规划方案实施的环境限制因素：

（1）跨界环境因素分析（许多环境影响是跨行政管理边界的）。

（2）经济因素与环境问题的关系分析（经济效益是几乎所有规划最关注的问题。以收益最大化为目标的规划方案通常会产生较大的环境问题）。

（3）社会因素与生态压力（有些规划，如流域开发规划，可能影响到土著居民的生活方式，进而影响到环境）。

（4）环境污染与生态破坏对社会、经济及自然环境的影响。

（5）评价社会、经济、环境对评价区域可持续发展的支撑能力。

4. 环境发展趋势分析

分析在没有本拟议规划的情况下，区域环境状况/行业涉及的环境问题的主要发展趋势（即"零方案"影响分析）。"零方案"不仅是一种大的替代方案，而且代表了原始状态，它是各个规划方案环境效益的基点。实际上，规划方案的取舍正是参照其排序后决定的。

5. 现状调查、分析与评价方法

规划环评的现状调查方法与项目环境影响评价类似，常用的有资料收集与分析，现场调查与监测等，以及专业判断法、叠图法与地理信息系统集成法、会议座谈、调查表等方法。

二、环境因素识别及分析评价

（一）规划环境影响的产生及类型

在规划环境影响评价中，先识别环境可行的规划方案实施后可能导致的主要环境影响及其性质，编制规划的环境影响识别表，然后结合环境目标，最终选择评价指标。规划的环境影响识别与确定评价指标的关系如图6-4所示。

1. 规划环境影响的发生方式

规划环境影响的发生方式有两个方面。一是可以直接或间接分解为若干具体项目或工程，项目及工程建设与运营将造成一定环境影响；二是根据产业组织学的结构行为绩效理论，规划作用于市场，市场结构的改变带动企业生产行为或个人消费行为改变，行为又决定市场运行的各

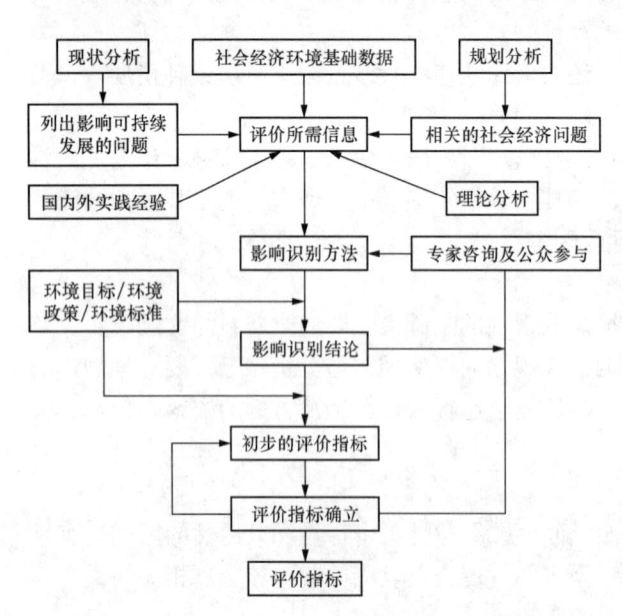

图6-4　环境影响识别与确定评价指标关系图

方面绩效，其中包括环境影响。规划环境影响的发生及方式如图6-5所示。

2. 规划环境影响识别的内容

规划环境影响识别就是通过系统地检查拟实施规划的各项"活动"与各环境要素之间的关系,识别可能的环境影响,包括环境影响因子识别、影响范围识别、时间跨度识别等。

(1) 影响因子识别。规划环境影响因子识别包括影响类型识别和污染形式识别,确定大气、水和噪声等环境影响因子,以及 TSP、SO_2、COD 等污染物或水土流失、植被覆盖率减少等其他形式的生态影响。

(2) 影响范围识别。影响范围包括规划实施区域及其以外的其他受影响区域。规划对于实施区域以外产生环境影响是通过经济系统和环境介质传输的,如跨国水域污染问题、酸雨问题等。

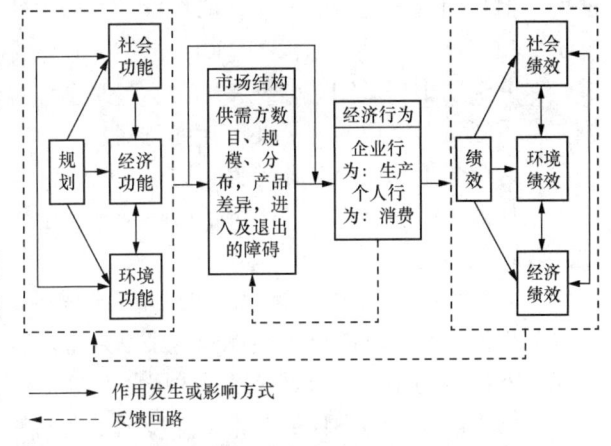

图 6-5 规划环境影响发生及方式

(3) 时间跨度识别。一个规划被终止后,受其影响而形成的思想观念、经济结构、经济布局等不能马上终止,而是作为原有规划的惯性继续作用于周围环境,甚至作用很长时间。具体的时间跨度应综合该规划层次性、有效期、实施区域的社会文化背景及人们的认可程度来确定。

3. 规划环境影响识别的环境影响性质划分

按照拟实施规划的各项"活动"对环境要素的作用属性,环境影响可以划分为有利影响、不利影响,直接影响,间接影响,短期影响,长期影响,可逆影响、不可逆影响等。环境影响的程度和显著性与拟实施规划的各项"活动"特征、强度以及相关环境要素的承载能力有关。

有些环境影响可能是显著或非常显著,在对规划实施做出决策之前,需要进一步了解其影响的程度、所需要或可采取的减缓、保护措施以及防护后的效果等,有些环境影响可能是不重要的,或者说对规划的决策、规划的管理没有什么影响。环境影响识别的任务就是要区分、筛选出显著的、可能影响规划决策和管理的、需要进一步评价的主要环境影响或问题。

4. 规划环境影响识别的环境影响程度划分

在环境识别中,可以使用一些定性的,具有"程度"判断的词语来表征环境影响的程度,如"重大"影响、"轻度"影响、"微小"影响等。这种表达没有统一的标准,通常与评价人员的文化、环境价值取向和当地环境状况有关。但是这种表述给"影响"排序、制定其相对重要性或显著性是非常有用的。在环境影响程度的识别中,通常按 3 个等级或 5 个等级来定性地划分影响程度。按 5 级划分不利环境影响的具体内容如下。

(1) 极端不利影响。即外界压力引起某个环境因子无法替代、恢复与重建的损失,此种损失是永久的,不可逆的。如某濒危的生物种群或有限的不可再生资源遭受绝灭威胁,对人群健康有致命的危害以及对独一无二的历史古迹造成不可弥补的损失等。

(2) 非常不利影响。即外界压力引起某个环境因子严重而长期的损害或损失,其代替、恢复和重建非常困难和昂贵,并需很长的时间。如造成稀少的生物种群濒危或有限的、不易得到的可再生资源严重损失,对大多数人健康严重危害或者造成相当多的人群经济贫困。

(3) 中度不利影响。即外界压力引起的某个环境因子的损害或破坏,其替代或恢复是可能的，但相当困难且可能要较高的代价，并需比较长的时间。如对正在减少或有限供应的资源造成相当损失，对当地优势生物种群的生存条件产生重大变化或严重减少。

（4）轻度不利影响。即外界压力引起某个环境因子的轻微损失或暂时性破坏，其再生、恢复与重建可以实现，但需要一定的时间。

（5）微弱不利影响。即外界压力引起某个环境因子暂时性破坏或受干扰，此级敏感度中的各项使人类能够容忍的，环境的破坏或干扰能较快地自动恢复或者再生，或者其替代与重建比较容易实现。

不同类型的规划对环境产生影响的方式是不同的，对于含有产生工业污染物排放影响的工业类规划，有明确的有害气体和污染物发生，其产生的影响可追踪识别其影响方式，而对于以生态影响为主的"非污染类规划"，可能没有明确的有害气体和污染物发生，需要仔细分析规划"活动"与各环境要素、环境因子之间的关系来识别影响过程。

（二）规划环境影响评价环境影响识别的技术方法

1. 清单法

清单法是指将可能受开发方案影响的环境因子和可能产生的影响性质，通过核查在一张表上一一列出，然后对核查的环境影响给出定性或半定量的评价的识别方法，故亦称"列表清单法"或"一览表法"。

应尽可能全面地把受规划影响的经济行为要素、经济行为改变所导致的环境因素列出。在构造识别清单时，应注意以下四个方面：①检验规划及其涉及经济活动的全过程。从规划的制订、执行、调整等以及工程项目的建设、运行、遗弃等全过程考虑其可能的影响因子；②关注直接的环境影响，也应关注间接的环境影响；③关注更为广泛的范围，除了关注规划执行区域内的因素，还应关注规划实施区域以外的其他受影响区域的相关因素；④广泛的咨询和征求意见。

以某区域开发规划为例，说明清单法在环境影响识别中的运用。区域开发活动环境影响识别的主要内容包括五方面：①环境污染源识别，确定可能产生环境问题的开发活动；②环境污染因子识别，确定区域开发可能产生的主要环境影响因子，如 SO_2、烟尘、COD、氨氮等；③环境影响要素识别，确定可能受到区域开发影响的环境要素，如地表水、空气、土壤等；④环境影响性质识别，确定区域开发带来的环境影响是长期的还是短期的、是可逆的还是不可逆的；⑤影响范围识别，确定区域开发的空间影响范围，包括开发区域及其以外的其他受影响区域。

该规划的环境影响识别程序为：①对区域开发方案或规划进行全面的、系统的分析，确定开发活动所涉及的范围、内容、时段；②确定识别方法；③对区域开发方案或规划的内容进行分析，判定开发活动的每一部分可能产生的环境影响因子，识别其能对哪些环境产生影响，分析确定影响和决定污染物产生、排放及制约污染治理的因素，确定影响范围、影响性质，具体步骤如图 6-6 所示。

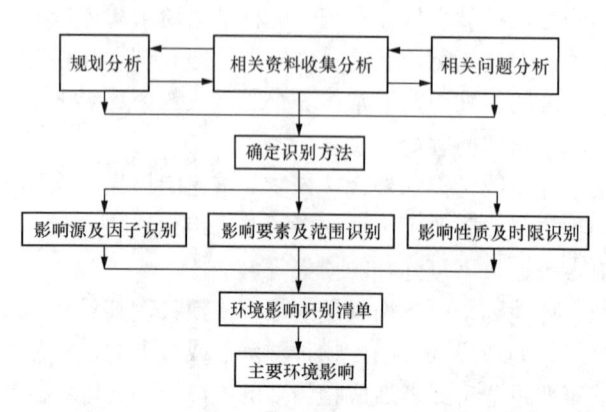

图 6-6 区域开发环境影响识别程序及主要内容

表 6-2 为某综合性区域开发环境影响识别结果。

表 6-2　　　　　　　　某综合性区域开发环境影响识别结果

发生源（开发活动）	环境污染因子	环境影响要素									环境影响性质			
		地表水	地下水	空气	声环境	土壤	生态	景观	小气候	人居环境	长期	短期	可逆	不可逆
人口	生活污水	√	√			√	√		√	√			√	
	生活垃圾	√	√			√	√			√				
开发项目	废水	√	√				√			√	√			
	固体废物	√				√	√			√				
	噪声				√					√	√			
	废气			√						√				
交通	汽车尾气			√			√			√			√	
	汽车噪声				√					√				
	扬尘			√						√				
基础设施（主要是污水厂、集中供热工地）	SO₂、烟尘			√						√				
	噪声				√					√				
	废水	√	√							√				
	恶臭			√										
	固体废物	√	√			√	√	√		√				
占地	改变用地性质	√	√			√	√	√	√	√				√
	破坏地表植被					√	√	√				√	√	
施工过程	施工机械			√	√					√			√	
	施工人员	√	√	√	√					√			√	
	施工活动													
	施工材料	√	√	√	√		√	√			√	√		

2. 矩阵法

清单法和矩阵法都是环境影响综合评价的基本方法，清单法是矩阵法的基础，矩阵法则是清单法的特殊综合表现形式。

矩阵法是将战略及受其影响的经济行为以及环境因素作为矩阵的行与列，并在相对应位置填写用以表示行为与环境因素之间的因果关系的符号或数字。矩阵是一种用来量化人类的活动和环境资源或相关生态系统之间的交互作用的二维核查表。它们本来用于评估一个项目和行动与环境资源之间相互作用的大小和重要性，现在已被扩展到用于考察一个规划或多项行动对环境的影响。

矩阵法有简单矩阵、定量的分级矩阵（即相互作用矩阵，又叫 Leopold 矩阵）、Phillip-Efilipi 改进矩阵、Welch-Lewi 三维矩阵等。相互作用矩阵适用于规划的环境影响评价。相互作用矩阵分成上下两部分，上方为规划因素与经济行为之间的因果关系，下方是经济行为与受其影响的环境因子之间的因果关系。如果环境因子之间相互作用还会引起其他环境影响，则可在下方的右侧接着建立第三部分矩阵。分步矩阵是矩阵法的一种，也可看成是三维矩阵的"变形"。它可以表示初始活动产生的第二级或第三级影响，从而跟踪其对环境的影响链。例如，活动1导致资源A发生变化，这一变化又进一步引起资源B发生变化。因此，分步矩阵可以起到网络法的作用。

以铁路规划为例，说明矩阵法在环境影响识别中的应用。铁路建设线长点多，工程数量较大，建设时间长。铁路规划的环境影响主要发生在铁路建设期和运营期。铁路建设期的环境影响主要表现为土地占用、水土流失、生态破坏；运营期的环境影响主要表现为列车运行及相关配套设施如车、机、工、电段和车站排放的废气、污水、固体废物、粉尘以及噪声、振动、电磁辐射等带来的环境污染以及线性工程造成的生境切割。另外，铁路建成后，改善了沿途城镇的基础交通条件，随之而来的城市化过程将使车站周围区域的生态成分产生显著变化。如土地利用状况及利用目的向城市用地转变，引起土地硬化，从而改变了地面的生态特性流动人数增多，人口密度增加，交通量和物流量的增大带动区域经济的发展，导致污水、废气、噪声、固体废物等各类污染物排放增加。在环境敏感地带和环境容量较为有限的地区，影响会更为突出。以铁路规划在建设期和运营期的主要活动为列，以主要环境影响为行组成矩阵，分析各种活动与环境影响之间的关系，并附以不同的分值和符号表示环境影响的程度和性质，从中筛选铁路规划可能引发的主要环境问题及评价因子。表 6-3 即为铁路规划环境影响评价环境影响识别矩阵。

表 6-3　　　　　　　　铁路规划环境影响评价环境影响识别矩阵

生命周期	主要活动	影响程度	生态环境					能源		环境风险			环境污染					社会经济	
			特殊敏感区	土地占用	水土流失	生物多样性	景观影响	年耗电量	吨公里耗能	危险品泄漏	地质灾害	水资源漏失	大气环境	噪声	振动	水环境	固体废物	电磁污染	征地拆迁	地区经济
	影响程度		III	III	II	II	II	II	I	II	II	II	II	III	II	II	II	I	I	II
建设期	路基	III	-2P	-3I	-2R	-2P	-2P				-2P		-1R	-1R	-1R	-1R	-1P		-2I	
	桥涵	II		-1P	-1R	-1P	-1P				-2P		-1R	-1R	-1R	-1R				
	隧道	II	-1P		-2R	-1P	-1P				-2P	-3R	-1R	-1R	-1R	-1R	-2P			
	房屋建筑	II		-1I	-1R	-1P	-1P										-1P		-1I	
	环保工程	II		+2		+3	+3				+1	+3		+2	+2	+2				
	临时工程	I		-2R	-2R	-1R								-1R		-2P				
	人员活动	I	-1P			-1P								-1R	-1R					+1
运营期	客、货运	III	-3P	-2I				-2P					-1P	-3P	-3P	-2P	-2P			+3
	机务车辆	II		-1I				-1I		-3P			-1P	-1P	-1P	-2P	-2P			+1

续表

生命周期	主要活动	影响程度	生态环境				能源		环境风险			环境污染						社会经济
||| 特殊敏感区	土地占用	水土流失	生物多样性	景观影响	年耗电量	吨公里耗能	危险品泄漏	地质灾害	水资源漏失	大气环境	噪声	振动	水环境	固体废物	电磁污染	征地拆迁	地区经济
运营期	牵引供电	II	−1I			−3P	−2P			−2P	−1P		−1P	−1P	−2P			
	站场作业	II	−1I			−1I		−1R		−1P	−1P	−1P	−2P	−2P			

注 1 单一环境影响识别，反映某一种工程活动对某个环境要素的影响，其影响程度按下列符号识别：+——有利影响；−——不利影响；1——轻微影响；2——一般影响；3——较大影响；R——可逆影响；I——不可逆影响；P——部分可逆影响。

2 综合影响（或累计）：反映某一工程活动对各个环境要素的综合影响，或反映某个环境要素受客观存在所有工程活动的综合影响。影响程度按下列符号识别：III——重大影响；II——一般影响；I——轻微影响。

3. 其他方法

规划环境影响评价环境影响识别的其他方法包括 GIS 支持下的叠加图法、系统流图法、层次分析法、情景分析法等。

叠图法在环境影响评价中的应用包括通过应用一系列的环境、资源图件叠置来识别、预测环境影响，标示环境要素、不同区域的相对重要性以及表征对不同区域和不同环境要素的影响。将评价区域特征包括自然条件、社会背景、经济状况等的专题地图叠放在一起，形成一张能综合反映环境影响的空间特征的地图。叠图法用于涉及地理空间较大的建设项目，如"线型"影响项目公路、铁道、管道等和区域开发项目。

网络法是采用因果关系分析网络来解释和描述拟建项目的各项"活动"和环境要素之间的关系。除了具有相关矩阵法的功能外，可识别间接影响和直接影响。网络法是用网络图来表示活动造成的环境影响以及各种影响之间的因果关系。多级影响逐步展开，呈树枝状，因此又称影响树。网络法可用于规划环境影响识别，包括累积影响或间接影响。网络法主要有两种形式：①因果网络法，实质是一个包含有规划与其调整行为、行为与受影响因子以及各因子之间联系的网络图。②影响网络法，是把影响矩阵中的关于经济行为与环境因子进行的综合分类，以及因果网络法中对高层次影响的清晰的追踪描述结合进来，最后形成一个包含所有评价因子即经济行为、环境因子和影响联系的网络。图 6-7 为一个内容全面的环境影响识别网络图，这个网络图识别出了与沿海区域开发相关的各种原因、干扰因素、主要影响和次级影响。

系统流图法是将环境系统描述成为一种相互关联的组成部分，通过环境成分之间的联系来识别次级的、三级的或更多级的环境影响，是描述和识别直接和间接影响的非常有用的方法。系统流图法利用进入、通过、流出一个系统的能量通道来描述该系统与其他系统的联系和组织。系统图指导数据收集，组织并简要提出需考虑的信息，突出所提议的规划行为与环境间的相互影响，指出哪些需要更进一步分析的环境要素。系统流图法描述一个有因果关系的网回路或系统图中的环境或社会的各种组分，让使用者通过一系列链接关系追踪原因和结果。它可以分析各种活动带来的多样影响，追踪那些由直接影响对其他资源产生的间接影响。这样就可以确定一项规划对各个资源、生态系统和人类社区的多重影响的累积。系统流图法常常是识别一个规划产生累积效应的原因和结果关系的最佳方法。图 6-8 是一个环境影响识别的系统流图，可以看出，该图通过环境成分的相互关系，表达了从空中喷洒除草剂带来的环境逐级以及累积影响。

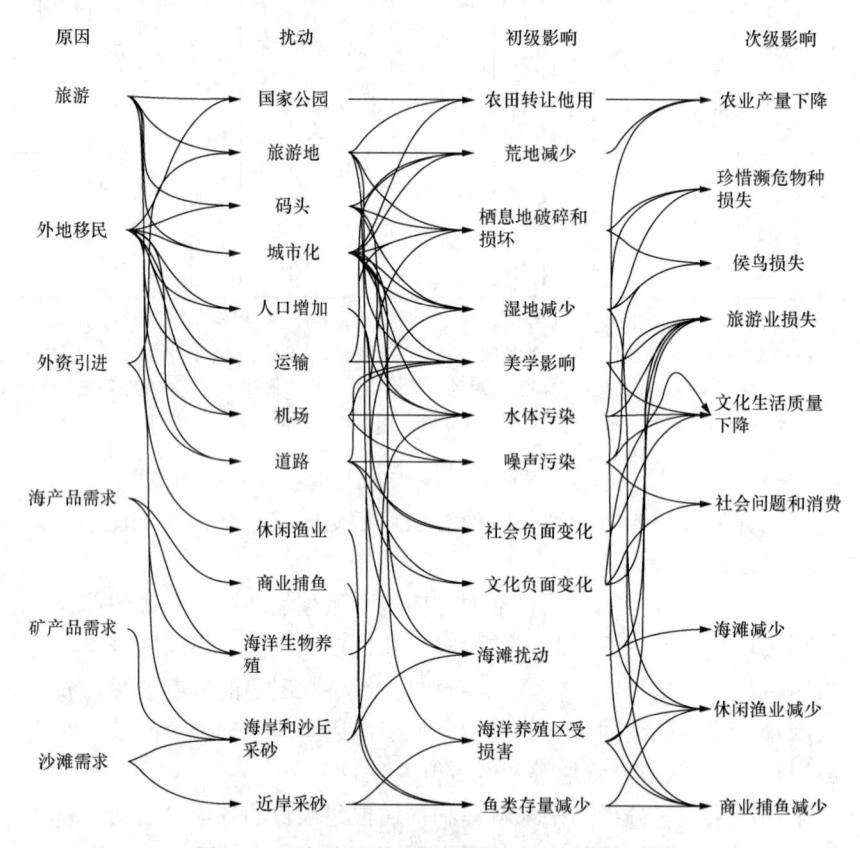

图 6-7 沿海地区发展规划的原因——后果网络

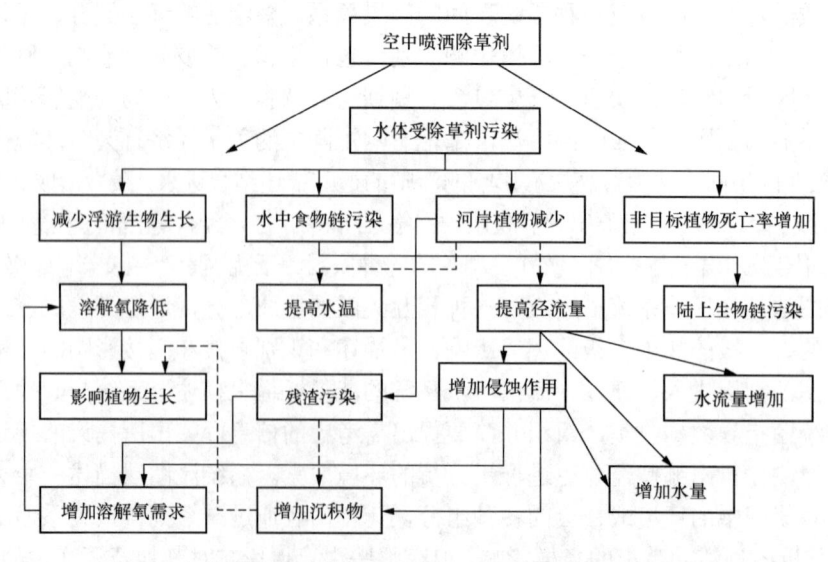

图 6-8 从空中喷洒除草剂对水生生态系统直接影响的系统流图

情景分析法是将规划方案实施前后、不同时间和条件下的环境状况，按时间序列进行描绘的一种方式，可以用于规划的环境影响的识别环节。情景是对未来状态和途径的描述，描述的内容既包括对各种态势基本特征的定性和定量描述，又包括对各种态势发生可能性的描述。情景分析是就某一主题或某一主题所处的宏观环境进行分析的一种特殊研究方法。情景分析方法具有以下特点：①可以反映出不同的规划方案经济活动情景下的环境影响后果，以及一系列主要变化的过程，便于研究、比较和决策；②情景分析法还可以提醒评价人员注意开发行动中的某些活动或政策可能引起重大的后果和环境风险；③情景分析方法需与其他评价方法结合起来使用；④情景分析法给出了更多反映不确定性的参考数据，给出了降低不确定性的方法，从而使战略行为更加完善，能够对影响进行预防。但利用情景分析法进行环境影响识别需要大量的时间和资源，可操作性较差。图6-9即为情景分析法的分析步骤。

（三）规划环境影响评价指标的确定

1. 规划环境影响评价指标确定流程

规划环境影响评价应以环境影响识别为基础，结合规划及环境背景调查情况，规划所涉及部门或区域环境保护目标，并借鉴国内外的研究成果，通过理论分析、专家咨询、公众参与，初步确定评价指标，并在评价工作中补充、调整、完善。

规划环境影响评价的评价指标建立流程如图6-10所示。

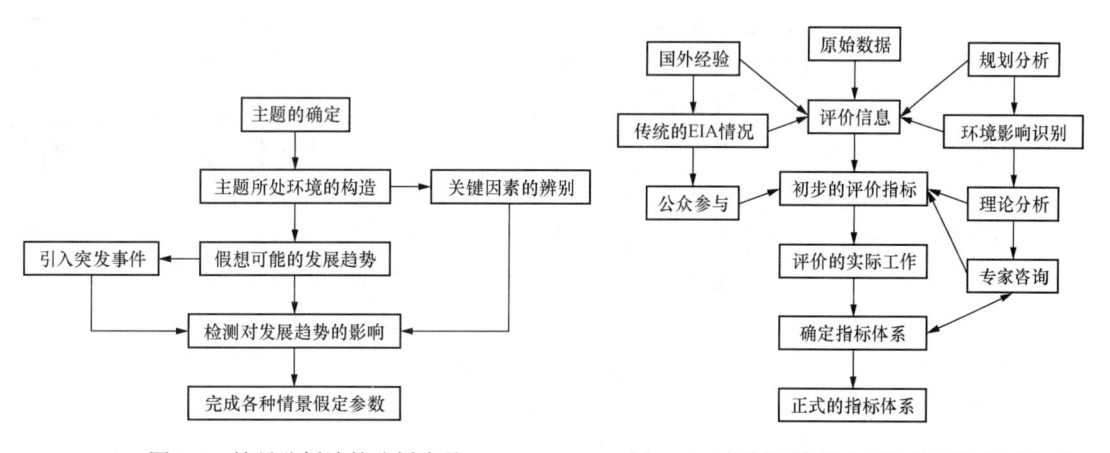

图6-9 情景分析法的分析步骤

图6-10 规划环境影响评价的评价指标体系建立的流程

规划环境影响评价指标体系建立的主要步骤包括：

（1）指标体系层次结构的建立。规划环境影响评价指标体系可划分为目标层、准则层和指标层。指标的选择应从区域现状及存在主要问题出发，围绕规划环境影响的范围和特点，依据规划环境影响评价指标体系的建立原则进行。规划环境影响评价中的环境目标包括规划涉及的区域的环境保护目标及规划设定的环境目标。评价指标是环境目标的具体化描述，评价指标可以是定性的或定量化的，是可以进行检测、检查的。

（2）基本指标的选择。基本指标可以从已建成的其他相关指标体系中选取，但必须注意要结合本次规划环境影响评价的特点进行选取。选取时注意以下几点：①选择的指标应直接与规划指定的目标关联，尽量采用能定量表达的指标；②指标体系包含的指标数目，宜少而精;③指标体系应有层次性,各层次中的各项指标也应有主次。

(3) 指标体系的筛选。建立规划环境评价指标体系要紧密结合评价对象的特点,提高可操作性。在选择指标时,应在规划环境识别的基础上,以统计数据为基础,结合规划分析及环境背景调查情况,同时借鉴国外研究和实际工作中的指标设置及项目环境评价指标,首先从原始数据中筛选出评价信息,然后通过理论分析、专家咨询、频度统计法、相关性分析和公众参与等方法初步确立评价指标。通过多层次的筛选,得到内涵丰富又相对独立的指标所构成的评价指标体系,并在评价工作进展中根据实际情况补充、调整、最后完善成正式的指标体系。

(4) 评价标准的选取。对规划环境影响评价的评价指标进行判断时,需要依据一定的标准和准则。规划环境影响评价标准的设置原则为:①尽量采用已有的国家、行业、地方或国际标准;②对于缺少相应的法定标准的,可参考国内外同类评价时常用的标准;③基于评价区域的社会经济发展规划目标,确定理想值标准;④通过"专家咨询"、"公众参与及协商"确定规划环境影响评价标准。

2. 规划环境影响评价指标体系的构成

规划环境影响评价是战略环境评价的组成部分,因此,规划环境影响评价应站在区域发展战略的高度,综合评价区域发展规划的实施条件、可能性及途径,并应充分考虑各个环境要素累积效应的影响、能源及资源利用而产生的影响、项目建设对社会经济的影响及由此而产生的间接环境影响等。规划环境影响评价的评价指标应包括资源可持续利用指标、环境质量指标、社会可持续发展指标等三个方面。

(1) 资源可持续利用指标。资源的可持续利用是环境可持续发展的目标之一,没有资源的可持续利用,就没有环境可持续发展,也没有人类社会的可持续发展。因此本指标体系可以选定土地资源、水资源、森林资源、草原资源、能源和矿产资源作为评价对象。

(2) 环境质量指标。区域总体建设包括了各个产业、多个行业的发展,对于除海洋以外的多种环境要素的质量均会产生影响,因此,环境质量指标包括了除海洋以外的水、大气、土壤、声学环境及固体废物五个方面,其中水环境质量包括地表水环境和地下水环境,大气环境包括了环境空气质量、气候变化、臭氧层破坏和酸雨等。

(3) 社会可持续发展指标。社会的可持续发展包括了精神财富和物质财富的可持续发展,其中对环境要素的质量会产生影响的主要有人口、经济和其他社会指标,例如文化遗产、自然和人工景观和移民迁建等方面。

区域规划环境影响评价的具体评价指标如表 6-4 所示。

表 6-4　　　　　　　　区域规划环境影响评价的评价指标

准则层		驱使力指标	状态指标	响应指标
资源可持续利用	土地资源	土地流失面积比例(%) 盐碱化土地面积比例(%) 荒漠化土地面积比例	人均耕地面积(hm^2/人) 人均可利用土地资源面积(hm^2/人)	新开垦耕地面积与占用耕地面积比例 土地退化治理率(%)
	水资源	万元 GDP 水资源消耗量(m^3/万元) 人均用水量[L/(人·日)]	人均水资源量(m^3/人) 耕地亩均水资源量(m^3/hm^2)	工业用水循环利用率(%) 蓄水工程总库容占总设计库容比例(%)

续表

准则层		驱使力指标	状态指标	响应指标
资源可持续利用	森林资源	木材采伐强度	森林覆盖率（%） 天然林面积比例（%） 人均木材蓄积量（m³/人）	森林管理面积比率（%） 森林保护面积占森林总面积比例（%）
	草地资源	退化草地面积比例（%） 亩均草地载畜量（羊单位/hm²）	人均草地面积（hm²/人） 每年亩均草地产草量（kg/hm²）	草地资源建设投入产出比 亩均草地建设投入（元/hm²） "三化"草地治理率（%）
	能源	万元GDP能源消耗（t标准煤/万元） 万元工业产值能源消耗（t标准煤/万元）	人均非再生能源储量（t标准煤/万元） 人均能源总量（t标准煤/万元）	清洁能源在能源结构中所占比例（%） 能源利用效率（%） 可再生能源利用百分比（%）
	矿产资源	原材料型矿产资源年开采量占总保有量比例（%）		矿山生态环境恢复治理率（%）
	物种资源	濒危物种比例（%）	生物多样性指数	自然保护区面积占区域总面积比例（%）
环境质量	水环境	人均生活污水排放量[L/(人·日)] 万元GDP工业污水排放量（m³/万元） 万元GDP主要水环境污染物(COD、BOD、氨氮、挥发酵和石油类污染物)排放量[t/(年·万元)]	河流功能区水质达标率（%） 湖库水质达标率（%） 地下水水质达标率（%） 集中式饮用水源地水质达标率（%）	城市污水纳管率（%） 城市生活污水处理率（%） 工业废水达标排放率（%）
	大气环境	万元工业产值废气排放量（m³/万元，标况下） 人均温室气体、臭氧层破坏物质年排放量[kg/(人·年)] 万元GDP主要环境空气污染物（SO₂、NO₂）排放量（t/万元）	城市空气质量指数平均值 城市主要空气污染物（SO₂、NO₂、PM10、PM2.5、TSP）年日均或时均浓度（mg/m³，标况下） 城镇环境空气质量达标率（%）	机动车尾气排放达标率（%） 工业废气排放达标率（%） 城市集中供热率（%） 城市煤气化比率（%） 烟尘控制区覆盖率（%）
	土壤环境	单位农田农药施用量（kg/hm²） 单位农田化肥用量（kg/hm²）	耕地土壤环境质量达标率（%）	有机肥占化肥总量比例（%）
	声学环境		城市区域环境噪声平均值[dB(A)]（昼/夜） 城市交通干线两侧噪声平均值[dB(A)]（昼/夜）	城市交通干线噪声达标率（%） 城市化区域环境噪声达标区覆盖率（%） 居民区环境噪声达标率（%）
	固体废物	人均生活垃圾年产生量[kg/(人·年)] 万元工业产值固体废弃物产生量（t/万元） 万元工业产值危险废物产生量（t/万元）	人均固体废物累积量（t/人）	工业固体废物处理处置率（%） 工业固体废物综合利用率（%） 城市生活垃圾无害化处理率（%）
	地质环境		地下水位变化（m/年） 地面高程变化（m/年）	地下漏斗面积占区域面积比例（%） 发生地面下沉面积占区域面积比例（%）

续表

准则层		驱使力指标	状态指标	响应指标
社会可持续发展	人口		人口自然增长率（%）	
			人口密度（人/km²）	
			人均期望寿命（年）	
	经济		环保投资占GDP比例（%）	
			生态建设投资占GDP比例（%）	
			人均环保产业产值[万元/(人·年)]	
	其他		新增景观数量与破坏景观数量比值	
			交通要道沿线保护率（%）	
			移民迁建率（%）	
			公众满意度（%）	

（四）规划环境影响预测

1. 预测要求

应对所有规划方案的主要环境影响进行预测。这就为对规划方案的环境比较提供了基础，使得规划编制人员和决策者有更多的机会来选择环境可行、环境优化的规划方案。规划环境影响评价是评价多个规划方案，而不是只寻找一个推荐方案的替代方案。

2. 预测内容

环境影响预测，包括其直接的、间接的环境影响，特别是规划的累积影响；规划方案影响下的可持续发展能力预测。由于规划层次的不同，涉及的行业/区域不同、规划的社会经济活动不同，不能像建设项目环境影响预测那样提出如预测某几种大气污染物的浓度，而只能原则性地提出预测直接影响、间接影响和累积影响。

3. 预测方法

预测方法一般有类比分析法、系统动力学法、投入产出分析、环境数学模型、情景分析法等。

（五）规划的环境影响分析与评价

1. 分析与评价的内容

应对规划方案的主要环境影响进行分析与评价。分析与评价的主要内容包括：

（1）规划对环境保护目标的影响。

（2）规划对环境质量的影响。

（3）规划的合理性分析，包括社会、经济、环境变化趋势与生态承载力的相容性分析。

2. 分析评价方法

评价方法一般有加权比较法、费用效益分析法、层次分析法、可持续发展能力评估、对比评价法、环境承载力分析等。

由于规划的种类繁多，涉及的行业千差万别，因此，目前还没有针对所有规划环境影响评价的通用方法，很多适用于建设项目环境影响评价的方法可以直接用于规划环境影响评价，但可能在详尽程度和特征水平上有所不同。

由于规划的影响范围和不确定性较大，对规划的环境影响预测、评价时可以更多地采用定性和半定量的方法，即可选用那些适用于大尺度研究的方法。

3. 累积影响分析

累积影响分析应当从时间、空间两个方面进行；常用的方法有专家咨询法、核查表法、矩阵法、网络法、系统流图法、环境数学模型法、承载力分析、叠图法+GIS、情景分析法等。

与建设项目相比较，由于规划可能涉及或引导一系列的经济活动，累积影响必须要考虑。

三、环境减缓措施及对策建议

（一）环境影响减缓措施

在规划环境影响的预测与评价基础上，首先应对具有显著的、不可接受的环境影响的规划方案提出针对性地减缓措施，并分析采取减缓措施后的环境影响是否降低到可接受的水平，以及减缓措施的费用是否合理或可以承担；然后确定该规划方案是否为环境可行的规划方案；再次，将所有的环境可行的规划方案进行汇总、排序并优选；最后提供或建议环境可行的推荐方案。

1. 环境保护对策与减缓措施

在拟定环境保护对策与措施时，应遵循"预防为主"的原则和下列优先顺序：

（1）预防措施。用以消除拟议规划的环境缺陷。

（2）最小化措施。限制和约束行为的规模、强度或范围使环境影响最小化。

（3）减量化措施。通过行政措施、经济手段、技术方法等降低不良环境影响。

（4）修复补救措施。对已经受到影响的环境进行修复或补救。

（5）重建措施。对于无法恢复的环境，通过重建的方式替代原有的环境。

2. 供决策的环境可行规划方案

（1）环境可行的规划方案。根据环境影响预测与评价的结果，对符合规划目标和环境目标要求的规划方案进行排序，并概述各方案的主要环境影响，以及环境保护对策和措施。

（2）环境可行的推荐方案。对环境可行的规划方案进行综合评述，提出供有关部门决策的环境可行推荐规划方案，以及替代方案。

（二）结论性意见与建议

1. 评价结论的形式

通过上述各项工作，应对拟议规划方案得出下列评价结论中的一种：

（1）建议采纳环境可行的推荐方案。

（2）修改规划目标或规划方案。

（3）放弃规划。

2. 建议采纳环境可行的推荐方案

最初的规划设想或草案，经过分析、优化，可能会因为各种因素而被淘汰。某些符合规划的社会经济发展目标的规划方案，可能因为不符合环境目标而需要修改或干脆淘汰。在规划编制与环境评价融合的循环过程中，实际上最终结论只有两者取其一，即采纳环境可行的规划方案，或是因为规划目标不合适无法找到环境可行的规划方案或提出的规划方案不如所谓的"零方案"而放弃规划。在环境专家与规划专家意见相左时，规划环境影响评价的结论可能表述为修改规划目标或规划方案，提交给决策者权衡决策。

3. 修改规划目标或规划方案

通过规划环境影响评价，如果认为已有的规划方案在环境上均不可行，则应当考虑修改规划目标或规划方案，并重新进行规划环境影响评价。

修改规划方案应遵循如下原则：

（1）目标约束性原则。新的规划方案不应偏离规划基本目标，或者偏重于规划目标的某些方面而忽视了其他方面。

（2）充分性原则。应从不同角度设计新的规划方案，为决策提供更为广泛的选择空间。

（3）现实性原则。新的规划方案应在技术、资源等方面可行。

（4）广泛参与的原则。应在广泛公众参与的基础上形成新的规划方案。

4. 放弃规划

通过规划环境影响评价，如果认为所提出的规划方案在环境上均不可行，则应当放弃规划。

四、跟踪监测

对于可能产生重大环境影响的规划，在编制规划环境影响评价文件时，应拟定环境监测与跟踪评价计划和实施方案。

（一）环境监测与跟踪评价计划的基本内容

1. 列出需要进行监测的环境因子或指标。
2. 环境监测方案与监测方案的实施。
3. 对下一层次规划或推荐的规划方案所含具体项目环境影响评价的要求。

（二）监测

利用现有的环境标准和监测系统，监测规划实施后的环境影响，以及通过专家咨询和公众参与等，监督规划实施后的环境影响。

（三）跟踪评价

评价规划实施后的实际环境影响；规划环境影响评价及其建议的减缓措施是否得到了有效的贯彻实施；确定为进一步提高规划的环境效益所需的改进措施；该规划环境影响评价的经验和教训。

第七章

环境影响的经济分析

环境影响经济分析，就是要估算某一建设项目、规划或政策所引起的环境影响的经济价值，并将经货币量化的经济价值纳入建设项目或规划的经济费用效益或费用效果分析中去，以判断这些环境影响对该项目、规划的可行性会产生多大影响。对负面的环境影响，估算出的是环境成本；对正面的环境影响，估算出的是环境效益。环境影响经济分析是环境影响评价的一项重要工作，是对建设项目或规划进行可行性判定的重要依据。

第一节 环境影响经济分析的必要性及方法选择

一、环境影响经济分析的必要性

在环境影响评价中进行环境影响经济分析具有重要的理论意义和实践意义，这主要体现在以下几个方面：

（一）环境影响评价中体现可持续发展战略的要求

我国政府早在20世纪90年代就制定了明确的可持续发展战略。但是，要使我国可持续发展战略付诸实践，还必须使可持续发展战略具体化，将其纳入各种开发活动的管理体系中考虑。具体而言，就是在项目投资、区域开发或政策制定中对其所造成的环境影响进行环境影响经济分析，以此进行综合的评估和判断，从而确定这些活动能否达到可持续发展的要求。

（二）环境影响评价中体现国民经济核算体系发展的要求

传统的国民经济核算体系没有考虑到环境资源的作用，因此存在着重大的缺陷。要想真实地反映国民财富的状况，就必须对现有的国民经济核算体系进行改造，将环境资源的变动状况综合地反映到国民经济核算体系中去。而只有通过对环境资源进行货币化估值，才有可能用货币价值这一共同的量度将环境资源与其他经济财富统一起来。对环境影响进行经济分析，将会有利于推进把环境核算纳入我国国民经济核算体系之中的进程。

（三）进一步提高环境影响评价有效性的要求

目前，我国建设项目或区域开发，一般是先进行财务分析和投资项目经济费用效益或费用效果分析，然后由环境影响评价单位进行环境影响评价。这种以经济效益为主要目标，没有具体考虑环境影响所产生的费用和效益的评价模式，不可避免地存在诸多弊端，诸如未对环境价值进行系统分析、过分集中于建设项目而忽视了环境外部不经济性等。为了进一步提高目前环境影响评价的有效性，我们就必须将有关的经济学理论融入传统的环境影响评价之中，使环境影响评价和投资项目经济费用效益或费用效果分析有机结合起来，其结合点就是环境影响经济分析。

（四）环境影响评价体现生态补偿理念的要求

环境保护需要补偿机制，需要以补偿为纽带，以利益为中心，建立利益驱动机制、激励机制和协调机制。生态补偿制度的建立和完善，已经成为重大的现实课题。要实行生态补偿，首先面临的一个难题就是如何确定生态补偿的数额。生态补偿金的最终确定必须要有明确的科学依据，其基础就是对环境影响进行经济分析，确定生态环境影响的货币化价值。

二、环境影响货币量化分析的主要方法

投资项目的环境影响货币量化经济分析有多种方法，并可从不同角度对这些方法进行分类。

（一）观察法和假设法

环境影响货币量化分析方法可以根据如下两个特性来进行分类：①数据是来自于人们选择的真实行为，还是对假设问题的回答；②该方法是能够直接得出货币化价值，还是必须通过一些以个人行为和选择模型为基础的间接方法推断出货币化价值。据此可把环境影响货币量化分析方法分为以下四类。

1. 直接观察法

这些观察是以人们使其效用最大化的真实选择为基础的，由于选择是以真实价格为基础的，因此数据直接以货币化单位表示。属于此类方法的有竞争性市场价格法以及模拟市场法。

2. 间接观察法

与直接观察法一样，也是以反映人们的效用最大化的真实行为为基础的，其原理是：尽管环境资源服务没有价格，但它们的数量会影响到其他商品的市场价格，因此根据其他商品的市场价格变化就可推算出环境资源的隐含价值。其中的一种方法是复决投票法，其原理是：如果提供给个人一定数量的可供自由选择的商品，且其价格是固定的，那么对个人选择行为的观察就可以揭示出个人赋予该商品的价值是大于还是小于给定的价格。其他的方法主要有内涵房地产价值法、内涵工资法、家庭清洁费用法、防护支出法、旅行费用法等。

3. 直接假设法

即提供一个假设市场，直接访问消费者对在假设市场条件下的环境服务的经济价值。例如，要求人们对拟建项目可能造成的环境服务的改变给予价值评价，调查在给定的价格水平下，人们意愿"购买"多少这类环境服务。

4. 间接假设法

该方法与间接观察法不同，通过研究人们对假设问题的反应，而不是观察人们的真实选择来获得数据。间接假设法包括意愿排列、意愿调查活动、意愿调查投票等方法。

（二）客观评价法和主观评价法

1. 客观评价法

客观评价法是建立在描述因果关系的实物量关系式的基础之上，对各种影响的原因进行客观衡量的分析方法，主要包括生产能力变动法、疾病成本法、人力资本法、机会成本法、置换/恢复成本法等。客观评价法中采用的"损害函数"，是将项目对环境的损害状况（如大气污染物的排放种类和水平）同自然资源或财产（如对建筑物的损害）、人体健康的损害程度（如呼吸道疾病发病率的增加）联系起来。客观评价法隐含着这样一种假设：避免损害的净价值至少与如果这种损害真的发生时所产生的成本相等，并假定任何有理智的人，为了预防损害的发生，都愿意支付低于或等于所预计的环境影响所造成的成本。但是，对较多损害

第七章 环境影响的经济分析

或较少损害的偏好都是假设的而不是实际发生的，但估算的结果并没有与个人的效用函数相联系，因此可能出现偏差。

2. 主观评价法

主观评价法是建立在以真实的或假设的市场行为所表达的或揭示的可能损害而进行的主观评价的基础之上，主要包括防护/减轻支出法、隐含价值法（房地产/土地价值法、工资差异法）、旅行费用法和意愿调查评价法。主观评价法是建立在表达或揭示偏好的基础之上的，而且直接同个人的效用函数相联系，但可能由于信息的局限使得采用这种方法出现偏差。客观评价法以人们对某种错误行为和可能产生的损害之间的因果关系之间的客观认识为基础，而主观评价法则在相当程度上依赖于人们对各种行为引起的实际损害的认知程度或信息量。如果人们对各种潜在危害的认识不足，或因其他原因，并没有充分认识到这些损害的危险，他们对避免损害的支付意愿就可能被低估，或者会高估实际损害的成本。

（三）直接市场法、替代市场法和非市场评价法

从经济意义上而言，投资项目的环境影响可以分为生产能力变化、资源利用、健康及舒适愉悦性等四种类型。因此，对投资项目环境影响的货币量化分析，可以从这些方面来具体分析评价环境影响的经济费用和效益。从经济学的角度看，不论哪种分析方法，其原理都是基于消费者的支付意愿或接受补偿意愿：或者是以直接或间接市场价格体现的真实支付意愿，或是用影子价格调整过的市场价格，或是通过调查提问的方式了解消费者对特定环境服务可能的支付意愿。具体来说，当环境质量改变影响到的货物和服务存在交易市场和具有市场价格时，采用直接市场法来评价环境影响的经济价值；当相关环境服务不存在交易市场和没有市场价格，但可以找到与之相补充或替代的货物和服务，这些货物和服务有交易市场和市场价格时，用替代市场价格来评价环境影响的经济价值；当不存在上述条件时，就需要采用意愿调查评价的方法来推断支付意愿或接受补偿意愿。从这个角度看，投资项目的环境影响货币量化分析可以分别采用直接市场法、替代市场法和意愿调查评价法。

1. 直接市场法

该类方法主要是观察项目所造成环境变化对市场上货物和服务数量和质量变化的影响，然后用市场价格把这些变化换算成为货币价值。例如，水环境污染会减少渔业生产或减低水产品的质量，而水质改善则会增加渔业生产或提高水产品的质量。这些产量和质量的变化都可以用市场价格来直接估算。直接市场评价方法（Market-based method）中具体包括的评价方法有生产能力变动法、疾病成本法、人力资本法、机会成本法、重置成本法和重新安置成本法等。在环境质量变化所影响到的货物和服务具有直接交易市场的情况下，直接市场评价方法是评价项目环境影响的最易于操作的方法。

2. 替代市场法

许多环境服务没有直接的交易市场，因而也就没有市场价格，但能够找到可以替代的参照市场，利用替代市场的有关信息来间接地推断环境影响的经济价值。在此种情况下，我们可以采用替代市场法（Surrogate market approaches）来确定环境资源的经济价值。替代市场评价方法也是通过直接获取市场行为信息揭示人们的支付意愿或受偿意愿的，但这里的市场，不是所评价的相关环境资源的直接市场，而是与之相联系的替代市场，即利用某项环境服务替代物的市场价格来评价该环境服务的经济价值。替代市场评价类方法主要包括防护支出法、旅行费用法、替代产品法、内涵价值评价法和影子项目法等。

3. 非市场评价法

这里所说的非市场评价法，主要包括意愿调查评价法和成果参照法。

意愿调查评价法（Contingent Valuation Method，CVM）又称为假设评价法（Hypo-thetical Valuation Method），是采用调查的形式揭示人们赋予环境质量变化价值的一种分析方法。采用这种方法时，调查人员向被调查者提出一系列问题，通过被调查者对问题的回答了解其对环境质量改善的支付意愿或容忍环境恶化的受偿意愿。意愿调查评价法的使用最早出现于20世纪60年代初期的美国，比直接市场和替代市场评价方法的出现相对较晚，且其有效性仍受到人们的质疑。但近年来，该方法的应用日益普遍，特别是在发达国家，范围涉及水质、空气质量、生命与健康的价值、娱乐设施和野生动植物等众多领域。在20世纪80年代末期，这种方法还被美国联邦法院用来确定环境污染的补偿金进行测算的方法，认为这是该方法得到广泛接受和应用的重要原因。到20世纪90年代中期，有关意愿调查评价法应用的案例研究已多达2000项。对于许多缺乏市场交易条件或没有市场价格的环境服务，如难于找到可以利用的替代物市场的环境服务，意愿调查类方法就成为评价其价值的可供使用方法。对于选择价值的评价，意愿调查类方法是唯一可供使用的方法。

采用上述评价方法，不仅需要有大量数据的支持，而且往往还要耗费很多的费用和时间。这样，在不具备必要数据、资金和时间等条件的情况下，我们可以把在特定国家或地区运用这些评价方法分析或研究特定环境影响的成果，根据其他国家或地区的实际情况做出适当的调整后，应用于这些国家或地区类似环境影响的评价。这种方法就是所谓的成果参照法（Benefit transfer）。

三、投资项目环境影响货币量化分析方法的选择

环境影响货币量化分析方法的选择，受到多种因素的影响，包括被评价的对象、数据的可得性、时间和预算约束等。难点在于如何确定有关项目所产生的环境影响，并采用什么方法将这些影响的费用和效益进行货币量化，并纳入到整个项目经济分析的框架体系中去。

（一）根据环境影响的性质进行选择

这里所说的环境影响，是从经济意义上考虑的环境影响，包括生产能力变化、健康和舒适愉悦性。其中的选择价值不属于现实经济价值，是人们为了保留未来需要时能够使用该环境资产的选择，或者为了避免未来需要时无法获得这种环境资源的风险，人们愿意为其生产能力、健康和舒适愉悦性所支付的高于目前价值的价值。不同评价方法适用如表7-1所示。

表7-1　　　　　　　　　　不同评价方法适用表

环境影响	评价方法	适用性
生产能力	生产能力变动法	普遍适用
	生产函数法	普遍适用
	影子项目法	普遍适用
	机会成本法	普遍适用
	重置成本法	普遍适用
	防护支出法	普遍适用
	成果参照法	普遍适用
资源利用	可再生资源的定价法	普遍适用
	可耗竭资源的定价法	普遍适用

续表

环境影响	评价方法	适用性
健康	人力资本法 疾病成本法 防护支出法 意愿调查类方法 成果参照法	普遍适用 普遍适用 普遍适用 选择性适用 普遍适用
舒适愉悦性	旅行费用法 内涵房地产价值法 意愿调查类方法 成果参照法	选择性适用 潜在适用 选择性适用 选择性适用
选择价值	意愿调查类方法 成果参照法	选择性适用 选择性适用

虽然我们不能为每一类环境影响都找到与不同评价方法的唯一对应关系，但如表 7-1 所示，有些方法还是主要适用于某些特定的环境影响类别。项目对生产能力的影响主要采用直接市场评价类方法进行分析评价，包括产量变动法、生产函数法、重置成本法和机会成本法等方法，亦可采用防护性支出法。健康影响通常按照劳动力生产能力损失和医疗保健费用支出两者相结合的方式进行分析评价。健康影响中安全感增强的价值一般采用意愿调查评价法进行分析评价。舒适愉悦性影响主要采用旅行费用法、内涵房地产价值法和意愿调查评价法进行分析评价。其中内涵房地产价值法一般适用于城市地区环境质量价值的分析评价，而旅行费用法则主要用于评价娱乐消遣性环境服务的价值。选择价值的评价只能采用意愿调查评价法进行调查分析。成果参照法使用的范围最广，对除资源利用外的其他四种影响均具有适用性。

根据各种方法在实际工作中的使用效果，我们将其分为普遍适用的方法、选择性适用的方法和潜在适用的方法。如表 7-1 所示，普遍适用的方法是指在项目环境影响货币量化分析中经常用到的评价方法；选择性适用的方法是指在应用时需要更加谨慎、对数据和其他资料有更高要求或更多假设条件的评价方法；而潜在适用的方法是指虽然这些方法有可能采用，但其对数据的需求量很大，在实际应用中的效果具有不确定性的方法。

（二）根据方法运用的客观条件进行选择

1. 从易到难

从易到难意味着针对某种环境影响，如大气环境污染或水环境污染，我们可以按表 7-1 中方法的适用性选用不同评价方法。在一般情况下，应首先考虑选用简单的方法，即具有普遍适用性的评价方法，如生产能力变动法、生产函数法、人力资本法、疾病成本法、影子项目法、机会成本法和重置成本法等直接市场评价类方法中的各种方法，因为一般来说，最简单的方法往往是最有用的方法。

2. 考虑资料的获得性及时间、经费等限制因素

就评价工作本身而言，从最容易评价的环境影响入手和首先采用最简单的评价方法，客观上也是评价工作的实际需要。任何一个具体项目的环境影响货币量化分析工作（或项目的整个费用效益分析），都是在相对有限的时间、资金和数据资料条件下展开的。因此，只有充分利用给定的条件，从易到难选用评价方法，才能最大限度地实现分析的广度和深度。

最后，需要强调的是，对于投资项目环境影响的货币量化分析，人们倾向于寻找如何进行货币量化的分析方法，但也不应忽视定性分析的重要性。例如，对于环境资源的存在价值，

属于非使用价值的范畴。对于非使用价值进行货币计算是非常复杂和困难的，往往也是没有必要强求必须赋予其一个货币量化的价值，在实际工作中应主要从环境伦理的角度，定性分析环境资源的非使用价值，尤其是对于那些具有很大非使用价值的环境资源，例如无法替代的、濒临灭绝的动植物和独特的生态系统等，应按照"贵极无价"的原则，通过必要的立法和制度建设，进行必要的法律保护。

第二节 环境影响经济分析方法的应用

经济费用效益分析和费用效果分析是投资项目经济分析的基本方法。在对投资项目的环境影响进行货币量化分析之后，就可以将这些量化结果纳入到整个项目的经济分析框架体系之中。经济费用效益和费用效果分析采用适当的分析指标，将项目的预计费用和效益或效果进行比较，从而判断项目的经济合理性。一般来说，当项目的预期费用和效益能够或基本能够用货币价值衡量时，就应当采用经济费用效益分析的方法进行经济分析评价。当效益难以货币量化时，一般采用经济费用效果分析方法进行经济分析评价。

一、环境影响费用效益分析的步骤

环境影响费用效益分析一般包括费用效益识别、赋予费用效益适当的货币价值以及对经济费用效益进行比较分析等步骤。这里阐述将投资项目环境影响量化分析结果纳入到经济分析整体框架之中的一般步骤。

（一）环境影响费用效益识别

项目环境影响费用效益的识别，首先要找出投资项目将会导致哪些增量费用和产生哪些增量效益，两者的实物量各是多少，并且从中筛选出需要进行分析的重要环境影响因素。环境影响经济费用和效益的识别需要环境专家、工程技术专家和经济学家共同努力才能完成，一般可具体细分为如下五个步骤（如图7-1所示）：第一，识别各种可能的环境影响及其实物量；第二，筛选出其中能够货币量化的环境影响；第三，确定环境影响的数量级；第四，按影响大小对环境影响排序；第五，根据资源可获量确定需要货币量化的环境影响。

第一，应当由环境科技人员和相关部门、行业和领域的技术专家，如工程师、农学家、动物植物学家、医务工作者、建筑学家等以及经济学家和项目评价专业人员，共同研究确定项目可能产生的环境影响因素及其带来的正、负环境影响或后果，如项目可能产生对水和大气造成污染的废弃物（环境影响因素），进而可能对渔业生产和居民的健康产生不良影响（环境污染的后果），或者，项目可能对生态环境和自然资源造成的破坏。在此基础上，环境科技人员和相关部门和行业的专家还要估计这些影响的实物量，如这些废弃物可能对水和大气造成污染的范围及使水质和空气质量下降的程度，以及渔业减产和居民疾病发病率增长的程度。反之，如果项目将改善水和空气质量，改善生态环境，就要估计水质和空气质量改善后，渔业生产增产的程度和居民疾病发病率减少的程度以及生态环境将会改善的程度等。

第二，结合前述环境影响经济价值的分析思路，对项目可能产生的各种环境影响进行筛选，保留其中能够货币量化的影响，以便做进一步的定量分析，而对不能货币量化的影响，则应进行定性描述。在这一步骤中，除相关部门和行业的技术专家外，经济学家和项目评价专业人员应该扮演十分重要的角色。

第七章 环境影响的经济分析

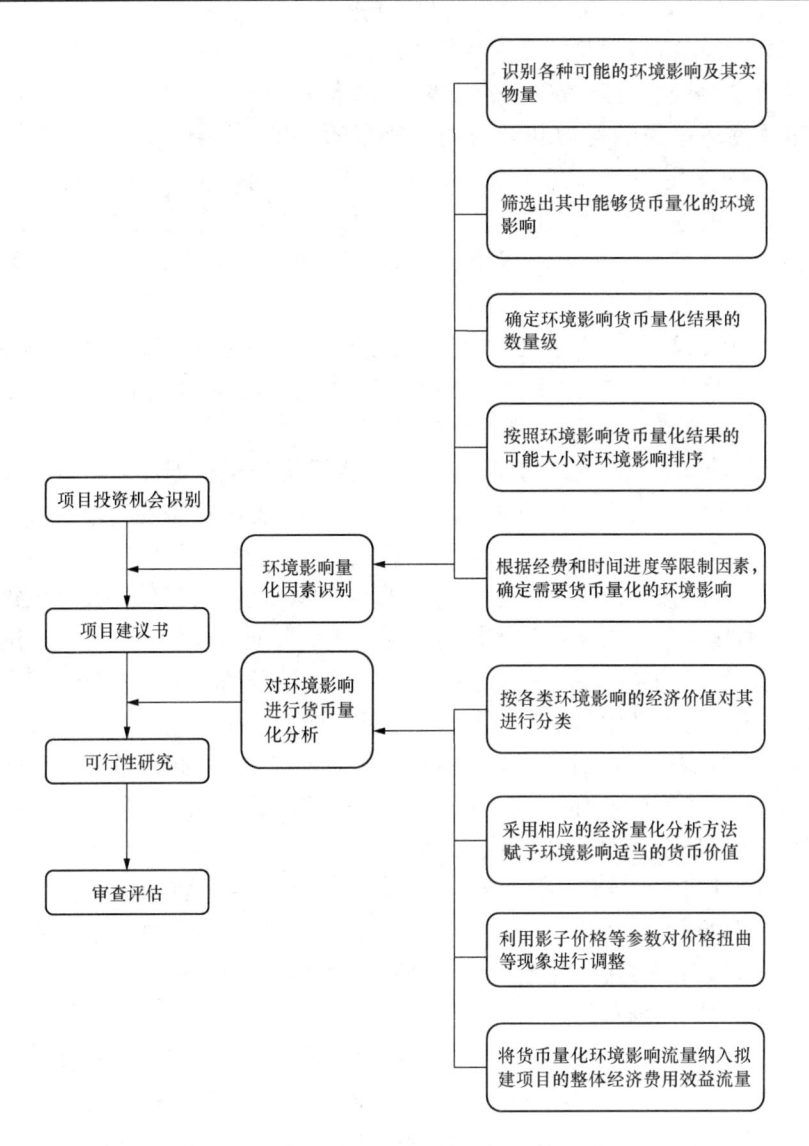

图 7-1 环境影响费用效益的识别与量化

第三，对于可以货币量化的环境影响，技术专家和项目分析人员可以根据经验或简单的测算，以货币价值的形式估计出它们的数量级，比如 50 万、100 万、200 万或 500 万等。虽然数量级数据十分粗略，但却可以使项目评价专业人员初步了解项目环境影响货币量化结果的大小和程度。

第四，在确定环境影响费用或效益数量级的基础上，项目评价专业人员应对第二步骤中筛选出的所有可货币量化的环境影响按其大小进行排序，列出一张可货币量化的项目清单。

第五，对于任何项目来说，经济分析的深度和广度都会受到资金和时间进度等因素的制约。特别是包括项目将会产生的环境影响在内的外部效果的评价，涉及的内容广泛而复杂，往往需要大量的经费、时间和专业人员，通过广泛的调查来取得必要的数据。因此，项目评价人员应在有限的资金和时间制约因素范围内，确定哪些环境影响需要进行货币量化，并尽可能全面地将环境影响货币量化分析结果纳入到投资项目经济分析的整体框架体系之中去，从而对拟建项目进行尽可能完整的经济分析评价。

(二) 赋予环境影响费用效益适当的经济价值

在识别和估算环境影响费用和效益的实物量的基础上，还必须采用适当的价格，赋予按实物量表示的费用和效益货币价值，这样才能在同一量纲的基础上对两者进行比较，以便进行完整的经济费用效益定量分析。在经济分析中，需要采用经济价格来估算项目的费用和效益。赋予环境影响费用和效益适当的经济价值的过程，至少应包括如下四个步骤：

第一，按经济意义对环境影响进行分类。对于选定需要进行货币量化分析的环境影响，应按其经济意义划分为生产能力影响、资源影响、健康影响、舒适愉悦性影响和选择价值影响等不同类型，以便针对不同的环境影响类型，选择适宜的经济价值评价方法。

第二，采用相应的评价方法估算环境影响的货币价值。根据前述环境影响经济量化分析的研究思路，采用各种可供选择的评价方法，赋予环境影响适当的货币价值。在这一过程中，应遵循"先易后难"的原则，从最明显、最容易评价的环境影响入手，即那些可以直接用市场价格估算的、造成生产能力发生变化的环境影响，比如大气环境变化导致的发病率和农业生产能力的变化等。如果无法直接使用市场价格，可能需要借助于替代市场或假想市场方法。同时，需要注意的是，赋予环境影响适当的货币价值时，对于数量级相同或大致相同的环境影响，应优先考虑其中易于进行货币量化的影响。

第三，影子价格调整。在对环境影响货币量化的过程中，所采用的价格有些已是能够反映资源稀缺价值的经济价格，有些则存在价格扭曲现象，这时就需要项目评价人员进行影子价格调整，使其体现环境资源的经济价值。

第四，将货币化环境影响费用效益流量并入整个项目经济费用效益流量中。在取得了所有需要评价的拟建项目环境影响经济价值（环境影响的经济费用和效益）后，应将这些价值流量合并入通常的经济费用效益流量中，以便于对两者进行比较。

(三) 经济费用效益分析比较

经济费用效益识别和赋予费用效益适当的货币价值的目的，是为了对费用和效益进行分析比较，确定项目的效益是否大于费用，以便判断投资项目的经济合理性，这是经济费用效益分析的主要目的。除了需要对单个项目自身的费用和效益进行分析比较，确定项目的经济合理性外，还要对不同项目方案间的费用和效益进行分析比较，以便对不同方案进行优选。

1. 单个项目经济合理性的判断

对于单个项目经济合理性的分析判断，一般采用经济净现值或经济内部收益率等评价指标，凡是经济净现值大于或等于零，或者经济内部收益率大于或等于社会折现率的项目，均认为其具有经济合理性。

2. 多个投资项目及方案的比选

进行比选的各个项目或方案，其本身必须首先是可行或合格的，然后才能将这些合格的项目或项目方案按照独立项目与互斥项目进行比较和择优。

独立项目是指其决策结果与其他项目的决策无关，无论合格与否都不影响其他项目决策的项目。例如，政府拟投资建设一个公路项目和两个污水处理项目，如果不存在财政资金方面的限制，只要项目的效益大于费用（经济净现值≥0 或经济内部收益率≥社会折现率），三个项目都可以投资。互斥项目是指为达到同一目标而构想并设计的若干项目方案,如果选择其中的一个方案,其他方案便被自动排斥,故称之为"互斥项目"。比如,为满足一定的发电要求而设计三个项目方案:火力发电、水力发电和核能发电。由于三个方案是为实现同一目标,因此选择其中一个投资建设方案,就意味着放弃其他两个方案。

二、环境影响费用效益分析评价指标

经济费用效益分析是投资项目经济分析的核心方法,一般通过编制经济效益费用流量表,计算经济内部收益率和经济净现值等指标,分析评价投资项目的经济合理性。

(一)经济费用效益流量表的编制

经济费用效益流量表的编制,可以按照费用效益识别和计算的原则和方法直接进行,也可以在财务分析的基础上将财务现金流量转换为反映真正资源变动状况的经济费用效益流量。

1. 直接编制经济费用效益流量表

直接进行经济费用效益流量的识别和计算,基本步骤如下:

(1)对于项目的各种投入物,应按照机会成本的原则计算其经济价值;

(2)识别项目产出可能带来的各种影响效果;

(3)对于具有市场价格的产出物,以市场价格为基础计算其经济价值;

(4)对于没有市场价格的产出效果,应按照支付意愿及接受补偿意愿的原则计算其经济价值;

(5)对于难以进行货币量化的产出效果,应尽可能地采用其他量纲进行量化。难以量化的,进行定性描述,以全面反映项目的产出效果。

通过经济费用和效益的识别计算,得到投资项目的经济费用效益流量表,格式如表 7-2 所示。

表 7-2　　　　　　　　　　项目经济费用效益流量表　　　　　　　货币单位:万元

序号	项　目	合计	计算期					
			1	2	3	4	…	n
1	效益流量							
1.1	项目直接效益							
1.2	资产余值回收							
1.3	项目间接效益							
2	费用流量							
2.1	期初建设投资							
2.2	期间维持运营投资							
2.3	流动资金							
2.4	经营费用							
2.5	项目间接费用							
3	净效益流量(1−2)							
	计算指标:							
	经济内部收益率(%):							
	经济净现值($i_s=$　　%):							

2. 在财务分析的基础上编制经济费用效益流量表

在财务分析的基础上,将财务现金流量转换为反映真正资源变动状况的经济费用效益流量,基本步骤如下:

(1)剔除财务现金流量中的通货膨胀因素,得到以实价表示的财务现金流量。

(2)剔除财务现金流量中不反映真实资源流量变动状况的转移支付因素。

(3)调整建设投资。与价格无关的税金及补贴、涨价预备费从财务成本中剔除,劳动力成本、土地费用及其他费用按照机会成本的原则进行调整计算。

(4)调整流动资金,将流动资产和流动负债中不反映实际资源耗费的有关现金、应收、应付、预收、预付款项,从流动资金中剔除。

(5)调整经营费用,对主要原材料、燃料及动力费用、工资及福利费等按照机会成本的原则进行调整计算。

(6)对于具有市场价格的产出物,以市场价格为基础计算其经济价值。

(7)对于没有市场价格的产出效果,应按照支付意愿或接受补偿意愿的原则计算其经济价值。

(8)对于难以进行货币量化的产出效果,应尽可能地采用其他量纲进行量化。难以量化的,进行定性描述,以全面反映项目的产出效果。

(二)经济分析指标的计算

如果项目的经济费用和效益能够进行货币量化,应在费用效益识别和计算的基础上,编制经济费用效益流量表,计算经济分析指标,分析项目投资的经济合理性。

1. 经济净现值

经济净现值 ENPV 是投资项目按照社会折现率将计算期内各年的经济净效益流量折现到建设期初的现值之和,是经济分析的主要评价指标。计算公式为

$$ENPV = \sum_{t=0}^{n}(B-C)_t(1+i_s)^{-t} \tag{7-1}$$

式中:B——投资项目经济效益流量;

C——投资项目经济费用流量;

$(B-C)_t$——投资项目第 t 年的经济净效益流量;

n——计算期;

i_s——社会折现率。

在经济分析中,如果经济净现值等于或大于 0,说明投资项目可以达到符合社会折现率要求的经济效率水平,认为该项目从经济资源配置的角度可以被接受。

在进行投资方案比选或排队时,净现值大的方案为优先方案,或者,满足预算资金约束条件且净现值大的方案组合为优先方案组合。

2. 经济内部收益率

经济内部效益率 EIRR 是投资项目在计算期内经济净效益流量的现值累计等于 0 时的折现率,是经济分析的另一个重要评价指标。计算公式为

$$\sum_{t=0}^{n}(B-C)_t(1+EIRR)^{-t} = 0 \tag{7-2}$$

式中　　$EIRR$——投资项目经济内部效益率；其他符号含义同前。

如果经济内部效益率等于或者大于社会折现率，表明投资项目资源配置的经济效率达到了可以被接受的水平。

在进行投资方案比选或排队时，不能直接采用经济内部收益率指标进行判断，而应采用增量投资内部收益率（△IRR）。

3. 经济效益费用比

经济效益费用比（R_{BC}）是投资项目在计算期内效益流量的现值与费用流量的现值的比率，是经济分析的辅助评价指标，计算公式为

$$R_{BC} = \frac{\sum_{t=0}^{n} B_t (1+i_s)^{-t}}{\sum_{t=0}^{n} C_t (1+i_s)^{-t}} \qquad (7-3)$$

式中　　R_{BC}——效益费用比；其他符号含义同前。

如果效益费用比大于 1，表明投资项目资源配置的经济效率达到了可以被接受的水平。

在方案比选时，以效益费用比率较大的拟建项目为优，如存在资金限制，可采用效益费用比率对拟项目或项目方案进行排队。项目评价指标的适用范围如表 7-3 所示。

表 7-3　　项目评价指标的适用范围

指标 适用情况	净现值 ENPV	内部收益率 EIRR	效益费用比率 R_{BC}
独立项目的经济分析	ENPV≥0 时，项目合格	EIRR≥社会折现率时，项目合格	R_{BC}≥1 时，项目合格
互斥方案经济比选	经济净现值大的方案为优	不能采用	经济效益费用比大的方案为优
预算约束下独立项目优选	净现值大的方案或方案组合为优	不能采用	对备选项目进行排队，优先选择 R_{BC} 较高的项目，直到用尽全部可获得资金

三、经济费用效果分析

经济费用效果分析是投资项目经济分析的另一种重要方法。如果项目方案的效益不能以货币价值的形式加以量化，就无法采用基于费用和效益量化结果进行分析评价，无法计算诸如经济净现值、经济内部收益率等经济评价指标，对各方案的经济费用和效益进行分析和比较以确定项目的取舍，因而也就无法采用费用效益分析方法，对项目建设方案进行经济分析。在这种情况下，应借助于经济费用效果分析法，对效益不能货币量化的项目方案进行比较和优选。

当某些环境资源极为稀缺和独特时，例如列入世界历史文化遗产的金字塔、我国的古长城等，人们可能会认为应当不惜一切代价来保护这些遗产。同时，还存在这样的情况，环境所提供的物品和服务的效益无市场交易条件，很难用货币价值估算出来。当这些物品或服务的损失不可逆时，最优的选择就是选取某种方案，使环境破坏所造成的损失最小化。这样，问题就变成了寻求最廉价或最有效的方案来实现保护自然资源的目的或其他既定目标，此时就可以运用费用效果分析的方法。

经济费用效果分析（Cost-effectiveness Analysis）又称费用有效性分析，是指当用于分析

的资金有限、信息有限,难以用货币形式计算效益时,可以不考虑效益,只估算所有备选方案的费用,选择费用最小或在一定费用水平下效果最好的方案。费用效果分析主要用于互斥建设方案的比选。

(一)经济费用效果分析应用条件和作用

1. 费用效果分析的一般模型

费用效果分析是通过比较分析项目效果与所支付的费用来判断项目的费用有效性及经济合理性,专门用于分析效益难以用货币表示、甚至难以计算的投资项目。

费用效果分析的一般模型可表示为

$$P = \frac{E}{C} \tag{7-4}$$

其中:E 代表项目产生的效果,C 代表项目实施的费用,可以是项目的建设投资,也可以是全寿命费用。全寿命费用是指项目寿命周期内的全部费用,包括一次性投资和运营期的经营费用,通过折现计算,一般表示为现值或年值。效果可以采用有助于说明项目绩效的任何量纲来计算,但要满足计算范围口径一致性原则,特别是要注意时效的一致性。即,如果费用为现值,则效果应该是项目寿命周期的总效果;如果费用为年值,则效果应该是年度效果。

经济费用效果分析遵循费用效益分析的一般原则,仅仅因为其效果的非计价性而带来若干特殊的处理方法。

2. 经济费用效果分析的应用条件

经济费用效果分析的应用必须满足一定的条件:

(1)待评价的方案数目不得少于两个,并且是互斥方案。由于费用效果分析的计算结果是一个比率,作为分子的效果不能按照货币单位进行计算,因此不能够应用此方法评价项目方案的绝对效果,也就是说不能根据费用效果比的结果判断方案是否可行,只能用于方案之间的比较。为了保证用有限的资源获得最大的效果,应尽可能地选择多个方案进行优化分析。

在特殊情况下,可以根据有无对比和边际费用的计算原理,对方案的可行性进行直接评价。但是,基于项目效果无法货币量化的同样原因,此时"无项目"的指标应该是此类项目的边际效果费用比值。它是此类项目的最低要求,即基准指标。要求待评方案的效果费用比值不低于指标基准值。因此,经济费用效果分析采用有无对比法的必要条件有两个,一是项目的效果可以用非货币的某一量纲计算,二是有业内公认的基准值。

基准值截止指标的决定因素较为复杂,受经济实力、技术水平、社会需求等多方面的影响,需按项目类别,采用专家调查等方法专门制定。可以根据自身行业特点,制定一些截止指标用于方案评价,如单位投资废弃物排放量等。

(2)待评价的方案有着共同的目标和目的。如果待评价的各个方案追求的目标不一致,各个方案就没有可比性,费用效果指标也就失去了意义。

当目标较为单一,如某拟建项目环境影响分析的目标仅是空气中氮氧化物的含量低于 250mg/m^3,用费用效果分析可以直接比较为实现该目标所需要付出的成本,通过费用效果分析进行方案择优。如果目标是多样化的,如要同时使污水排放量、大气中氮氧化物含量、煤烟排放量等多种环境因素降到对人类健康无潜在危害的程度,这时使用费用效果分析法就较为复杂,而应该使用处理多目标的优化方法,如线性规划,综合环境因素和备选方案相应的费用,制定一个多变量的函数,函数的最优解就是应当选择的方案。

(3) 各方案的费用采用货币单位计算，效果采用非货币的同一单位计算。一般而言，项目方案的货币投入较易计算，并采用货币单位计算，但效果的计算单位则不同。若待评价方案的效果计算单位不同，则方案间的费用效果指标难以进行正确的比较计算。

(二) 方案比选的条件和步骤

1. 比选条件

进行方案经济费用效果比较时，为了全面正确地评价被比较方案的相对经济性，必须使各方案具有可比的前提。也就是说，参与比较的诸多方案是可比的，否则将导致错误的结论。不同方案的可比条件主要包括：

(1) 技术方案提供的功能必须是相同的，并且彼此间能互相替代。每一个技术方案都是为了满足一定的需要，包括数量、质量和品种等方面的需要。只有在满足需要上相同的两个方案，才是可以互相替代的方案。能够相互替代的方案所产生的效能是相同的，因此也就是可以互比的。

在实际工作中，很少碰到两个使用价值完全相同的方案。它们有着数量和质量上的差异，表面上看起来是不可比的，但在一定的条件下，合理地采用一些转换措施，同样满足相同的功能需要，也是可比的。

(2) 不同方案在时间上可比。所谓时间上可比，是指不同技术方案的经济比较应采用相同的计算期作为比较的基础。这里所说的计算期，第一是服务年限，第二是建设年限。

服务年限（即生产期）的长短，就意味着经济效果的高低。如果两个可以相互替代的技术方案，一个主要设备的经济寿命为另一个的两倍，那么这两个技术方案的经济效果是不能直接比较的。如果寿命不同，则应采用评价的技术处理方法使之相同。诸如等值换算为年值指标，或根据方案寿命期的最小公倍数换算为相等的年限等。

(3) 参与比较的费用内容必须是相同的。技术方案的实施需要耗费一定的经济资源，其货币表现形式就是费用。由于每个技术方案的技术特性和经济特性的不同，所消耗的费用也就不同。在进行方案比较时，必须比较它们所需的全部费用，不能对一个方案用全部费用，而另一个方案的费用又有所遗漏。

当然，两个方案完全相同的费用在比较时可以略去，但各自不同的费用不可少算。这里重要的是要分析清楚不同方案费用构成的全部内容。方案比较应遵循效益与费用计算口径对应一致的原则。

对于一个综合利用性质的技术方案和一个只有单项利用的技术方案的比较，综合技术方案的费用分解后才是可比的。

(4) 参与比较的方案所采用的价格可比。项目建设所采用的设备、材料等都来自市场，采用市场价格进行比较是有实际意义的，但必须是同一时期的产品价格。如果两个相比较的方案，一个用的是现行价格，另一个是过去的价格，则应将过去的价格转换成现行价格才能比较。

2. 比选步骤

经济费用效果分析的基本程序与经济费用效益分析大致相同，一般需要经过以下步骤：

(1) 目标识别。目标识别就是要明确项目所要实现的预期目标和目的。项目的目标可能是单一的，也可能是多元的，要正确识别项目的目标，防止目标追求的过多过滥。只有明确辨别了项目目标，才为项目方案设计提供可靠依据。同时，明确项目基本目标也是识别费用与效果的根本前提。在投资项目的环境影响分析中，目标可能是污水的最高允许排放量、大气环境质量最低允许标准以及工业设备废弃物的最高允许排放量。

（2）方案设计。项目目标一旦确定，则需要进一步确定实现目标的途径和方法，提出实现项目目标的备选方案。方案的制定应对其在技术上实现的可行性以及其他相关的约束条件进行充分的考虑。许多实现目标的方法由于受到技术条件或是其他方面的制约，最终都不能够形成可行的方案。

（3）费用效果识别和计算。经济费用效果的识别是正确进行方案比选的前提，识别时应注意以下问题。

一是根据项目目标进行识别。这是识别费用与效果的基本前提。费用与效果都是相对于目标而言的，费用是实现目标所付出的代价，效果是对于目标的贡献，即项目所带来的收益和好处。项目的目标不同，费用效果的范围也就不同。还有一些项目所要实现的目标不是单一的，而是多目标的。对这类多目标项目，应明确经济分析的基本目标，并针对该基本目标识别相关的费用和效果，作为进行经济费用效果分析的基础。

二是合理确定费用与效果的识别和计算范围，并保持一致。某些项目的费用与效果识别可能只从项目本身进行考虑，只需要考虑直接费用和效果，而另外一些项目，其费用与效果需要从全社会综合的角度进行考虑，这就需要合理确定费用效果的识别范围，防止识别范围的缩小和扩大。同时，费用与效果的识别范围应保持一致。如果效果是指包括间接效果的全部效果，那么费用也应该包括间接费用，而不能仅是直接费用。

三是识别与计算的非重复性原则。在进行费用效果分析时，要避免费用和效果的重复计算。由于项目的多目标性以及外部效果，许多效果在一个目标中被计入，很可能在另一个目标中被再次计入，这就造成了重复计算，影响了准确性。

（三）费用效果分析方法

1. 最小费用法

最小费用法，也叫固定效果法，是投资项目费用效果分析中普遍采用的方法，适用于各备选方案功能效果相同情况下，通过方案优化选择费用最小的工程技术方案的情况。当项目方案的效益或效果基本相同时，即达到所要求的某一环境保护目标有各种不同的方案，比较这些方案的费用，从中选择费用最小的方案，这就是最小费用法。例如，在选择治理空气中氮氧化物含量，实现空气中 NO_x 含量低于 $250mg/m^3$ 的环境目标的方案时，效益难以用货币形式计量，费用数据比较容易获得，可以只比较不同处理方案控制氮氧化物的费用，从而选择费用最小的方案。运用最小费用法进行方案比选如表 7-4 所示。

表 7-4　　　　　　　　　　运用最小费用法进行方案比选

备选方案	总费用现值（百万元）	实施后 NO_x 含量（mg/m^3）
1. 治理关键污染源	21	248
2. 全部污染物按 80%减少排放量	243	198
3. 全部污染源用最佳可控制技术	254	196

从表 7-4 中可以看出，备选的三种方案都能达到实现空气中 NO_x 含量低于 $250mg/m^3$ 的环境目标，方案 1 的总费用现值最小，消减排放量 80%的方案 2 和采用最佳控制技术的消减

方案 3，其费用均比方案 1 高出 10 倍多。当环境目标既定时，这两种方案都会浪费很多资源。从经济分析的角度看，在同时能够满足空气质量达到要求的环保标准的情况下，从费用效果分析的角度，方案 2 和 3 付出的费用是无效的。因此，从费用有效性的角度看，方案 1 是最佳方案。

在进行费用效果分析时，每个项目方案涉及的内容会有所不同，包含的费用也不尽相同，项目评价人员不应套用同样的模式估算不同项目的费用，避免方案的费用估算中出现漏算。

最小费用法可以进一步分为费用现值法（PC）和费用年值法（AC）。

（1）费用现值比较法。效果相同或基本相同，又难于具体估算各工程方案的效果进行比较时，可采用费用现值（PC）比较法。各方案费用现值的表达式为

$$PC = \sum_{t=0}^{n}(I+C-Sw-W)\ (P/F,i,t) \qquad (7\text{-}5)$$

在用费用现值进行方案比较时，可采用相同部分（费用及其发生的时间均相同）不参与比较的原则，只计算各方案相对效果，不反映某方案的绝对经济效果；必须在相同的比较时间内对各方案进行比较，否则，将会得出错误的结论。

（2）年费用比较法。若两方案效果相同或基本相同，但又难于估算时，如在项目运营的某一环节采用两种以上的不同方案都可以满足项目功能需要时，对这几种方案的选优就属于这种情况，这时可采用年费用法进行方案比较，年费用（AC）较低的方案为较优方案。当项目的计算期不同时，一般采用年费用法。

$$AC = \sum_{t=0}^{n}(I + C' - Sv - W)_t\ (P/F,\ i,\ n)\ (A/P,\ i,\ n) \qquad (7\text{-}6)$$

或
$$AC=PC(A/P,\ i,\ n)$$

2. 最佳效果法

最佳效果法用于各备选方案的费用基本相同时，比较不同方案的效果，从而选择最佳方案。

这里举出一个火力发电厂如何利用费用效果分析法选择硫排放量最低方案的例子，如表 7-5 所示。首先，估算备选的四种减少硫排放量的方案的费用现值，其中的总费用除包括通常的投资费用、燃料及其他运行费用外，还应包括一些环境损失费用，如对周围农作物产量造成的损失或对人类健康的潜在影响。

表 7-5　　　　　　　　　　运用最佳效果法进行方案比选

备选方案	单位发电量的总费用现值（元/kWh）	硫排放量（×10^{-3}）/1lb/kWh*
1. 高硫煤高烟囱周期性减少硫排放量	0.17	22.5
2. 使用预处理煤	0.19	15.0
3. 烟道脱煤	0.22	2.4
4. 改用低硫煤	0.21	6.0

* 1lb=0.4536kg。

方案 1 的单位发电量的总费用现值最低，但硫排放量也最高；方案 2 对煤进行了预处理，比方案 1 增加了一些费用，但硫排放量有了很大降低，若再增加一些费用，采用烟道脱煤

或者改用低硫煤,则硫排放量继续下降。如果目标是尽量减少硫排放量,则方案 3 是最佳方案。

在选择最佳效果方案时,要重视社会能够或者愿意支付的费用限额。尽管这种方法并没有试图对达到的既定目标所产生的效益用货币形式计算,但是,当要实现的目标过于严格时,比如,要使空气中氮氧化物的含量降到对人类无任何潜在危害的程度,很有可能使得最为有效的方案依然超出社会支付限额。这时,就要建议环境管理部门在目标水平以及它们的预期费用之间权衡折中,从而使费用降到社会能够或者愿意支付的限额之内,使方案具有可行性。

3. 增量费用效果分析

这种方法适用于方案的效果可以用某一量纲计算,各方案的效果和费用量变化有较大幅度的项目。分析评价的思路是:费用高的方案较之费用低的方案所增加的费用必须由其所增加的效果补偿,因此必须使用增量分析。增量是指待评价方案间的差额效果与差额费用。在进行增量分析时,第一步,对待评价方案按照费用由小到大的顺序排列,并剔除效果费用比值小于截止指标的方案,为后面的测算做好准备;第二步,将费用最小方案暂时作为被选定方案,与紧邻的下一个方案进行增量分析,如果增量效果费用比值不小于截止指标,则费用较大方案为新的被选定方案,否则相反;第三步,就紧邻的下一个方案重复第二步的计算和评选,直至筛选出最后一个方案。通过采用这种方式,最终被选定方案为最优方案。

4. 直观效果法

当拟建项目所产生的环境影响用定量单位指标(如氮氧化物含量或硫排放量)难以计算时,可以把环境影响划分为强、中、弱以及无影响等几种等级,或通过文字说明来直观地描述拟建项目和环保设施的环境效果。这一方法涉及专业判断,所以需要有关专家的判断作为参考依据。

(四)费用效果分析方法的选择和运用

费用效果分析法最初是在美国应用于军事项目的决策分析。因为评价这些项目的效益有一定困难,比如,建造一艘航空母舰会产生多少效益,几乎无法计算。为此,美国军方曾有人(马克·汤普森)提出了一个项目决策的原则:"尽管我们不知道要实现的目标的价值,但我们确实知道我们希望以最低的耗费去实现这一目标"。后来,这一思想被广泛应用于教育、卫生、交通运输等效益难于实现货币化计算项目的决策,成为一种比费用效益分析更受欢迎的、对不同投资方案进行比较分析的决策工具。

当用于分析的资金有限、数据缺乏,难以用货币形式计算效益时,可以先确定一个目标,然后分析达到目标的不同方案,找出其中费用最小的方案,即采用费用效果分析法中的最小费用法。此外,如果拟建项目受一定的资金限额制约,要求决策者选择最有效使用资金的一种方案,或者,可能需要考虑多项目标,并在考虑实现每种目标的费用之后确定哪种目标最优,就需要采用费用效果分析中的最佳效果法。应当注意的是,费用效果分析法可以识别实现某一目标的最有效的途径,但它的重点是达到预先确定的目标,而并未试图估算项目所带来的效益。因此,费用效果分析法并没有说明预期的效益是否能证明所付出的代价是值得的,即效益是否大于费用,这一点还需要通过传统的经济费用效益分析来实现。

对费用—效果分析法的进一步分析,还可以得到更多的信息。例如,如果要实现的目标是噪声污染不超过 30 分贝,则有表 7-6 中的 3 种噪声处理方案可供选择。

表 7-6　　　　　　　　　　　不同方案的运营成本和污染水平

备选方案	总运行成本（百万元）	噪声污染水平（分贝）
1. 双层隔音墙	50	28
2. 隔音网	10	75
3. 单层隔音墙	25	31

对这 3 种方案进行费用效果分析可以看出：方案 1 是唯一能达到既定标准的方案；方案 2 虽然费用较低，但明显达不到目标；方案 3 则是重点考虑的方案，因为它的费用是方案 1 的一半，但是效果仅比设定的目标差一点。这种情况下应当选择哪种方法？当实施严格的环保标准时，只有方案 1 合格。那么，方案 3 中节省的费用是否可以弥补噪声污染水平少量增加造成的环境损失？费用效果分析应该将这些信息提供给决策者。决策者在进行决策时，必须同时考虑经济分析与环境分析两方面的信息，而不是仅仅严格遵守噪声污染不超过 30 分贝的目标。总之，费用效果分析方法是一种应用广泛的投资项目经济分析方法，但如果预定目标不适当或者过于严格，其结果不是使费用超出限额，就是致使项目最终被否决。在很多情况下，可以选择某种折衷的方案，既能够实现保护环境目标，又能够使得拟建项目具有经济合理性。

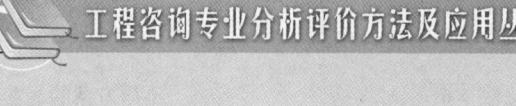

第八章

环境风险评价

工业化、社会化生产带来巨大经济效益的同时,其背后不可避免地蕴藏着各种各样的环境风险,并导致众多环境风险事故的发生。对环境风险的分析评价,是投资项目环境影响评价的重要内容,并逐步受到人们的高度关注。

第一节 环境风险识别

一、环境风险的概念

（一）风险

风险一般指遭受损失、损伤或毁坏的可能性,或者说发生人们不希望出现的后果的可能性。它存在于人的一切活动中,不同的活动会带来不同性质的风险,如经常遇到的灾害风险、工程风险、投资风险、健康风险、污染风险、决策风险等。

风险通常用在一定时期内产生有害事件的概率与有害事件后果的乘积表示。也就是说,风险是危险、危害事故发生的可能性与危险、危害事故所造成损失的严重程度的综合度量。

（二）环境风险

环境风险是指突发性事故对环境（或健康）的危害程度,用风险值 R 表征,其定义为事故发生概率 P 与事故造成的环境（或健康）后果 C 的乘积,用 R 表示,即

$$R[危害/单位时间] = P[事故/单位时间] \times C[危害/事故]$$

环境风险具有不确定性和危害性。不确定性是指人们对事件发生的概率、发生的时间、地点、强度等事先难以准确预见;危害性是指风险事件对其承受者所造成的损失或危害,包括人身健康、经济财产、社会福利和生态系统带来的损失或危害。

环境风险分布广泛,复杂多样。按其成因可分为化学风险、物理风险和自然灾害引发的风险。化学风险是指对人类、动植物能产生毒害或不利作用的化学物品的排放、泄漏或易燃易爆物品的泄漏而引发的风险;物理风险是指由机械设备或机械结构的故障所引发的风险;自然灾害引发的风险是指地震、火山、洪水、台风、滑坡等自然灾害带来的各种风险。

按危害性事件承受的对象,风险分为人群风险、设施风险和生态风险。人群风险是指因危害事件而致人病、伤、死、残等损失的概率;设施风险是指危害事件对人类社会经济活动的依托设施,如水库大坝、房屋、桥梁等造成破坏的概率;生态风险是指危害性事件对生态系统中某些要素或生态系统本身造成破坏的概率,如生态系统中生物种群的减少或灭绝,生态系统结构与功能的变异等。

（三）环境风险识别

环境风险识别是建设项目环境风险评价工作的基础性工作,风险识别的主要目的是确定

危险因素和风险类型,环境风险识别直接关系到环境风险评价工作的成败。环境风险识别的具体工作,包括资料的收集和准备,对项目所涉及的原材料及辅料、中间产品、产品及污染物按其危险性或毒性进行风险识别,包括对火灾、爆炸和泄漏等各种类型的环境风险进行识别。

二、环境风险识别的前期准备

资料的收集和准备是风险识别的基础,主要收集建设项目资料、环境资料和事故资料,为进行物质风险识别和生产设施风险识别提供基础资料。环境资料主要应收集有关拟建项目附近居民分布及敏感目标方位、距离、重要水环境和生态保护资料。具体如下所述。

（一）项目资料

项目资料包括建设项目工程资料:可行性研究、工程设计资料、建设项目安全评价资料、安全管理体制及事故应急预案资料。

（1）生产工艺流程、装置平面布置,高程布置。

（2）生产装置、设备选型及材质,管路结构及重要阀门,控制系统。

（3）工艺反应条件、操作运转要求、控制要求。

（4）安全、消防、环保和工艺卫生设施等。

（二）环境资料

利用环境影响报告书中有关厂址周边环境和区域环境资料,重点收集人口分布资料。

（1）拟建项目周围其他工矿企业布置情况,给出区域位置图。

（2）拟建项目工作场所及其装置周围人员分布情况。

（3）厂区周围区域居民分布、敏感目标。

（4）项目所在地区的区域气象、水文资料。

（5）地形图、交通图等。

（6）重要水环境和生态环境的资料。

（三）事故资料

（1）同类装置国内外事故统计及分析资料及典型事故案例资料。

（2）同行业国内外事故统计及分析资料及典型事故案例资料。

（3）涉及项目中毒物的毒理学资料等。

三、各类环境风险的识别

对项目所涉及的原材料及辅料、中间产品、产品及污染物,按其危险性或毒性,进行风险识别。

（一）易燃、易爆物质的识别

易燃、易爆物质是指具有火灾爆炸危险性物质,分为爆炸性物质、氧化剂、可燃气体、自燃性物质、遇水燃烧物质、易燃与可燃液体、易燃与可燃固体等。

（1）爆炸性物质是指受到高热、摩擦、撞击或受到一定物质激发能瞬间发生急剧的物理变化、化学变化,并伴有能量的快速释放,引起被作用介质的变形、移动和破坏的物质。爆炸性物质分为爆炸性化合物和爆炸性混合物。前者具有一定的化学成分,分子间含有不稳定的爆炸基团,包括硝基化合物、硝胺、叠氮化合物、重氮化合物、乙炔化合物、过氧化物、氮的卤化物等;后者通常由两个或两个以上的爆炸组分和非爆炸组分经机械混合而成,主要为硝铵炸药等。

（2）氧化剂是指具有较强的氧化性能，能发生分解反应，并引起燃烧或爆炸的物质。氧化剂分为有机氧化剂和无机氧化剂。其危险性在于氧化剂遇碱、潮湿、强热、摩擦、撞击或与易燃物、还原剂等接触时发生分解反应，释放氧，有些反应急剧，易引起燃烧或爆炸。

（3）可燃气体是指遇火、受热或与氧化剂接触能引起燃烧或爆炸的气体。可燃气体的危险性主要为其燃烧性、爆炸性和自燃性。

（4）自燃性物质是指不需要明火作用，因本身受空气氧化或外界温度、湿度影响发热达到自燃点而发生自行燃烧的物质。

（5）水燃烧物质是指遇水或潮湿空气能分解产生可燃气体，并放出热量而引起燃烧或爆炸的物质，包括锂、钾等金属及其氢氧化物和硼烷等。

（6）易燃与可燃液体是指遇火、受热或与氧化剂接触能燃烧和爆炸的液体、溶液、乳状液和悬浮液等燃烧液体。易燃与可燃液体具有易挥发性、易燃性、毒性、密度大都小于水的特点。其危险性的表征参数有闪点与燃点、爆炸极限、自燃点、密度、沸点、饱和蒸气压、受热膨胀性、流动扩散性、带电性和分子量与化学结构等参数。流体能发生闪燃的最低温度叫闪点，它反映液体燃烧的难易程度。闪点越低，液体越易燃烧。一般而言，凡闪点≤61℃的燃烧液体均为易燃与可燃液体。

（7）易燃与可燃固体是指燃点低，对热、撞击、摩擦敏感和与氧化剂接触能着火燃烧的固体。易燃与可燃固体的危险性用熔点、燃点、自燃点、比表面积和热分解等参数表征。一般300℃以下为易燃固体，300～400℃为可燃固体。

（二）毒性物质识别

毒性物质是指进入人机体达到一定量后，能与体液和组织发生生物化学作用或生物物理变化，扰乱或破坏机体的正常生理功能，引起暂时性或持久性的病理状态，甚至危及生命的物质。毒性物质毒性的表征一般以化学物质引起实验动物某种毒性反应所需的剂量来表示，常采用以下指标。

（1）绝对致死量或浓度（LD_{100}或LC_{100}）。染毒动物全部死亡的最小剂量或浓度。

（2）半数致死量或浓度（LD_{50}或LC_{50}）。染毒动物半数致死的最小剂量或浓度。

（3）最小致死量或浓度（MLD或MLC）。全部染毒动物中个别动物死亡的剂量或浓度。

（4）最大耐受量或浓度（LD_0或LC_0）。染毒动物全部存活的最大剂量或浓度。

毒物的摄入有呼吸道吸入、皮肤吸收和消化道吸收三种形式。毒物的危害程度根据急性毒性、急性中毒发病情况、慢性中毒患病情况、慢性中毒后果、致癌性和最高容许浓度分为极度危害、高度危害、中度危害和轻度危害四类。

在环境风险评价中进行物质危险性识别时，还应对项目所涉及的原料、辅料、中间产品、产品及废物等物质，凡属于有毒物质（极度危害、高度危害）、强反应或爆炸物、易燃物的均需列表说明其物理化学和毒理学性质、危险性类别、加工量、贮量及运输量等。

四、环境风险类型的确定

风险识别的目的是确定风险类型。根据引起有毒有害物质向环境散放的危害环境事故起因，将风险类型分为火灾、爆炸和泄漏三种。

（一）火灾

火灾包括四种类型：

（1）池火。可燃液体泄漏后流到地面形成液池，或流到水面并覆盖水面，遇到火源燃烧而形成池火。

（2）喷射火。加压可燃物质泄漏时形成射流，在泄漏口处点燃，由此形成喷射火。

（3）火球和气爆。沸腾液体的气爆是由于火种作用于过热的压力容器，增加了内压，使容器外壳强度减弱，直至爆炸，释放出内容物形成一个强大的火球。

（4）突发火。泄漏的可燃气体，液体蒸发的蒸气在空气中扩散，遇到火源发生突然燃烧而未爆炸，不造成冲击波损害的弥散气雾的延迟燃烧。

（二）爆炸

物质由一种状态迅速地转变为另一种状态，并瞬间以机械功的形式放出大量能量的现象，称为爆炸。爆炸时由于压力急剧上升而对周围物体产生破坏作用，爆炸的特点是具有破坏力、产生爆炸声和冲击波。常见的爆炸又可分为物理性爆炸和化学性爆炸两类。

（三）毒物泄漏

由于各种原因，有毒化学物质以气态或液态释放或泄漏至环境中，在其迁移过程中，大多数情况下，其初期影响仅限于工厂范围内，其评价属于安全评价。后期进入环境才成为风险评价的主要考虑内容。

（四）生产设施环境风险的识别

对项目主要生产装置、贮运系统、公用和辅助工程，逐一划分功能单元，分别进行重大危险源判定。

（1）生产装置。包括生产流程中各种生产加工设备、装置。

（2）公用工程系统。包括生产运行中的公用辅助系统，如蒸汽、气、水、电、脱盐水站等单元。

（3）贮存运输系统。包括原料、中间体、产品的运输及贮槽、罐、仓库等。

（4）生产辅助系统。包括机械、设备、仪表维修及分析化验等。

（5）环保工程设施。包括废气、废水、固体废物、噪声等处理处置设施等。

第二节 环境风险评价

按照《建设项目环境风险评价技术导则》中的界定，环境风险评价是指对建设项目建设和运行期间发生的可预测突发性事件或事故（一般不包括人为破坏及自然灾害）引起有毒有害、易燃易爆等物质泄漏，或突发事件产生的新的有毒有害物质，所造成的对人身安全与环境的影响和损害进行评估，提出合理可行的防范、应急措施与减缓措施。随着认识的不断提高，人们逐渐关注环境风险问题，并开始进行环境风险评价。

一、环境风险评价的提出及目的

（一）环境风险评价的发展历程

国际上环境风险评价研究首先开始于核电站系统，至 20 世纪 70 年代逐步完善起来。80年代联合国环境规划署制定了"地区性紧急事故的意识和防备"；1987 年欧共体通过立法，规定对可能发生化学事故危险的工厂必须进行环境风险评价；与此同时，美国也做出规定将环境风险评价正式列为环境影响评价的一个组成部分；1990 年亚洲开发银行正式颁布了《环境风险管理》。

在我国环境风险评价起步虽然相对较晚，但环境保护部门十分重视环境风险防范，早在

1990年就颁布了第057号文,要求对重大环境污染事故隐患进行环境风险评价。自此,环境风险评价逐渐成为我国建设项目环境影响评价的一部分。

为了规范建设项目环境风险评价,提高其有效性和实用性,使之能更有效地防范建设项目的环境风险,国家环境保护总局于2004年颁布了《建设项目环境风险评价技术导则》,规定了建设项目环境风险评价的目的、基本原则、内容、程序和方法。

近年来,随着我国经济的快速发展,环境污染事故也呈逐年增加的趋势,特别是2005年11月发生的"松花江污染"事件,再次就环境风险问题向人们敲响了警钟。环境风险评价的重要性再次凸显出来,环境保护部门就环境风险评价提出了更高的要求。

(二)环境风险评价的目的和重点

环境风险评价的主要目的在于就建设项目建设和运行期间发生的可预测的突发性事件或事故(一般不包括人为破坏及自然灾害)引起有毒有害、易燃易爆等物质泄漏,或突发事件产生的新的有毒有害物质所造成的对人身安全与环境的影响和损害进行评估,提出合理可行的防范、应急措施与减缓措施,以使建设项目事故率、损失和环境影响达到可接受水平。

环境风险评价有别于安全评价,环境风险评价是把预测和评价事故对厂(场)界外人群的伤害,环境质量的恶化及生态影响的程度和范围,提出防范、减少、消除对环境破坏的措施为工作重点。而安全评价则主要是预测和评价事故对厂(场)界内人群的伤害。实际评价工作中,环境风险评价应充分利用安全评价已有的数据和资料,使二者达到有机结合。

为了强化、规范环境风险评价工作,国家根据《中华人民共和国环境影响评价法》、《建设项目环境保护管理条例》、《环境影响评价技术导则》、危险化学品安全管理与安全评价的有关法律法规以及相关的标准,制定了《建设项目环境风险评价技术导则》,该导则是环境风险评价的主要技术依据。

(三)环境风险评价的范围

环境风险评价工作范围的确定主要依据评价的工作等级、危险化学品的伤害和敏感区域位置。大气环境影响一级评价范围,距离源点不低于5km;二级评价范围,距离源点不低于3km。地面水和海洋评价范围按《环境影响评价技术导则——地面水环境》规定执行。

(四)环境风险评价工作程序

环境风险评价包括风险识别、风险分析、后果计算、风险评价、可接受水平分析、风险管理和应急预案等步骤。环境风险评价流程如图8-1所示。

二、环境风险评价的基本内容

环境风险评价的基本内容包括风险识别、源项分析、后果计算、风险计算和风险评价以及风险管理。

(一)风险识别

风险识别是建设项目环境风险评价的基础,风险识别的主要目的是确定危险因素和风险类型。主要从物质风险识别、生产设施风险识别两方面进行分析。

(二)源项分析

源项分析包括确定最大可信事故发生概率和估算危险化学品的泄漏量两项内容。

1. 最大可信事故

最大可信事故指在所有预测概率不为零的事故中,对环境(或健康)危害最严重的事故,即给公众带来严重危害,对环境造成严重污染的事故。

第八章 环境风险评价

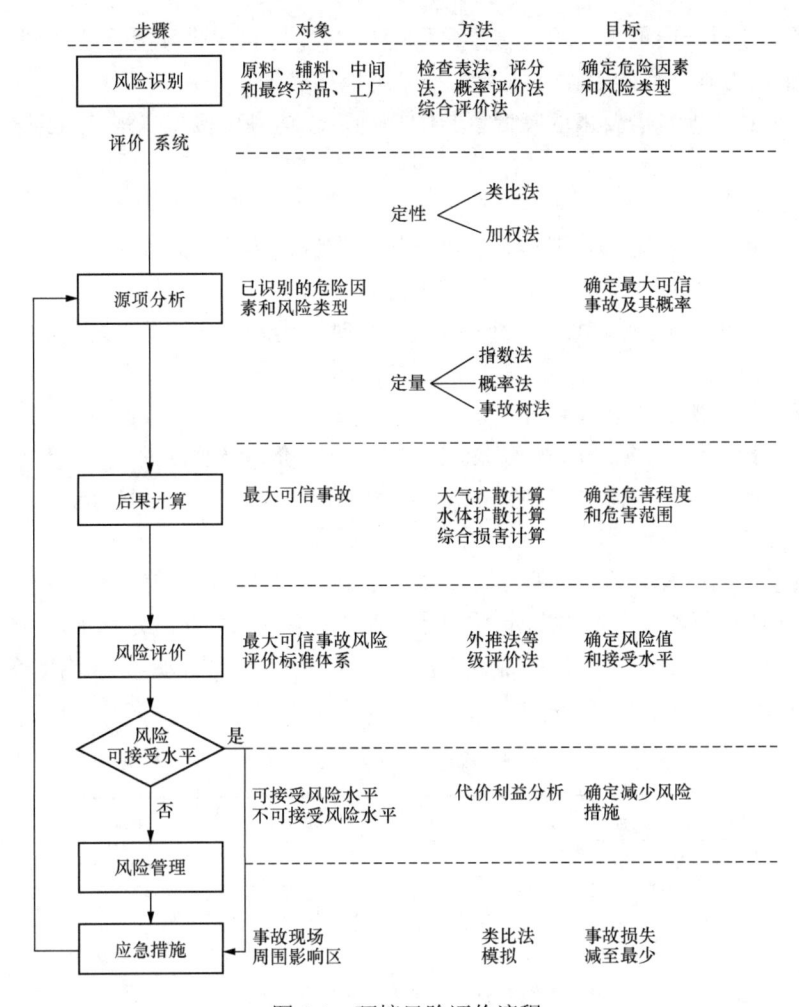

图 8-1 环境风险评价流程

可以采用事件树、事故树分析方法或类比法确定最大可信事故及概率。

2. 危险化学品泄漏量的估算

通过危险化学品的估算,确定泄漏时间、泄漏率。

(三) 后果计算

后果计算是在风险识别和源项分析的基础上,针对最大可信事故对环境(或健康)造成的危害和影响进行预测分析。事故泄漏的有毒有害物释放入环境后,由于在水环境中的弥散,在大气环境中的扩散,从而引起环境污染,危害人群健康。后果计算要对这类环境事故进行预测,确定影响范围和影响程度。

(四) 风险计算和风险评价

风险计算是建设项目环境风险评价的核心工作。综合分析确定最大可信事故造成的受害点距源项(释放点)的最大距离以及危害程度,包括造成厂外环境损坏程度、人员死亡和损伤及经济损失。

$$风险值\left(\frac{后果}{时间}\right)=概率\left(\frac{事故数}{单位时间}\right)\times 危害程度\left(\frac{后果}{每次事故}\right)$$

风险可接受分析采用最大可信灾害事故风险值 R_{max} 与同行业可接受风险水平 R_L 比较：$R_{max} \leq R$ 则认为本项目的建设，风险水平是可以接受的。

$R_{max} > R_L$ 则对该项目需要采取降低事故的措施，以达到可接受水平，否则项目的建设是不可接受的。

（五）风险管理

风险管理是指项目通过风险识别，后果评价，为有效地控制风险，用最经济的方法来综合处理风险，以实现最佳的环境安全的管理方法。

当风险评价结果表明风险值达不到可接受水平时，为减轻和消除对环境的危害，应采取的减缓措施和应急预案，这就是风险管理的主要内容。

三、环境风险评价工作等级划分

环境风险评价工作等级划分为一级和二级。划分评价等级的依据主要是评价项目的物质危险性、功能单元重大危险源判定结果以及环境敏感程度三个方面的因素。

（一）物质危险性的判定

根据建设项目的工程分析，选择生产、加工、运输、使用或贮存中涉及的 1～3 个主要化学品，按表 8-1 进行物质危险性判定。凡符合表 8-1 中有毒物质判定标准序号为 1、2 的物质，属于剧毒物质；符合有毒物质判定标准序号 3 的属于一般毒物；凡符合表 8-1 中易燃物质和爆炸性物质标准的物质，均视为火灾、爆炸危险物质。

表 8-1　　　　　　　　　　　　物质危险性判定标准

分类	LD_{50}(大鼠经口)(mg/kg)	LD_{50}(大鼠经皮)(mg/kg)	LC_{50}(小鼠吸入，4h)(mg/L)
有毒物质	＜5	＜1	＜0.01
	5＜LD_{50}＜25	10＜LD_{50}＜50	0.1＜LC_{50}＜0.5
	25＜LD_{50}＜200	50＜LD_{50}＜400	0.5＜LC_{50}＜2
易燃物质	可燃气体：在常压下以气态存在并与空气混合形成可燃混合物；其沸点（常压下）是20℃或20℃以下的物质		
	易燃液体：闪点低于21℃，沸点高于20℃的物质		
	可燃液体：闪点低于55℃，压力下保持液态，在实际操作条件下（如高温高压）可引起重大事故的物质		
爆炸性物质	在火焰影响下可爆炸，或者对冲击、摩擦比硝基苯更为敏感的物质		

（二）重大危险源识别

重大危险源是指能导致重大事故发生的危险因素，具有伤亡人数众多、经济损失严重、社会影响大的特征。重大危险源辨识应从是否存在一旦发生泄漏可能导致火灾、爆炸和中毒等重大危险事故出发进行分析。目前，国际上是根据危险、有害物质的种类及其限量来确定重大危险、有害因素的。例如，在欧盟塞维索指令中列出了 180 种危险、有害物质及其限量。我国制定的《危险化学品重大危险源辨识》（GB 18218—2009）中，列出了 142 种危险、有害物质及其限量。重大危险源依据该标准分为七大类：①易燃、易爆、有害物质的贮罐区（贮罐）；②易燃、易爆、有毒物质的库区（库）；③具有火灾、爆炸、中毒危险的生产场所；④企业危险建（构）筑物；⑤压力管道；⑥锅炉；⑦压力容器。

在建设项目环境风险评价过程中通常根据工程分析的结果，将至少应包括一个（套）危险物质的主要生产装置、设施（贮存容器、管道等）及环保处理设施，或同属一个工厂且边缘距离小于 500m 的几个（套）生产装置、设施视为一个功能单元。凡生产、加工、运输、使用或贮存危险性物质，且危险性物质的数量等于或超过临界量的功能单元，定为重大危险源。部分危险物名称及临界量举例如表 8-2 所示。

表 8-2　　　　　　　　　　部分危险物名称及临界量

性质	序号	物质名称	生产场所临界量（t）	贮存场所临界量（t）
有毒物质举例	1	氨	40	100
	2	氯	10	25
	3	苯	20	50
易燃物质举例	1	甲醇	2	20
	2	天然气	1	10
	3	汽油	220	—
爆炸性物质举例	1	硝酸铵	25	250
	2	叠氮（化）铅	0.1	1
	3	硝化纤维素	10	100

（三）环境敏感区识别

环境敏感区系指《建设项目环境保护分类管理名录》中规定的需要特殊保护的地区、生态敏感与脆弱区及社会关注区。具体敏感区应根据建设项目和危险物质涉及的环境确定。

（四）评价工作级别划分及要求

在上述工作的基础上，可以按照表 8-3 划分环境风险评价工作的等级。

表 8-3　　　　　　　　　　评价工作等级（一、二级）

分类	剧毒危险性物质	一般毒性危险物质	可燃、易燃危险物质	爆炸危险性物质
重大危险源	一	二	一	一
非重大危险源	二	二	二	二
环境敏感地区	一	一	一	一

一级评价应对事故影响进行定量预测，说明影响范围和程度，提出防范、减缓措施和应急措施。二级评价可进行风险识别、源项分析和对事故影响进行简要分析，提出防范、减缓措施和应急措施。

第三节　环境风险管理

环境风险管理是环境风险评价的重要组成部分，也是环境风险评价的最终目的，包括环境风险的减缓措施和应急预案两方面的内容。

一、风险防范与减缓措施

风险评价的重点在于风险减缓措施。应在风险识别、后果分析与风险评价基础上，为使事故对环境影响和人群伤害降低到可接受水平，提出相应采取的减轻事故后果、降低事故频率和影响的措施。其应从两个方面考虑：一是开发建设活动特点、强度与过程；二是所处环境的特点与敏感性。

（一）选址、总图布置和建筑安全防范措施

1. 项目选址

从环境风险的角度考虑项目选址时，应重点考虑地形、水文、气象等自然条件对企业安全生产的影响和企业与周边区域的相互影响。

（1）厂址不得设在各类（风景、自然、历史文物古迹、水源等）保护区、有开采价值的矿藏区、各种（滑坡、泥石流、溶洞、流沙等）直接危害地段、高放射本底区、采矿陷落（错动）区、淹没区、地震断层区、地震烈度高于九度地震区、Ⅳ级湿陷性黄土区、Ⅲ级膨胀土区、地方病高发区和化学废弃物层上面。

（2）依据地震、台风、洪水、雷击、地形和地质构造等自然条件资料，结合建设项目生产过程及特点，采取易地建设或采取有针对性的、可靠的对策措施。

（3）对生产和使用危险、危害性大的工业产品、原料、气体、烟雾、粉尘、噪声、振动和电离、非电离辐射的建设项目，还必须符合国家有关专门（专业）法规、标准的要求。

（4）厂址及周围居民区、环境保护目标应有足够的卫生和安全防护距离，厂区周围工矿企业、车站、码头、交通干道等还应预留足够的防火间距。

2. 厂区总平面布置

在满足生产工艺、操作要求、使用功能需要和消防、环保要求的同时，主要从风向、安全（防火）距离、交通运输和各类作业、物料的危险、危害性出发，在平面布置方面采取对策措施。

（1）将生产区、辅助生产区（含动力区、贮运区等）、管理区和生活区按功能相对集中分别布置。布置时应考虑生产流程、生产特点和火灾爆炸危险性，结合地形、风向等条件，以减少危险、有害因素的交叉影响。

管理区、生活区一般应布置在全年或夏季主导风向的上风侧或全年最小频率风向的下风侧。辅助生产设施的循环冷却水塔（池）不宜布置在变配电所、露天生产装置和铁路冬季主导风向的上风侧和怕受水雾影响设施全年主导风向的上风侧。

（2）应根据工艺流程、货运量、货物性质和消防的需要，选用适当运输和运输衔接方式，合理组织车流、物流、人流（保持运输畅通且运距最短、经济合理，避免迂回和平面交叉运输、道路与铁路平交和人车混流等）。为保证运输、装卸作业安全，应从设计上对厂内道路（包括人行道）的布局、宽度、坡度、转弯（曲线）半径、净空高度、安全界线及安全视线、建筑物与道路间距和装卸（特别是危险品装卸）场所、堆场（仓库）布局等方面采取对策措施。

（3）为满足工艺流程的需要和避免危险、有害因素相互影响，应合理布置厂房内的生产装置、物料存放区和必要的运输、操作、安全、检修通道。例如，全厂性污水处理场及高架火炬等设施，宜布置在人员集中场所及明火或散发火花地点的全年最小频率风向的上风侧；液化烃或可燃液体罐组，不应毗邻布置在高于装置、全厂性重要设施或人员集中场所的阶梯上，并且不宜紧靠排洪沟；当厂区采用阶梯式布置时，阶梯间应有防止泄漏液体漫流措施；设置环形通道，保证消防车、急救车顺利通过可能出现事故的地点；主要人流出入口与主要货流出入口分开布置，主要货流出口、入口宜分开布置；码头应设在工厂水源地下游，设置单独危险品作业区并与其他作业区保持一定的防护距离等。

此外，厂区内应设有应急救援设施及救援通道、应急疏散及避难所。

（二）危险化学品贮运安全防范措施

对贮存危险化学品数量构成危险源的贮存地点、设施和贮量提出要求，与环境保护目标和生态敏感目标的距离符合国家有关规定。

（1）危险化学品生产、贮存和装卸设施应远离管理区、生活区、中央实（化）验室、仪表修理间，尽可能露天、半封闭布置。同时应尽可能布置在人员集中场所、控制室、变配电所和其他主要生产设备的全年或夏季主导风向的下风侧或全年最小风频风向的上风侧并预留足够的安全、卫生防护距离。

危险化学品贮存、装卸区还宜布置在厂区边缘地带。

（2）有毒、有害物质的有关设施应布置在地势平坦、自然通风良好地段，不得布置在窝风低洼地段。

（3）剧毒物品的有关设施还应布置在远离人员集中场所的单独地段内，宜以围墙与其他设施隔开。

（4）腐蚀性物质的有关设施应按地下水位和流向，布置在其他建筑物、构筑物和设备的下游。

（5）易燃易爆区应与厂内外居住区、人员集中场所、主要人流出入口、铁路、道路干线和产生明火地点保持足够安全距离；可能泄漏、散发液化石油气及相对密度大于0.7（空气的密度为1）可燃气体和可燃蒸气的装置不宜毗邻生产控制室、变配电所布置；油、气贮罐宜低位布置。

（三）工艺技术设计安全防范措施

设自动监测、报警、紧急切断及紧急停车系统；防火、防爆、防中毒等事故处理系统；应急救援设施及救援通道；应急疏散通道及避难场所。

1. 工艺过程的安全防范措施

（1）工艺过程中使用和产生易燃易爆介质时，必须考虑防火、防爆等安全对策措施在工艺设计时加以实施。

（2）工艺过程中有危险的反应过程，应设置必要的报警、自动控制及自动连锁停车的控制设施。

（3）工艺设计要确定工艺过程泄压措施及泄放量，明确排放系统的设计原则。

（4）工艺过程设计应提出保证供电、供水、供风及供汽系统可靠性的措施。

（5）生产装置出现紧急情况或发生火灾爆炸事故需要紧急停车时，应设置必要的自动紧急停车措施。

（6）采用新工艺、新技术进行工艺过程设计时，必须审查其防火、防爆设计技术文件资料，核实其技术在防火、防爆方面的可靠性，确定所需的防火、防爆设施。

2. 工艺流程的安全防范措施

（1）火灾爆炸危险性较大的工艺流程设计，应针对容易发生火灾爆炸事故的部位和一定时机（如开车、停车及操作切换等），采取有效的安全措施，并在设计中组织各专业设计人员加以实施。

（2）工艺流程设计，应考虑正常开停车、正常操作、异常操作处理及紧急事故处理时的安全对策措施和设施。

（3）工艺安全泄压系统设计，应考虑设备及管线的设计压力、允许最高工作压力与安全阀、防爆膜的设定压力的关系，并对火灾时的排放量，停水、停电及停汽等事故状态下的排放量进行计算及比较，选用可靠的安全泄压设备，以免发生爆炸。

（4）化工企业火炬系统的设计，应考虑进入火炬的物料处理量、物料压力、温度、堵塞、爆炸等因素的影响。

（5）工艺流程设计，应全面考虑操作参数的监测仪表、自动控制回路，设计应正确可靠，吹扫应考虑周全。应尽量减少工艺流程中火灾爆炸危险物料的存量。

（6）控制室的设计，应考虑事故状态下的控制室结构及设施不致受到破坏或倒塌，并能实施紧急停车，减少事故的蔓延和扩大。

（7）对工艺生产装置的供电、供水、供风、供汽等公用设施的设计，必须满足正常生产和事故状态下的要求，并符合有关防火、防爆法规、标准的规定。

（8）应尽量消除产生静电和静电积聚的各种因素，采取静电接地等各种防静电措施。静电接地设计应遵守有关静电接地设计规程的要求。

（9）工艺过程设计中，应设置各种自控检测仪表、报警信号系统及自动和手动紧急泄压排放安全连锁设施。非常危险的部位，应设置常规检测系统和异常检测系统的双重检测体系。

（四）其他措施方案

（1）自动控制设计安全防范措施。有可燃气体、有毒气体检测报警系统和在线分析系统设计方案。

（2）电气、电信安全防范措施。爆炸危险区域、腐蚀区域划分及防爆、防腐方案。

（3）消防及火灾报警系统。消防设备的配备、消防事故水池的设置，以及发生火灾时厂区废水、消防水外排的切断装置等。

（4）紧急救援站或有毒气体防护站设计。根据项目实际需要，提出紧急救援站或有毒气体防护站设计方案。

二、应急预案

应急预案应确定不同的事故应急响应级别，根据不同级别制定应急预案。应急预案主要内容是消除污染环境和人员伤害的事故应急处理方案，并应根据要清理的危险物质特性，有针对性地提出消除环境污染的应急处理方案。

（一）制定事故应急预案的目的和原则

1. 制定预案的目的

（1）采取预防措施使事故控制在局部，消除蔓延条件，防止突发性重大或连锁事故发生。

（2）能在事故发生后迅速有效地控制和处理事故，尽力减轻事故对人、财产和环境造成的影响。

2. 制定应急预案的原则

（1）从事故预防的角度制定事故应急预案。"提高系统安全保障能力"和"将事故控制在局部"是事故预防的两个关键点，也是应急预案制定的出发点之一。

（2）从事故发生后损失控制的角度制定事故应急救援预案。"及时进行救援处理"和"减轻事故所造成的损失"是事故损失控制的两个关键点，也是达到应急预案最终效果的关键。

（二）事故应急预案的特点

事故应急预案应具有以下特点。

（1）科学性。编制事故应急救援预案是一项科学性很强的工作。只有在全面调查的基础上，实行领导与专家相结合的方式，开展科学分析和论证，以科学的态度制定出严密、统一、完整的事故应急救援方案，才能使事故应急救援预案具有科学性。

（2）实用性。事故应急救援预案应符合客观情况，具有实用性，便于操作，起到准确、迅速控制事故的作用。

（3）权威性。事故应急救援工作是一项紧急状态下的应急工作，所制定的应急救援预案应明确救援工作的管理体系、救援行动的组织指挥权限、各级救援组织的职责和任务等，确保救援工作的统一指挥。制定的事故应急救援预案应经政府有关部门批准后才能实施，并且应到相关政府部门备案，保证应急救援预案的权威性。

（三）应急预案的主要内容

参照《建设项目环境风险评价技术导则》的要求，事故应急预案的主要内容如表 8-4 所示。

表 8-4　　　　　　　　　　　　　应 急 预 案 内 容

序号	项　目	内容及要求
1	应急计划区	危险目标：装置区、贮罐区、环境保护目标
2	应急组织机构、人员	工厂、地区应急组织机构、人员
3	预案分级响应条件	规定预案的级别及分级响应程序
4	应急救援保障	应急设施、设备与器材等
5	报警、通信联络方式	规定应急状态下的报警通信方式、通知方式和交通保障、管制
6	应急环境监测、抢险、救援及控制措施	由专业队伍负责对事故现场进行侦察监测，对事故性质、参数与后果进行评估，为指挥部门提供决策依据
7	应急检测、防护措施、清除泄漏措施和器材	事故现场、邻近区域、控制防火区域，控制和清除污染措施及相应设备
8	人员紧急撤离、疏散，应急剂量控制、撤离组织计划	事故现场、工厂邻近区、受事故影响的区域人员及公众对毒物应急剂量控制规定，撤离组织计划及救护，医疗救护与公众健康
9	事故应急救援关闭程序与恢复措施	规定应急状态终止程序； 事故现场善后处理，恢复措施； 邻近区域解除事故警戒及善后恢复措施
10	应急培训计划	应急计划制订后，平时安排人员培训与演练
11	公众教育和信息	对工厂邻近地区开展公众教育、培训和发布有关信息

第九章

环境影响评价的公众参与

公众参与是指社会群众、社会组织、单位或个人作为主体，在其权利义务范围内有目的的社会行动。公众参与是一个连续的双向的交换意见过程，以增进公众了解政府、企业及其他机构所负责调查和拟解决的环境问题的做法与过程，将项目、计划、规划或政策制定和评估活动中的有关情况随时完整地通报给公众，积极征求各利益相关群体对项目决策、资源利用、方案比选及组织实施方案的酝酿和形成的意见，促进项目实现和谐共赢。

第一节 公众参与环境影响评价的目的及意义

一、公众参与的性质、目的及范围

（一）公众参与的性质和目的

1. 公众参与的性质

公众参与的内在性质是以社会公众的身份保护公共利益。当参与对象是环境影响评价时，实际上是通过国家立法，在体制内建立的一种沟通和协调不同团体利益的谈判和协商机制。

公众参与环境影响评价要求在进行环境影响评价、编制、审批环境影响报告书时，必须征求公众对拟议行动的意见，将公众意见作为决策的一项依据，从而避免拟议行动对环境可能造成的损害，保护相关利害关系人的环境权益。

参与制度的建立，首先给予各种利益团体表达各自利益要求的机会，从而有助于各方寻求利益的平衡点，减少因环境保护的巨大利益冲突引发的社会矛盾；其次作为民主法治的一项基本要求，公众参与制度的设立可以防止因行政机关的违法和不当行为引起的环境破坏。

2. 公众参与的目的

公众参与环境影响评价使公众有合理、有效地提出建议的途径，对预防因规划和建设项目实施后对环境造成不良影响起到监督的作用，避免项目方和公众之间的冲突，促进建设项目和规划取得经济效益、社会效益、环境效益的协调统一，实现可持续发展。

公众参与的目的主要表现在：①为了让公众了解建设项目和规划，通过公众参与如实地反映出公众的意见；②为拟建项目和规划落实环境保护措施和解决公众所关心的问题；③为环境保护行政主管部门进行决策提供参考意见，以达到环境影响评价工作的完善和公正；④把那些对周围环境影响很大、不合法和不适合的建设项目通过公众参与予以否定。

（二）公众参与的范围

1. 公众参与建设项目环境影响评价

根据《中华人民共和国环境影响评价法》第二十一条规定，除国家规定需要保密的情形外，对环境可能造成重大影响应当编制环境影响报告书的建设项目，建设单位应当在报批建设项目环境影响报告书前，举行论证会、听证会，或者采取其他形式，征求有关单位、专家和公众的意见。建设单位报批的环境影响报告书应当附具对有关单位、专家和公众的意见采纳或者不采纳的说明。

《环境影响评价公众参与暂行办法》规定，本办法适用于下列建设项目环境影响评价的公众参与：①对环境可能造成重大影响，应当编制环境影响报告书的建设项目；②环境影响报告书经批准后，项目的性质、规模、地点、采用的生产工艺或者防治污染、防止生态破坏的措施发生重大变动，建设单位应当重新报批环境影响报告书的建设项目；③环境影响报告书自批准之日起超过五年方决定开工建设，其环境影响报告书应当报原审批机关重新审核的建设项目。

2. 公众参与规划环境影响评价

根据《中华人民共和国环境影响评价法》，工业、农业、畜牧业、林业、能源、水利、交通、城市建设、旅游、自然资源开发的有关专项规划（简称"专项规划"）的编制机关，对可能造成不良环境影响并直接涉及公众环境权益的规划，应当在该规划草案报送审批前，举行论证会、听证会，或者采取其他形式，征求有关单位、专家和公众对环境影响报告书草案的意见，但是国家规定需要保密的情况除外。

专项规划的编制机关应当认真考虑有关单位、专家和公众对环境影响报告书草案的意见，并应当在报送审查的环境影响报告书中附具对意见采纳或者不采纳的说明。

环境保护行政主管部门组织对开发建设规划的环境影响报告书提出审查意见时，应当就公众参与内容的审查结果提出处理建议，报送审批机关。

土地利用的有关规划，区域、流域、海域的建设、开发利用规划的编制机关，应当根据《中华人民共和国环境影响评价法》和《国务院关于落实科学发展观加强环境保护的决定》的有关规定，在规划编制过程中组织进行环境影响评价，编写该规划有关环境影响的篇章或者说明。土地利用的有关规划，区域、流域、海域的建设、开发利用规划的编制机关，在组织进行规划环境影响评价的过程中，可以根据《环境影响评价公众参与暂行管理办法》征求公众意见。

（三）公众参与环境影响评价的主体

在整个环境影响评价程序中，对环境影响做出评价的主体主要包括负责审批环境影响报告书的政府有关部门、环境保护行政主管部门、拟议行动的提议者、环境影响评价报告书的编写者或者主管者以及公众等。这些主体在环境影响评价中的地位是不同的。本书研究的重点是公众参与问题，以公众为研究对象，所以对于环境影响评价制度中的其他主体不做主要的讨论。

根据世界银行的定义，环境影响评价过程中的公众参与的主体，一般应当包括直接受到影响的人群、受到影响团体的公共代表和其他感兴趣的团体。有的学者认为，在环境影响评价中主要应考虑的公众参与者包括：①受建设项目直接影响并住在项目建设地点附近的人们；②生态保护主义者和希望保证使开发与环境的需要尽量有效结合的生态学家，这些人愿意为环境保护提出相当大的财政开支；③在拟议行动实施后将获益的工商业开发者；④一般公众中享受高水平生活的那部分人，以及不愿为了保持自然保护区或风景区或无污染的水和空气而牺牲这种高水平生活的人。另外，重要的公众还包括媒体和与项目有关的其他部门。

根据环境权的基本原理，公众个人、单位或组织，只要是环境的主体，有环境权，并且有参与环境保护的要求，就应该有权参与到环境影响评价。但是，对具体的规划和建设项目的环境影响评价，由于现实条件的限制，具体参与的人员范围，只能根据项目的意义和影响及当时、当地的具体条件决定。因此，环境影响评价中的公众参与主体应该包括以下几类：①受到或者可能受到影响的当地居民。主要考虑空间距离因素，即生活在某个项目周围的人，有可能受到噪声、灰尘、臭味、有毒气体威胁的人们。②法人。主要考虑经济利益因素，即可能因项目建设而获得相关的经济利益或者相反的法人。③环境保护非政府组织。非政府组织在环境保护领域有着重要的作用，具有联系公众与政府之间关系的桥梁和纽带作用。对于规划环境影响评价中的公众参与主体的界定，主张借鉴美国、欧盟等国家对环境影响评价中公众的规定，按照规划的影响范围来确定参与公众的范围。

（四）我国环境影响评价公众参与的发展历程

从20世纪90年代开始，我国开始在环境影响评价中推行公众参与。1993年国家计委、国家环保局、财政部和中国人民银行联合发布《关于加强金融组织贷款建设项目环境影响评价管理工作的通知》中，明确指出"公众参与是环境影响评价的重要组成部分，报告书应设专门章节予以表述，使可能受影响的公众或社会团体的利益得到考虑和补偿。"1996年修订的《水污染防治法》第十三条第四款和1996年制定的《环境噪声污染防治法》第十三条第三款都规定"环境影响报告书，应当有该建设项目所在地单位和居民的意见。"

我国2002年颁布的《环境影响评价法》借鉴了国际上的先进经验，总结了实践中的可行做法，把公众参与作为环境影响评价中的一项重要内容加以规定。在总则部分第五条原则性规定，"国家鼓励有关单位、专家和公众以适当方式参与环境影响评价。"第十一条规定，"专项规划的编制机关对可能造成不良环境影响并直接涉及公众环境权益的规划，应当在该规划草案报送审批前，举行论证会、听证会，或者采取其他形式，征求有关单位、专家和公众对环境影响报告书草案的意见。但是，国家规定需要保密的情形除外。"第二十一条规定，"除国家规定需要保密的情形外，对环境可能造成重大影响、应当编制环境影响报告书的建设项目，建设单位应当在报批建设项目环境影响报告书前，举行论证会、听证会，或者采取其他形式，征求有关单位、专家和公众的意见。

2006年2月原国家环保总局发布《环境影响评价公众参与暂行办法》，明确了公众参与环境影响评价的权利，提出公众参与环境影响评价实行公开、平等、广泛和便利四项原则，规定了公众参与环境影响评价的具体范围、程序、方式和期限，真正保障了公众环境权益，加强了环境决策民主化，充分调动各相关利益方参与环境影响评价的积极性，为我国环境影响评价工作在公众参与的进一步规范中起到很好的作用。2009年8月《规划环境影响评价条例》又对公众参与规划环境影响评价做出了规定。

二、公众参与在环境影响评价中的重要意义

公众参与环境影响评价可以提高公众对环境影响评价单位如何调查、解决环境问题的过程和机制的认识；使公众对拟议的建设项目、区域开发和公共政策有充分的了解，确定不可估量环境资源的市场价值，确保环境保护对策措施的可行性和适宜性，从而协调项目建设或规划与公众的关系。

（一）改变经济发展模式以实现可持续发展

实行公众参与环境影响评价制度，在决策时，不仅要考虑建设项目和规划对经济发展是否有利,还必须根据公众意见,考虑建设项目本身对周围环境的影响及这种影响的反馈作用,并且必须采取必要的防范措施。这样就可以真正做到在建设过程中把经济效益与环境效益统一起来,把经济发展和环境保护协调起来,实现可持续发展。

(二)维护社会稳定及促进社会和谐

公众参与模式在应对现代社会的政治现实上具有显著优势,是行政法转型的标志性方向之一。公众参与机制在行政法领域得到了充分发展,在发达国家,已经成为作为行政法的核心价值之一,如今在发展中国家也得到了大力引介、移植。我国行政程序中的公开、听证等规定就是公众参与的表现。可以想象,以公众参与协商为核心的公众参与模式在行政法及其制度的建设过程中将发挥突出的优势,因此,对于公众参与模式的探讨颇有价值。在行政法转型的大背景下,环保领域由于其自身的特点,对于公众参与的需求更为明显。随着社会的变迁,环境领域问题的风险性、影响的广泛性、深远性,使得传统的环境程序法规越来越难以应对。传统模式下由政府主导并基于其自由裁量权而制定的环境政策,其正当性及合法性受到了广泛的质疑。在此种状况下,为修正传统模式的缺失,公众参与模式在环保领域应运而生,并开始成为环境影响评价制度的重要特色。

(三)增强公众环境保护意识

建立公众参与环境影响评价制度,对于提高公众的环境意识有积极作用。据中国环境文化促进会2008年发布的我国公众环保民生指数显示,尽管环保在近年来成为公众关注的社会热点,有76.4%的公众认为我国当前的环境问题"非常严重"和"比较严重",但公众参与环保的程度还很低。高达72.2%的公众不知道6月5日是"世界环境日";58%的公众不知道"12369"这个全国统一的环境热线;能够正确回答"对本辖区环境质量负责"的机构是地方人民政府的公众仅为11.2%;而了解"十一五"期间节能减排目标是全国单位GDP能耗下降20%"的公众还不到10%。在环境影响评价制度中引进公众参与机制,对于加强环境的宣传教育,提高公众参与环境保护意识,落实公众参与环境决策,具有积极意义。

(四)监督建设单位和环保部门

公众参与制度使公众不仅可以对规划和项目在规划实施前和项目建设前是否进行环境影响评价进行监督,还可以通过对规划和项目的有关信息的了解来监督在规划实施、项目建设和营运过程中的不法行为。公众参与制度不仅可以监督环境行政机关在环境行政过程中是否依法行政,对滥用权力进行约束,而且公众的监督也可以帮助环境行政机关正确决策,提高行政效率。

(五)确保环境保护对策措施的可行性和适宜性

为使项目造成的环境破坏减少到最小,环境影响评价最终必然要提出相应的环境保护与污染防治措施。这些措施一方面要听取政府部门和各专业专家的建议,另一方面必须符合对其最有切身体验的公众的要求。生活在项目建设区周围的人们,是项目造成的环境问题的最直接的受影响者,同时也是在项目建成后的多年中对策措施实行的受益者,因而对于项目环保措施的可行性和适宜性最有发言权,并实现对措施的监督检验、反馈信息,提出合理性改进建议。

(六)使决策更具科学性、合理性

公众参与为行政机构最广泛地收集不同意见、观点和价值取向提供了一种手段。从信息的角度来看,信息是制定方案的前提,抉择方案的依据,但是政府审批人员对信息的获取能力是有限的,因为不论是公共部门还是私人部门,没有一个个体行动者能够拥有解决综合、动态、多样化问题所需要的全部知识与信息;也没有一个个体行动者有足够的知识和能力去应用所有有效的工具。在解决信息不足的问题上,公众参与凸显了其价值。公众通过各种形式参与到行政决策过程中,代表了各个领域的智慧和经验,其所属的不同专业背景确保了他们可以为决策提供更多的信息和建议。更为重要的是,公众作为行政决策的直接承受者往往对于现实情况更为清楚,因此相对于政府和专家而言,他们的部分意见更符合实际。公众参与使得决策者可以汇集更多的信息和意见,从而对于客观情况做出更加准确的判断,做出更为合理、科学的决策。

(七)促进公众与政府的相互理解,增强决策的可接受性

公众参与决策的制定过程有利于行政决策为公众接受、认可,降低执行的难度。政府所做的行政决策即使是正确而有益的,但如果得不到公众的支持和认可其效用也将大打折扣。而公众参与机制可以充分实现政府与公众的沟通,并在此过程中实现相互理解和认同。公众的意见能通过相应的渠道传递给政府,同时公众的疑问和质疑由政府以公开的方式予以解释。在这种状态下即使双方在意见上仍有冲突和分歧,但是这种分歧所导致的不信任感已大大降低。对于公众来说,一方面由于信息的公开,其对于行政决策的目的、内容和效果等有了相对清楚的认识,从而减少了因信息不畅、沟通不足所导致的误解,给决策实行带来的麻烦。另一方面,由于自己的意见能够表达并以可见的方式对于决策产生一定的影响,这在客观上有助于增加其积极性和自信心,从而减少了对于政府的对立情绪。

第二节 公众参与环境影响评价的内容及方式

一、公众参与环境影响评价的内容

(一)公众参与建设项目环境影响评价

公众有获得环境信息的权利(又称信息权或知情权),既是公众参与环境管理的前提条件,又是公众参与权和民主程序的一个重要特征。我国环境保护部公布《环境信息公开办法(试行)》自2008年5月1日起施行。建设单位或者其委托的环境影响评价机构、环境保护行政主管部门应当按照该办法的规定,采用便于公众知悉的方式,向公众公开有关环境影响评价的信息。

1. 公示建设项目信息

《环境影响评价公众参与暂行办法》规定,在《建设项目环境分类管理名录》划分的环境敏感区建设的需要编制环境影响报告书的项目,建设单位应当在确定承担环境影响评价工作的环境影响评价机构后7日内向公众公告下列信息:①建设项目的名称及概要;②建设项目的建设单位的名称和联系方式;③承担评价工作的环境影响评价机构的名称和联系方式;④环境影响评价的工作程序和主要工作内容;⑤征求公众意见的主要事项;⑥公众提出意见的主要方式。

2. 公示环境影响评价相关信息

建设单位或者其委托的环境影响评价机构在编制环境影响报告书的过程中,应当在报送环境保护行政主管部门审批或者重新审核前,向公众公告如下内容:建设项目情况简述;建设项目对环境可能造成影响的概述;预防或者减轻不良环境影响的对策和措施的要点;环境

影响评价报告书提出的环境影响评价结论的要点;公众查阅环境影响评价报告书简本的方式和期限,以及公众认为必要时向建设单位或者其委托的环境影响评价机构索取补充信息的方式和期限;征求公众意见的范围和主要事项;征求公众意见的具体形式;公众提出意见的起止时间。

为了便于公众获得环境影响评价的相关信息,建设单位或者其委托的环境影响评价机构,可以采取以下一种或者多种方式发布信息公告:①在建设项目所在地的公共媒体上发布公告;②公开免费发放包含有关公告信息的印刷品;③其他便于公众知情的信息公告方式。

建设单位或其委托的环境影响评价机构,可以采取以下一种或者多种方式,公开便于公众理解的环境影响报告书的简本:①在特定场所提供环境影响报告书的简本;②制作包含环境影响报告书的简本的专题网页;③在公共网站或者专题网站上设置环境影响报告书的简本的链接;④其他便于公众获取环境影响报告书的简本的方式。

3. 征求公众意见

(1) 公众参与对象的选择。建设单位或者其委托的环境影响评价机构、环境保护行政主管部门,应当综合考虑地域、职业、专业知识背景、表达能力、受影响程度等因素,合理选择被征求意见的公民、法人或者其他组织。被征求意见的公众必须包括受建设项目影响的公民、法人或者其他组织的代表。

(2) 公众参与的组织者。《环境影响评价公众参与暂行办法》规定,建设单位或者其委托的环境影响评价机构在编制环境影响报告书的过程中,环境保护行政主管部门在审批或者重新审核环境影响报告书的过程中,应当依照本办法的规定,公开有关环境影响评价的信息,征求公众意见,但国家规定需要保密的情形除外。

(3) 公众参与的要求。建设单位或者其委托的环境影响评价机构应当在发布信息公告、公开环境影响报告书的简本后,采取调查公众意见、咨询专家意见、座谈会、论证会、听证会等形式,公开征求公众意见。征求公众意见的期限不得少于 10 日,并确保其公开的有关信息在整个征求公众意见的期限之内均处于公开状态。环境影响报告书报送环境保护行政主管部门审批或者重新审核前,建设单位或者其委托的环境影响评价机构可以通过适当方式,向提出意见的公众反馈意见处理情况。

环境保护行政主管部门应当在受理建设项目环境影响报告书后,在其政府公众网站或者采用其他便利公众知悉的方式,公告环境影响报告书受理的有关信息。同时环境保护行政主管部门公告的期限不得少于 10 日,并确保其公开的有关信息在整个审批期限之内均处于公开状态。环境保护行政主管部门公开征求意见后,对公众意见较大的建设项目,可以采取调查公众意见,咨询专家意见,开座谈会、论证会、听证会等形式再次公开征求公众意见。而环境保护行政主管部门在做出审批或者重新审核决定后,应当在政府公众网站公告审批或者审核结果。

公众可以在有关信息公开后,以信函、传真、电子邮件或者按照有关公告要求的其他方式,向建设单位或者其委托的环境影响评价机构、负责审批或者重新审核环境影响报告书的环境保护行政主管部门,提交书面意见。

建设单位或者其委托的环境影响评价机构、环境保护行政主管部门应当将所回收的反馈意见的原始资料存档备查。建设单位或者其委托的环境影响评价机构,应当认真考虑公众意见,并在环境影响报告书中附具对公众意见采纳或者不采纳的说明。

环境保护行政主管部门可以组织专家咨询委员会，由其对环境影响报告书中有关公众意见采纳情况的说明进行审议，判断其合理性并提出处理建议。环境保护行政主管部门在做出审批决定时，应当认真考虑专家咨询委员会的处理建议。

公众认为，建设单位或者其委托的环境影响评价机构对公众意见未采纳且未附具说明的，或者对公众意见未采纳的理由说明不成立的，可以向负责审批或者重新审核的环境保护行政主管部门反映，并附具明确具体的书面意见。

（二）公众参与规划环境影响评价

在规划环境影响评价过程中鼓励和支持公众参与，并应充分考虑社会各方面的利益和主张。专项规划的组织编制机关，对可能造成不良环境影响并直接涉及公众权益的规划，应当在其草案报送审批前举行论证会、听证会，或者采取其他形式征求有关单位、专家和公众对环境影响报告书草案的意见（国家规定需要保密的情形除外），并在报送审查的环境影响评价报告书中添附对上述意见采纳或者不采纳的说明。

1. 公众参与对象

由于规划与建设项目不同，它涉及的决策层次高，影响面大，因此规划环境影响评价中的公众参与建设项目有所不同。首先，由于许多规划涉及国家、地方行业或商业秘密，因此，在其酝酿期需要保密，这就要求公众参与者的范围不宜过大；其次，有的规划专业性较强，因此对公众参与的参与者层次要求比建设项目要高。参与者的确定要综合考虑以下因素。

（1）影响范围广且多为直接影响的规划，应采用广泛的公众参与；技术复杂的规划要求有高层次管理者、专家的参与。

（2）充分考虑时间因素和人力、物力和财力等条件，通过一定途径和方式，遵循一定的程序开展规划环境影响评价的公众参与。

在规划环境影响评价中的公众参与者一般包括四个类型：受影响公众、本研究领域及相关领域的专家、感兴趣团体和新闻媒介。在综合考虑规划的特性、参与者的素质以及资源的可获得性等因素后，确定适当的公众、团体或组织来参与规划环境影响评价。

2. 公众参与的方式

公众参与的方式可以采取专家咨询、问卷调查、召开听证会、举办展览或利用广播、电视、网络公告等形式，针对不同类型的规划，可采取不同形式的公众参与。

对于涉及面广，无保密要求的规划，可采取问卷调查、举办展览、广播等形式向公众进行咨询，认真考虑他们的意见；对于有保密要求或专业性较强的规划，在咨询方式和方法上可以将保密性内容经过技术处理转化为非保密的问题。在确保不泄密的条件下进行咨询，使公众及时了解处理结果，并对其意见予以反馈。

3. 公众参与的内容

规划环境影响评价过程中适合公众参与的内容包括：①环境背景调查；②环境资源价值估算；③界定各个规划要素与受影响的环境要素间的关系；④规划环境影响评价后评估及监督。

总之，公众参与应贯穿规划环境影响评价全过程。在环境影响评价工作的任何时间和阶段，公众都可以要求了解规划行动的有关内容，随时发表他们的意见和建议，以避免因规划内容缺陷而引起环境问题或者因规划实施过程失真造成环境影响。

二、公众参与环境影响评价的方式

当前常用的公众参与方法主要有五类：调查公众意见、咨询专家意见、座谈会、论证会、听证。

（一）调查公众意见和咨询专家意见

建设单位或者其委托的环境影响评价机构调查公众意见可以采取问卷调查等方式，并应当在环境影响报告书的编制过程中完成。对于采取问卷调查方式征求公众意见的，调查内容的设计应当简单、通俗、明确、易懂，避免设计可能对公众产生明显诱导的问题。同时问卷的发放范围应当与规划实施后的影响范围相一致。问卷的发放数量应当根据建设项目或规划的具体情况，综合考虑环境影响的范围和程度、社会关注程度，组织公众参与。咨询专家意见可以采用书面或者其他形式。咨询专家意见包括向有关专家进行个人咨询或者向有关单位的专家进行集体咨询。接受咨询的专家个人和单位应当对咨询事项提出明确意见，并以书面形式回复。对书面回复意见，个人应当签署姓名，单位应当加盖公章。对于集体咨询专家，有不同意见的，接受咨询的单位应当在咨询回复中载明。

（二）座谈会和论证会

以座谈会或者论证会的方式征求公众意见的，应当根据环境影响的范围和程度、环境因素和评价因子等相关情况，合理确定座谈会或者论证会的主要议题。同时规划编制单位、建设单位或者其委托的环境影响评价机构应当在座谈会或者论证会召开7日前，将座谈会或者论证会的时间、地点、主要议题等事项，书面通知有关单位和个人。

规划编制单位、建设单位或者其委托的环境影响评价机构应当在座谈会或者论证会结束后5日内，根据现场会议记录整理制作座谈会议纪要或者论证结论，并存档备查，并且会议纪要或者论证结论应当如实记载不同意见。

（三）听证会

建设单位、规划编制单位或者其委托的环境影响评价机构（以下简称"听证会组织者"）决定举行听证会征求公众意见的，应当在举行听证会的10日前，在该建设项目或规划可能影响范围内的公共媒体或者采用其他公众可知悉的方式，公告听证会的时间、地点、听证事项和报名办法。听证会必须公开举行。

希望参加听证会的公民、法人或者其他组织，应当按照听证会公告的要求和方式提出申请，并同时提出自己所持意见的要点。听证会组织者应当在申请人中遴选参会代表，并在举行听证会的5日前通知已选定的参会代表。听证会组织者选定的参加听证会的代表人数一般不得少于15人，其他的个人或者组织可以申请旁听公开举行的听证会。举行听证会时设听证主持人1名、记录员1名。

参与听证会的个人和组织必须遵守相关的法律与要求：参加听证会的人员应当如实反映对建设项目或规划环境影响的意见，遵守听证会纪律，并保守有关技术秘密和业务秘密；旁听人应当遵守听证会纪律，旁听者不享有听证会发言权，但可以在听证会结束后，向听证会主持人或者有关单位提交书面意见；新闻单位采访听证会，应当事先向听证会组织者申请。

听证会按下列程序进行：①听证会主持人宣布听证事项和听证会纪律，介绍听证会参加人；②建设单位的代表对建设项目概况做介绍和说明；③环境影响评价机构的代表对环境影响报告书做说明；④听证会公众代表对环境影响报告书提出问题和意见；⑤建设单位、规划编制单位或者其委托的环境影响评价机构的代表对公众代表提出的问题和意见进行解释和说明；⑥听证会公众代表和建设单位、规划编制单位或者其委托的环境影响评价机构的代表进行辩论；⑦听证会公众代表做最后陈述；⑧主持人宣布听证结束。

听证笔录应当载明下列事项：①听证会主要议题；②听证主持人和记录人员的姓名、职务；③听证参加人的基本情况；④听证时间、地点；⑤建设单位、规划编制单位或者其委托的环境影响评价机构的代表对环境影响报告书所做的概要说明；⑥听证会公众代表对环境影响报告书提出的问题和意见；⑦建设单位、规划编制单位或者其委托的环境影响评价机构代表对听证会公众代表就环境影响报告书提出问题和意见所做的解释和说明；⑧听证主持人对听证活动中有关事项的处理情况；⑨听证主持人认为应记录的其他事项。

听证会组织者对听证会应当制作笔录。听证结束后，听证笔录应当交参加听证会的代表审核并签字。无正当理由拒绝签字的，应当记入听证笔录。

附录 A 中咨公司投资项目环境影响评估准则[1]

一、投资项目环境影响评估准则的目的、适用条件和范围

（一）投资项目环境影响评估准则的目的

1. 贯彻落实国家相关法律政策

在工程咨询领域加强环境影响评估的相关工作是落实《中华人民共和国环境影响评价法》、《循环经济促进法》、《清洁生产促进法》等各项环境保护法律法规中的相关规定，践行科学发展观、走社会主义新型工业化道路、建设社会主义和谐社会等国家发展方略的一项重要举措。环境影响评估准则的建立能有效地指导中国国际工程咨询公司在开展投资建设项目前期咨询工作和相关业务时的环境影响评估工作，促进此类评估工作的科学化、规范化、全面化和系统化。

2. 与现行环境影响评价制度相互补充

现行的环境影响评价是对规划和建设项目实施后可能造成的环境影响进行分析、预测和评估，提出预防或者减轻不良环境影响的对策和措施，并进行跟踪监测的方法和制度。

从本质上分析，目前的环境影响评价审批更多地强调在"准入性"，而非对项目进行"优化"，重点关注项目建设所带来的"三废"（废水、废气、废渣）及局部生态的影响，而少着重分析项目建成后，对整个区域生态环境以及社会和经济发展的影响，同时甚难顾及如何对项目进行方案设计以使得项目实现在资源节约、节能减排、循环经济等更高层面上的目标，特别是在评价范围、评价深度和产业衔接方面存在局限性。

本准则从一个更加综合、全面的视角对投资建设项目在环境、社会和经济方面的影响进行前期分析和项目总体方案的前期设计，以使项目在设计源头就符合建设环境友好型社会的需求。

（二）投资项目环境影响评估准则的适用条件和范围

本准则适用于中国国际工程咨询公司在对投资项目进行立项论证、可行性分析、项目发展规划等诸多相关方面提供专业支持。

基于目前环境影响评价审批工作存在的"重准入轻优化"的问题，工程咨询的环境影响评价准则的具体应用范围定位为以下两个方面：

1. 投资建设项目的环境影响评估

根据投资建设项目所在区域的社会、经济和环境的约束条件，分别从项目的区域外部适应性、产业发展水平及对区域发展的影响、项目的环境影响分析以及污染控制和技术方案的设计等四个方面进行系统的评估。从整体上前瞻性把握项目的环境影响。

2. 项目建设方案设计

遵循"整体、协调、循环、自生"的原则，通过对项目内部及区域内（间）产业的结构和功能进行辨识，结合区域产业布局和生态功能区划，为投资项目的选址方案、工艺路线、清洁生产方案设计、节能减排、资源综合利用以及产业链的横向耦合等方面提出优化方案。

---

[1] 本准则供中咨公司内部使用，并根据情况变化适时进行修改完善。相关内容仅供参考。

二、投资项目环境影响评估准则的依据和原则

（一）投资项目环境影响评估准则的依据

1. 法律法规及相关政策

法律法规是投资项目环境影响评估工作的首要的依据，包括国家法律法规、中央政府有关文件及相关政策；地方性法律、政府有关文件及相关政策。

2. 标准及规范

包括国家、行业及地方的标准、规范及相关规定。

3. 规划及其他相关文件

包括国家、行业及地方的各种类型的规划及其他相关规定。

（二）投资项目环境影响评估准则的基本原则

贯彻落实科学发展观，按照工程咨询理论创新的要求，从可持续发展的角度出发，统筹考虑投资建设中资源、能源的节约与综合利用以及生态环境承载力等因素，促进循环经济发展，应体现如下六个方面的原则。

1. 统筹性原则

必须同时兼顾环境效益、经济效益和社会效益。

2. 科学性原则

本着科学性的原则，采用科学的方法对项目方案的各个环节进行严格的论证。

3. 借鉴性原则

充分借鉴已有的各类研究成果，如可借鉴"环境保护规划"、"生态功能区划"、"社会经济发展规划"等内容。

4. 可操作性原则

应尽可能地选择简单、实用、经过实践检验可行的评估方法，具备较强的可操作性。

5. 整体性原则

在进行评估时应以把握项目的总体为主，对各部分评价内容的详细程度不做统一要求，但前提是不影响对项目的整体性影响的把握。

6. 启发性原则

在进行投资项目环境影响评估时，不应局限于本准则所规定的评估内容。可以根据项目的实际情况适当增加对其他项目不存在，而本项目可能存在的特定环境影响要素加以评价。

（三）应用程序及体系框架

投资项目进行环境影响评估的基本工作程序包括四个步骤，分别是：项目的区域外部适应性分析、产业发展水平及对区域发展影响分析、项目环境影响分析、污染控制与技术方案设计。

其中，项目的区域外部适应性分析主要包括三个方面的内容，即项目与区域自然资源条件及其他区位条件的适应性分析、与区划的适应性分析、区域发展约束条件分析。在与区划的适应性分析中应重点分析与环境功能区划、社会经济发展区划、生态功能区划、主体功能区划等四大类区划之间的适应性。区域发展约束条件分析包括对大气环境、水环境、近岸海域环境、水资源等的分析。

产业发展水平及对区域发展影响分析的主要步骤包括：项目产业发展水平分析、项目对区域人体健康影响的分析、区域社会经济发展规划结论分析、投资项目对区域社会经济协调

发展影响分析。

对项目的环境影响分析的主要步骤包括：对项目进行环境保护分类（对项目做出基本判断）、区域层面生态环境问题及趋势分析、项目层面环境影响分析。其中，项目层面环境影响分析包括对项目在施工期、运行期和服务期满后三个时段的环境影响进行评估。

污染控制与技术方案设计的主要步骤包括：物质和能量的输入输出分析、资源节约与污染物减排潜力分析、资源节约与污染物减排方案设计、经济效益分析、环境效益分析、项目方案的确定。

三、项目的区域外部适应性分析

项目的区域外部适应性分析应基于三个方面，即：①投资项目所在区域能否为其提供良好的自然资源条件以及良好的区位条件；②投资项目的选址是否与所在区域的各种区划相容；③投资项目的建设与运行是否会与所在区域的发展基本约束条件相冲突。

（一）区域自然资源条件及区位条件

（1）对投资项目所在区域的自然资源的数量和质量进行分析，包括：①林木、草地资源；②水资源（包括地表水和地下水）；③生物多样性资源；④矿产资源；⑤能源；⑥土地资源；⑦其他。

（2）区位条件分析重点是对投资项目周边的交通运输条件的分析，包括交通运输方式、交通运输距离、交通运输能力和交通运输成本等方面。

（3）对投资项目所在区域内的自然资源条件和区位条件对项目所能提供的支撑或条件（适应性）进行分析应包括：①投资项目是否能充分利用区域内的自然资源；②投资项目选址是否具有区位优势（便利的交通条件）；③如果投资项目主要是利用本地资源，则对资源的利用是否可持续；④投资项目周边的交通运输能力是否能支撑项目的正常运转（尤其是针对资源外向型、产品外输型的项目）。

（二）与区划的适应性

1. 区域环境功能区划

根据投资项目所在区域的环境功能区划，明确该区域内的环境保护分区，即：严格保护区、有限开发区、集约利用区等。

投资项目应符合区域环境保护分区的相关要求。

2. 区域社会经济发展区划

根据投资项目所在区域的社会经济发展规划，明确该区域的社会经济发展分区，即：商业区、居住区、工业发展区、旅游区等。

投资项目应符合区域社会经济发展分区的相关要求。

3. 生态功能区划

生态功能区划是依据区域生态环境敏感性、生态服务功能重要性以及生态环境特征的相似性和差异性而进行的地理空间分区。

根据生态功能区划的内容，对投资项目在如下几个方面做出基本判断，以确保其：①不会加剧生态环境现状的恶化；②不会加重区域生态环境的敏感性；③不会破坏区域的生态服务功能，特别是对在区域内发挥重要作用的生态服务功能。

4. 主体功能区划

根据区域内的环境保护分区、社会经济发展分区、生态功能区划以及其他相关分析，明确项目所在区域主体功能区划分的大致情况，即可划分为四个区域：优化开发区域、重点开发区域、限制开发区域和禁止开发区域。投资项目应与当地的主体功能区划相符合。

（三）区域发展约束条件分析

1. 大气环境基本约束条件

应将区域的大气污染物的容量、总量控制计划（重点是 SO_2）作为区域发展的一个约束条件。具体分析步骤如下：

（1）对项目所在区域的大气污染控制分区（如一类区、二类区等）以及污染物扩散模式，包括对当地的主导风向等要素进行识别和分析。投资项目应符合区域大气污染控制区的相关要求。

（2）明确投资项目所在区域的主要大气污染物的总量控制计划。从宏观上对项目可能对区域内主要大气污染物排放的贡献率做出基本判断。

（3）对区域的大气环境容量做出初步和基本的判断和分析。对于那些大气环境容量已经接近饱和的区域，应慎重考虑会产生较大大气污染排放的项目。如果可能，还应分析项目选址对大气污染扩散的影响。

2. 水环境基本约束条件

在评估时，应将水环境质量和容量作为区域发展的一个基本约束条件。

（1）明确所在区域的水环境功能区划。投资项目的取水和排水的水质要求应严格符合当地水环境功能区划的基本要求，严格控制高水低用。

（2）明确项目所在区域的水质保护目标，并对当地的水环境容量做出基本的分析和判断，对于可能会对水质目标的实现造成潜在威胁的项目应慎重考虑。

（3）明确项目所在区域内的主要水环境污染物（如 COD、氨氮等）总量的控制要求和计划。从宏观上对项目可能对区域的主要水环境污染物总量排放的贡献率做出初步的判断。

3. 近岸海域环境基本约束条件

如果投资项目所在区域位于近岸海域，则应将近岸海域的水环境作为特定区域内（近岸海域）基本约束条件。

4. 水资源基本约束条件

对项目所在区域的水资源进行评估时应包括：

（1）明确项目所在区域的水资源总量、可利用水资源量、地面水资源量和地下水资源量。

（2）根据水务部门的相关规定和要求，分析项目所能获取的取水量是否能满足项目的基本需求。特别应考虑在平水期和枯水期的取水量能否被满足。

投资项目应满足国家层面或区域层面的取水定额的相关要求。

四、产业发展水平及对区域发展影响分析

投资项目的工艺及工程水平应代表产业发展的方向，符合国家"新型工业化发展道路"的总体发展战略，投资项目应不会对所在区域的人体健康造成影响，且应对区域的社会经济持续发展发挥积极的作用。

（一）投资项目产业发展水平分析

1. 工程的建设水平

投资项目应符合如下要求：

（1）建设规模在同行业中处于较高水平；
（2）符合项目所属行业的产业发展政策；
（3）该建设规模下的投入产出效益较好；
（4）建设规模符合国家或地方产业发展短期、中期和长期规划中对该类型产业发展规模的规定；
（5）其他。

2. 工程的建设方案

重点分析如下问题：

（1）主体工程建设基本情况；
（2）环保处理工程建设基本情况；
（3）项目的建设期限；
（4）项目的运营期限；
（5）其他。

3. 工程的生产工艺

重点分析如下问题：

（1）投资项目主要生产工艺和主要产品。
（2）生产工艺是否属于《国家清洁生产导向目录》，优先考虑列入该目录中的生产工艺和技术。
（3）对照建设项目是否属于国家明令禁止、限制、鼓励或允许建设和投资的项目；投资项目是否符合国家产业结构调整指导目录，符合国家或地方关于淘汰落后生产能力的实施方案。
（4）生产工艺在国内和国际上处于什么水平，是否采用了同行业中较为先进的生产工艺？
（5）其他。

（二）投资项目对区域人体健康影响的分析

（1）如果投资项目所在区域有地方病，则应：①了解地方病发病的原因；②根据发病的原因分析投资项目是否会导致地方病的发生或增加地方病发病的可能性。
（2）如果投资项目所在区域没有地方病，则应分析：①投资项目可能排放的污染物是否会对周边群众的人体健康产生影响；②投资项目在建设期以及运营期内污染物排放是否可能超标，影响周边群众正常生活。

（三）区域社会经济发展规划结论分析

对投资项目所在区域社会经济发展规划中的重要结论进行汇总，重点包括：

1. 现状分析

（1）区域的经济总量及产业结构组成分析；
（2）区域的现状经济指标分析；
（3）区域的社会发展基本情况；
（4）区域的社会发展现状指标分析；
（5）区域的人力资源状况（包括数量和受教育年限等）；
（6）其他。

2. 规划结论
(1) 投资项目所在区域的社会发展目标;
(2) 投资项目所在区域的经济发展目标;
(3) 其他。

(四) 投资项目对区域社会经济协调发展影响的分析

对投资项目可能对所在区域的社会经济产生的影响进行分析时应包括:①投资项目所解决的就业人口数(对建设期和运营期两个时段分别加以说明);②投资项目所带来的经济效益;③投资项目对区域产业耦合可能产生的影响说明;④其他。

(五) 评估结论

在产业发展水平及其对区域发展影响方面,原则上要求投资项目应做到:①对于工程建设规模:符合相关产业规划政策。②对于环保处理设施:符合国家环保部和地方环境保护部门的相关要求。③对于生产工艺和产品:属于国家明令鼓励或允许建设和投资的项目;符合国家产业结构调整指导目录;工艺水平在同类产业中具有较高水平。④投资项目不会导致地方病的发生。其排放的污染物不会对周边群众的人体健康产生危害。⑤投资项目能给所在区域带来明显的社会经济效益。

五、项目环境影响分析

对投资项目的环境影响分析主要是对项目所在区域的生态环境问题和变化趋势以及项目在施工期、运行期和服务期满后的环境影响进行总体评估,从横向和纵向时间序列两个方面了解该项目可能产生的环境影响。

(一) 对项目进行环境保护分类

对投资项目可能对环境造成的影响做出基本的判断。根据建设项目环境保护分类管理名录的相关规定将建设项目分为三类:

1. 建设项目对环境可能造成重大影响

凡符合下列标准中任意一条的项目均界定为此类。
(1) 所有流域开发、开发区建设、城市新区建设和旧区改建等区域性开发项目。
(2) 可能对环境敏感区造成影响的大中型建设项目。
(3) 污染因素复杂,产生污染物种类多、产生量大或产生的污染物毒性大、难降解的建设项目。
(4) 可能造成生态系统结构的重大变化或生态环境功能重大损失的项目。
(5) 影响到重要生态系统、脆弱生态系统或有可能造成或加剧自然灾害的建设项目。
(6) 易引起跨行政区环境影响纠纷的建设项目。

2. 对环境可能造成轻度影响建设项目

凡符合下列标准中任意一条的项目均界定为此类。
(1) 可能对环境敏感区造成影响的小型建设项目。
(2) 污染因素简单、污染物种类少或产生量小且毒性较低的建设项目。
(3) 对地形、地貌、水文、植被、野生珍稀动植物等生态条件有一定影响但不改变生态环境结构和功能的建设项目。
(4) 污染因素少,基本上不产生污染的大型建设项目。
(5) 在新、老污染源均达标排放的前提下,排污量全面减少的技术改造项目。

3. 对环境影响很小的建设项目

凡符合下列标准中任意一条的项目均界定为此类。

（1）基本不产生废水、废气、废渣、粉尘、恶臭、噪声、振动、放射性、电磁波等不利环境影响的建设项目。

（2）基本不改变地形、地貌、水文、植被、野生珍稀动植物等生态条件和不改变生态环境功能的建设项目。

（3）不对环境敏感区造成影响的小规模的建设项目。

（4）无特别环境影响的第三产业项目。

对于环境敏感区的界定应包括以下几个区域：

（1）需特殊保护的地区：指国家或地方法律法规确定的或县以上人民政府划定的需特殊保护的地区，如水源保护区、风景名胜区、自然保护区、森林公园、国家重点保护文物、历史文化保护地、水土流失重点预防保护区、基本农田保护区。

（2）生态敏感与脆弱区：指水土流失重点治理及重点监督区、天然湿地、珍稀动植物栖息地或特殊生态环境、天然林、热带雨林、红树林、珊瑚礁、产卵场、渔场等重要生态系统。

（3）社会关注区：指文教区、疗养地、医院等区域以及具有历史、科学、民族、文化意义的保护地。

（4）环境质量已达不到环境功能区划要求的地区。

在对投资项目的环境保护分类做出基本判断之后，还需结合所在区域的主体功能区划的要求对投资项目的选址是否适合做出初步的判断：

（1）重点开发区域：对于可能造成重大、轻度和很小环境影响的投资项目均可以考虑在重点开发区域进行建设，但必须要进行严格的投资项目环境影响评估；

（2）优化开发区域：对于可能造成轻度和很小环境影响的投资项目可以考虑在优化开发区域内建设；

（3）限制开发区域：对于可能造成很小环境影响的投资项目可以考虑在限制区域内进行建设；

（4）禁止开发区域：对于禁止开发区域严格禁止任何投资项目进行建设。

（二）区域层面生态环境问题及趋势分析

分析投资项目所在区域近年存在的主要环境问题，应包括以下几个方面：

1. 主要环境污染物变化趋势分析

包括：①投资项目所在区域主要水体污染物变化趋势分析；②投资项目所在区域主要大气污染物变化趋势分析；③投资项目所在区域土壤污染物变化趋势分析；④投资项目所在区域固体废弃物变化趋势分析；⑤其他。

2. 环境问题分析

包括：①水环境是否存在问题？如果存在，污染特征及原因？②大气环境是否存在问题？如果存在，污染特征及原因？③土壤环境是否存在问题？如果存在，污染特征及原因？④是否存在固体废弃物污染问题？如果存在，污染特征及原因？

此外，汇总投资项目所在区域在环境保护方面的保障措施，分析这些保证措施是否能惠及投资项目，包括：①政策保障；②科技保障；③重点环保工程。

（三）项目层面环境影响分析

1. 施工期的环境影响

对投资项目在施工期可能存在的环境影响分析应包括：

（1）水环境方面的影响。对项目在施工期内可能造成的水环境污染（或用水量过大的问题）等进行分析评估，特别是项目施工是否会对地下水造成不同程度的污染和破坏。

（2）粉尘污染方面的影响。建设项目在施工期间所产生的建筑粉尘应符合相关的国家标准、地方标准或管理办法等。

（3）噪声污染。投资项目在施工期间的时间安排情况：即每天施工作业时间。对不同时间段所可能产生的噪声污染进行分别评估，相关的噪声污染必须符合国家《声环境质量标准》（GB 3096—2008）等相关规定要求。

对施工期间相应的环境污染处置方案须进行论证，确保这些处置方案能切实有效的减少项目施工引起的水、噪声以及粉尘污染。

2. 运行期的环境影响

对投资项目运行期的环境影响分析应包括如下要素：①水环境影响；②大气环境影响；③噪声环境影响；④固体废弃物影响；⑤土壤污染；⑥辐射污染；⑦重金属污染；⑧有毒有害物质。

根据上述环境影响要素的基本分析和判断，对相应的污染处置方案的可行性进行论证，确保污染处置方案能切实有效的保证污染的削减。

3. 服务期满后的环境影响

对投资项目服务期满后的环境影响进行分析应包括：①明确投资项目的服务期限；②对服务期满后项目的原料、设备、厂房、污染处理设施的处置方案等内容进行评估，对这些处置方案中会对区域环境造成影响的可能性进行预测分析；③如果拟建项目在服务期满后可能会产生环境问题，则应研究相关的处置预案。

（四）评估结论

在对投资项目进行环境影响分析时，原则上应要求项目符合：①对项目的环境保护分类做出的基本判断应满足主体功能区划的相关要求；②投资项目应不会加重区域的生态环境的恶化趋势；③投资项目在施工期和运行期可能造成的污染物排放浓度和排放总量应符合国家及地方的标准和相关要求（初步判断和预估）；④投资项目具有在施工期和运行期中的环境污染处置方案；⑤如果投资项目在服务期满后可能会造成一定环境影响，则需具备相关的处置预案。

六、污染控制与技术方案设计

污染控制与技术方案设计主要是从项目自身的资源节约、污染物减排、清洁生产、生产工艺的生态设计（企业生产的纵向闭合）到区域间产业链条之间的横向耦合等几个方面对项目方案进行优化设计，实现项目资源节约、废弃物综合利用的目标。

（一）物质和能量的输入输出分析

对投资项目的物质和能量的输入和输出流进行汇总分析，明确投资项目的物质和能量的输入和输出，为进行项目内部的生产工艺的纵向闭合以及与区域内其他产业的横向耦合提供基础信息。其中输出不仅应包括输出的产品，还应包括中间产品和所产生的废弃物。

（1）物质输入汇总。对投资项目在未来生产中可能主要的物质性原材料种类和数量分别进行初步的统计汇总，形成物质输入统计分析表。

（2）能量输入汇总。对投资项目在未来生产中可能主要的能量输入的种类和数量分别进行初步的统计汇总，形成能量输入统计分析表。

（3）物质输出汇总。对投资项目在未来生产中可能产生的物质性输出的种类和数量分别进行初步的统计汇总，包括中间产品（副产品）、最终产品和废弃物等，形成物质输出统计分析表。

（4）能量输出汇总。对投资项目在未来生产中可能产生的能量输出的种类和数量分别进行初步的统计汇总，形成能量输出统计分析表。

（二）资源节约与污染物减排潜力分析

分析投资项目在资源节约、资源综合利用以及减少污染物排放等方面所具有的潜力应包括：

（1）节能潜力分析。汇总项目中可能主要的生产用能环节或主要用能设备，针对每个环节或设备分析其实现节能潜力的途径或方式，并给出相关建议。

（2）节水潜力分析。汇总项目中可能主要的生产用水环节或主要用水设备，针对每个环节或设备分析其实现节水潜力的途径或方式，并给出相关建议。

（3）节材潜力分析。汇总项目中可能主要的原材料种类，分析其是否存在节材的潜力，如是否可有其他替代材料（如某种废弃物或更易获取的材料等），是否可通过技术的改进提高原材料的使用效率或其他任何可行的节材方式，并给出相关建议。

（4）污染物减排潜力分析。汇总项目中可能主要的污染物（废弃物）或中间产品（副产品），分析它们是否能通过污染处理方式或通过废弃物综合利用方式等途径予以减少排放，并给出相关建议。

（三）资源节约与污染物减排方案设计

资源节约与污染物减排方案设计应包括：

（1）项目内部的资源节约与污染减排方案设计。分析哪些资源节约和污染减排的潜力环节可以在该项目内部实现。对实现这些潜力的途径加以具体说明，并对其可行性进行论证。

（2）区域内（间）产业链条耦合的方案设计。分析哪些资源节约和污染物减排的潜力环节可以通过与区域内（间）产业链条的横向耦合实现。对具体方案加以说明，并对其可行性进行论证。

（四）资源节约与污染物减排方案经济效益分析

对资源节约与污染物减排方案进行经济效益分析应包括：

（1）项目内部的资源节约与污染减排方案经济效益分析。项目内部的资源节约和污染物减排潜力所能取得的经济效益分析包括但不限于：①通过项目内部水的循环利用可以节约水资源的经济效益；②通过项目内部能量的梯级利用或通过采用相关的节能产品或节能技术所取得能耗减少方面的经济效益；③通过项目内部废弃物的综合利用所取得的减少资源消耗方面的经济效益；④通过项目内部污染物减排所取得的排污费减少方面的经济效益。

（2）区域内（间）产业链耦合方案的经济效益分析。与项目内部的资源节约与污染减排方案经济效益分析的思路相同，分析通过区域内（间）产业链耦合的途径所实现的投资项目在节能、节水、节材和污染物减排方面所取得的经济效益。

（五）资源节约与污染物减排方案环境效益分析

对资源节约与污染物减排方案进行环境效益分析应包括：

（1）项目内部的资源节约与污染减排方案环境效益分析。对投资项目内部的资源节约和污染物减排潜力的实现预测所能取得的环境效益。列出所有的资源节约与污染减排的环节，针对每个环节，分析其所可能取得的环境效益，如减少污染物或废弃物的排放量、节约能源量、节约水资源量、节约原材料数量等。

（2）区域内（间）产业链条耦合的方案环境效益分析。对投资项目内部的资源节约与污染减排方案环境效益分析的思路相同，分析通过与区域内（间）产业链耦合的方案所能取得的环境效益。

（六）项目方案的确定

根据上述的分析评价，最终为投资项目提供一个全面的项目方案的设计，形成项目方案信息表。

附录 B　世界银行环境影响评价业务政策和程序

一、业务政策

这些政策系供世界银行工作人员使用，不一定是对此问题的完整论述。

此文件是 1999 年 1 月 OP 4.01《环境评价》英文版的中文翻译件，它包括经世界银行核准的导则的权威文本。本翻译件如与 1999 年 1 月的 OP4.01 的英文文本有任何出入之处，以英文文本为准。

（一）环境评价

（1）世界银行❶要求对申请世界银行投资的项目进行环境评价，以有助于确保这些项目是环境友好和可持续的，以提高决策水平。

（2）环境评价是一个过程，其广度、深度和分析办法取决于拟建项目的性质、规模和潜在环境影响。环境评价对项目影响地区❷的潜在环境风险和影响进行评估；分析项目的替代方案；为预防、减少、控制或补偿负面环境影响和加强正面影响，确定相关办法以改进项目选择、选址、规划、设计和实施；并把控制和管理负面环境影响的过程作为整个项目实施的有机组成。在一切可行的情况下世界银行鼓励先预防后控制或补偿。

（3）环境评价考虑自然环境（空气、水、土地）；人群健康和安全；社会因素（非自愿的移民安置，土著居民和文化财产）❸；跨境和全球环境问题❹。环境评价把自然和社会因素作为一个整体来考虑。它也考虑项目和国情的差别、国别环境调研的结果、国家环境行动计划、国家总体政策框架，国家立法，与环境和社会因素有关的机构能力，以及所在国在有关国际环境条约和协议规定下所承担的涉及项目活动的责任。如果在环境评价过程中发现项目活动违背所在国所承担的责任，世界银行将不予投资。环境评价在项目进行过程中应尽早启动，并与拟议项目的经济、财务、机构、社会和技术分析紧密结合。

（4）借款人负责进行环境评价。对 A 类项目❺，借款人应聘用独立的、不隶属项目的环境影响评价专家来开展环境评价❻。对风险高、有争议、环境影响严重并涉及面广的 A 类项目，借款人一般还应聘请一个独立的由国际公认的环境专家组成顾问小组，对与环境影响评

---

❶ "世界银行"包括国际开发协会。"环境评价"指 OP/BP 4.01 文件中所述整个过程。"贷款"包括信贷。"借款人"用于有担保的业务时，包括一个私人或公共项目赞助人，其赞助活动获有另一个融资机构提供的由世界银行担保的贷款。"项目"包括所有由世界银行贷款融资或担保融资的业务活动，但结构调整贷款以及债务和偿债活动除外。结构调整贷款项目的环境部分见 OP/BP 8.60 文件《调整贷款》；"项目"还包括可适应项目贷款、学习和革新贷款，以及由"全球环境基金"融资的项目和分项目。此政策适用于项目的所有构成部分，不拘融资来源。

❷ 任何项目影响地区的范围应根据环境专家的咨询意见来确定，并在环境评估的职责范围文件中写明。

❸ 详见 OP/BP 4.12 文件《非自愿移民安置》；OD4.20 文件《土著居民》和 OP/4.11《保护世界银行融资项目中的文化财产》。

❹ 全球环境问题包括气候变化、损耗臭氧层的物质、国际水域的污染、对生物多样性的不良影响等。

❺ 项目分类见下页环境评价项目分类。

❻ 环境评估应与项目的经济、财务、机构制度、社会和技术分析密切结合，以保证(a)在为项目选择、地点定位和设计方案做出决定时充分考虑环境问题；(b)环境评估不耽误项目的办理进展。但是，借款人应保证在聘用专家或单位开展环境评估时，不发生利益冲突的问题。例如，需要开展独立的环境评估时，聘用的专家不是承担工程设计的咨询专家。

价相关的各个方面提供咨询❶。顾问小组的作用取决于世界银行开始考虑该项目时,项目准备工作的进展程度,以及已完成的评价工作的范围和质量。

(5)世界银行应向借款人说明世界银行对环境评价的要求。世界银行将审阅评价的结果和建议,决定是否构成充分的依据,足以开始进行项目的投资准备。如果借款人在世界银行考虑项目时已全部完成或部分完成评价工作,世界银行将审阅已完成的工作,以确保这些工作与世界银行的政策是一致的。如世界银行认为有必要,可以要求借款方做补充工作,包括信息公开与公众咨询。

(6)《污染防治手册》描述了污染的防治措施以及世界银行通常可接受的排放水平。但是,考虑到借款国的法律和当地具体情况,环境评价可以推荐替代的排放水平和污染防治办法。环境评价报告对其为该项目或项目地点所选择的标准和办法,必须提供充分和详细的理由。

1. 环境评价手段

根据项目性质,一系列手段可用来满足世界银行的环境影响评价要求:环境影响评价;区域或行业环境影响评价;环境审计;危险或风险评价;环境管理计划等。环境影响评价视情况采用一种或多种上述手段,或手段的某些部分。如果项目很可能产生行业或区域影响,必须进行行业或区域环境评价❷。

2. 环境评价项目分类

世界银行对每一拟建项目都进行环境影响筛选,以确定环境影响评价的合适程度和类别。根据拟建项目的类别、地点、敏感性、规模,以及其潜在环境影响的性质和程度,世界银行将其归为以下四类之一。

1)A类:如果可能造成敏感❸、多样或空前的重大负面环境影响,此类拟建项目属A类。这些影响所涉及的地区可能不限于项目地点或工程设施。A类项目的环境影响评价应检查项目的潜在负面和正面影响,比较其与其他可行替代方案(包括"无项目"的情况)的差别,建议必要的措施以预防、减小、控制或补偿负面影响,改善其环境行为。对A类项目,借款方负责编写一份报告,一般是环境影响评价报告书(或一份适当的综合区域或行业环境影响评价报告),必要时,应包括前述环境评价手段中提到的其他手段中的内容。

2)B类:如果对人群或重要的环境地区——包括湿地、森林、草地,以及其他自然栖息地的潜在负面环境影响不如A类项目那么严重,该类项目属B类。B类项目的影响仅限于项目地点,其中很少影响是不可逆的,大多数控制措施相比A类项目更容易设计。B类项目的环境影响评价范围在项目与项目之间差别很大,但比A类环境影响评价范围窄。如同A类环境影响评价一样,其评价应检查项目的潜在负面和正面环境影响,并建议必要的措施以预防、减小、控制或补偿负面环境影响,改善环境行为。B类环境影响评价的发现和结果应描

---

❶ 顾问小组(与OP/BP 4.37文件《大坝安全》所要求的大坝安全小组不同)向借款人提供咨询的方面包括:(a)环境评估的职责范围;(b)准备环境评估的重点问题和方法;(c)环境评估的建议和调查结果;(d)环境评估建议的实施;(e)建立环境管理能力。

❷ 如何利用部门性和地区性环境评估的导则可见《环境评估资料集》修订第四和十五条。环境影响筛选的目的是对环评分类。

❸ 如果潜在的影响可能是不可逆转的(例如可能导致一种自然栖息地的消失),可视为"敏感"的影响。其他敏感影响可见OD 4.20文件《土著居民》,OP 4.04文件《自然栖息地》,OP 4.11文件《保护世界银行融资项目中的文化财产》,或OP 4.12文件《非自愿移民安置》。

述在项目文件中（项目评估文件和项目信息文件）❶。

3）C类项目：如果仅有轻微或没有负面环境影响，该类项目属C类。对C类项目，除影响筛选外，不需做进一步的环境评价。

4）金融中介类：如果是通过金融中介利用世界银行资金向某些子项投资，而这些子项可能导致负面环境影响，则该项目应属"金融中介"类项目。

（二）特殊类别项目的环境影响评价

1. 行业投资贷款

对行业投资项目❷，在每一拟议子项的准备过程中，项目协调单位或实施机构应根据所在国的要求和本政策的要求开展适当的环境影响评价❸。通过世界银行的评估，如有必要，可在行业投资项目中增加内容，以加强协调单位或实施机构在以下活动中的能力：（a）子项目环境影响的筛选；（b）获得必要技能实施环境影响评价；（c）阅审各子项环境影响评价结果和结论；（d）确保控制措施（如适用，包括环境管理计划）得以实施；及（e）监控项目实施过程中的环境状况❹。如果世界银行认为现有能力不足以实施环境影响评价，所有A类子项和有些B类子项——包括所有环境影响评价报告，都要由世界银行事先审阅和批准。

2. 行业调整贷款

行业调整贷款需满足本环境影响评价政策的要求。行业调整贷款的环境影响评价是评价贷款支持下的规划政策、机构和法规行动的潜在环境影响❺。

3. 金融中介贷款

（1）对每一个金融中介业务，世界银行要求每一金融中介都对拟建子项的环境影响评价类别进行筛选，并保证子项的借款人能为每一个子项进行必要的环境影响评价。在批准一个子项以前，金融中介应（通过其内部工作人员或外部专家或现有环境机构）核实该子项确能满足国家或地方当局的环境要求，并与本业务政策和世界银行其他适用的环境政策相一致❻。

（2）在评估一个拟议的金融中介业务时，世界银行应对审议所在国的与项目有关的环境要求充分性，审查对子项所做的环境影响评价的安排，这包括环境影响评价分类及环境影响评价结果审阅的机制和责任等。必要时，世界银行应保证拟建项目包括加强这种环境影响评价安排的内容。对预期有环境影响评价A类子项的金融中介业务，在世界银行开展评估以前，

---

❶ 如果甄别结果确定，或所在国的法律要求，所鉴别的环境问题需要予以特别重视，则B类项目的环境评估的调查结果和结论可另写一份报告。根据项目的类别和影响的性质和重大程度，这份报告可包括有限的环境影响评估，环境减缓或管理计划，环境检验，或危害评估。如一个B类项目不位于环境敏感地区，所提出的问题明确易懂，范围狭窄，则世界银行可能接受用其他办法来满足环境评估的要求。例如：设计标准、地点选择标准或污染标准都符合环境要求的小型工程或农村工程；地点选择标准、施工标准或检查程序都符合环境要求的住房项目；或操作程序符合环境要求的道路更新项目。

❷ 部门性投资项目一般要求制订和实施年度投资计划，或制订和实施在项目过程中按时间划分的分项目。

❸ 此外，如果有些部门性问题无法通过个别分项目的环境评价来解决，尤其是如果部门性投资贷款可能包括A类分项目，则可能要求借款人在世界银行评估部门性投资贷款以前先开展部门性环境评估。

❹ 如果根据监管要求或合同安排，对这些业务的审查的单位不是协调单位或实施单位，则世界银行需事先评定这种安排，但是借款人/协调单位/实施单位仍要对保证分项目符合世界银行要求负最终责任。

❺ 需要有这种评估的活动包括环境敏感企业的私有化，有重要天然栖息地地区的土地使用权的变化，某些商品如农药、木材和石油的相对价格变动等。

❻ 对融资中介的业务要求产生于环境评估过程，并与本政策的（一）(6)的要求相一致。环境评估过程考虑到准备使用的融资类别，预期的分项目性质和规模，以及分项目所处的管辖区对环境的要求。

每一个参与的金融中介都应向世界银行提供有关子项环境影响评价工作的机构机制评估报告（必要时，应说明加强机构能力的措施）❶。如果世界银行认为尚不具备充分的能力，所有 A 类子项以及有些 B 类子分项目——（包括环境评价报告）都应事先由世界银行审阅和批准❷。

4. 应急恢复项目

OP4.01 所述政策一般适用于按 OP 8.50 号文件《应急恢复援助》办理的应急恢复项目。但是，如果遵照这项政策要求办理将影响及时、有效达到应急恢复项目的目的，世界银行可以免除该项目遵照例行要求。任何这种免除的理由都应在贷款文件中有所记录。但对各种情况世界银行都要求至少（a）在项目准备过程中就推定应急有多大程度是由不恰当的环境行为引起或加剧的；（b）在应急项目或未来贷款运作中应包括任何必要的纠正措施。

（三）机构能力

如果借款人不具备充分的法律或技术能力执行拟建项目的关键环境影响评价功能（如审阅环境影响评价报告、环境监测、检查、或控制措施管理等），该项目应包括加强这种能力的内容。

（四）公众咨询

凡拟申请国际复兴开发银行和国际开发协会融资的 A 类和 B 类项目，在环境影响评价过程中，借款方应就项目的环境问题咨询受项目影响的团体和当地非政府组织，并充分考虑他们的意见❸。借款方应尽早开展这一咨询。对 A 类子项，借款方应至少咨询这些团体两次：（a）一次是在环境影响评价分类后不久但在环境影响评价工作大纲最后完成之前；（b）一次是环境影响评价报告初稿完成之后。另外，借款方应在整个项目实施过程中根据需要经常咨询这些团体，以解决影响他们的与环境影响评价有关的问题❹。

（五）信息公开

（1）为借款方与项目影响团体及当地非政府组织之间就国际复兴开发银行和国际开发协会投资的 A 类和 B 类项目的咨询有实质意义，借款方应在咨询前及时提供相关资料，其形式和语言应是咨询对象易于理解的。

（2）对 A 类项目，为初次咨询，借款人提供拟建项目的目标、内容和潜在影响的总结；为环境影响评价报告初稿完成后的咨询，借款方应提供环境影响评价结论的总结。此外，对 A 类项目，借款方应在受影响团体和非政府组织易于接近的公共场所公开环境影响评价初稿。对行业投资贷款项目和金融中介项目，借款方/金融中介应保证 A 类项目子项的环境影响评价报告公开在受影响团体和当地非政府组织易于接近的公共场所。

（3）凡拟请国际开发协会融资的 B 类项目的报告都应提供给受项目影响的团体和当地非政府组织。凡拟请国际复兴开发银行和国际开发协会融资的 A 类项目，以及拟请国际开发协会融资的 B 类项目，都应在世界银行对这些项目评估以前，提交相关环境影响评价报告并予以公开。

（4）一旦借款方将 A 类项目环境影响评价报告送交给世界银行后，世界银行立即将概要的英文本分送给各位执行董事，并在世界银行书店向公众公开。一旦借款方将 B 类项目的环

---

❶ 项目评估后参加进来的融资中介必须遵照同样的要求，作为参与的一项条件。

❷ 对 B 类分项目进行事先审查的标准应在项目的法定协议中写明。其标准按分项目类别或规模和融资中介的环境评估能力而定。

❸ 关于世界银行与非政府组织的关系，见 GP 14.70 文件《非政府组织在世界银行资助的活动中的作用》。

❹ 根据世界银行其他政策，如 OD/4.20 文件《土著居民》和 OP/BP 4.12 文件《非自愿移民安置》的要求，凡含有重要社会分项目的项目必须进行磋商。

境影响评价报告正式送交世界银行后，世界银行应在其书店向公众公开❶。如果借款方反对世界银行在其书店公开环境影响评价报告，世界银行职员（a）对国际开发协会的项目，立即中止办理；（b）对国际复兴开发银行的项目，将是否继续办理项目的问题提交给执董会。

（六）实施

项目实施期间，借款方应报告（a）与世界银行达成共识的有关措施的实施情况，这些措施是以环境影响评价的调查结果和结论为基础的，这包括在项目文件中有关任何环境管理规划的实施；（b）控制措施的状况；（c）监测计划的结果。世界银行对项目的环境因素的检查是以环境影响评价的结果和建议为基础的，包括法定协议中规定的措施、任何环境管理计划以及其他项目文件❷。

二、业务程序

对申请世界银行融资的项目进行环境评估是借款方的责任。世界银行❸工作人员根据需要向借款方提供帮助。世界银行环境评价审议由各地区通过与该地区的环境行业部门（RESU）❹的协商来进行协调，必要时可寻求世界银行环境局（ENV）的帮助。

1. 环境评价项目分类

（1）项目工作组通过与地区环境部门的协商来研究申请项目的种类、地点、敏感性以及规模❺，还有审议项目潜在影响的性质和程度。在项目周期的最初阶段，项目工作组将会同地区环境部门，在四类环境评价类型（A，B，C，或 FI）为申请项目指定一种类型，该类型要反映出与项目相关的潜在环境风险。项目的环境评价的类型确定由潜在负面影响最为严重的子项目来决定；不使用双重类别（例如：A/C 类）。

（2）项目工作组在《项目概念文件》（PCD）和《项目信息文件》（PID）中记录：①核心的环境问题（包括任何对移民安置、土著居民和文化财产的关注）；②项目类别、环境评价类型和所需的环境评价手段；③建议进行的与受到项目影响的有关群众和当地非政府组织之间的协商，包括一个协商的初步时间表和（a）一个环境评价的初步时间表❻。项目工作组还要在《世行和国际开发协会申请项目月度业务总结》（MOS）中报告项目环境评价的类型，并编写（并根据需要进行更新）一份项目的《环境数据表》（EDS）。对于 A 类项目，每个季

---

❶ 关于世界银行的披露程序，可详见《世界银行关于披露信息的政策》（1994 年 3 月）和 BP 17.50 文件《业务信息的披露》。披露移民安置计划和土著居民发展计划的具体要求可见 OP/BP 4.12 文件《非自愿移民安置》和 OP/BP 4.10 文件以及 OD 4.20 文件《土著居民》修订本。

❷ 见 OP/BP 13.05 文件《项目监督》。

❸ "世界银行"包括国际开发协会（IDA）；"环境评价"指 OP/BP 4.01 中规定的整个过程；"项目" 包括除结构调整贷款以外的（对于结构调整贷款方面的环境规定见 OP/BP 8.60《调整贷款》）所有世界银行贷款或担保支持的所有业务项目，以及债务和偿债服务业务项目，而且还包括可调整的贷款项目、可调整项目的贷款（APLs）和学习和创新贷款（LILs）以及全球环境基金项下支持的项目和子项目；"贷款"包括信贷；"借款方"对于担保业务项目来讲，包括从其他金融机构得到由世界银行担保的贷款的私人或公共项目资助方；"项目概念文件"包括《项目启动备忘录》；"项目评估文件"包括《行长报告和建议》《行长报告》。

❹ 截至 1998 年 11 月，地区环境行业部门（简称有地区行业部）：非洲地区（AFR）的环境组；东亚及太平洋地区（EAP）、南亚地区（SAR）和欧洲和中亚地区（ECA）的环境处；中北非地区（MNA）的农村发展、水利和环境处；拉丁美洲地区（LCR）的可持续环境和社会发展处。

❺ "地点"指重要的环境地区如湿地、森林和其他自然栖息地的周围或侵入地带。"规模"由地区工作人员根据国家情况来定。"敏感性"是指那些项目可能具有不可恢复的影响、影响到脆弱的少数民族、涉及非自愿移民安置或影响文化遗产所在地。进一步的讨论，参见《环境评价手册》（第二次更新）；《环境评价项目类型的筛选》。

❻ 参见 OP/BP 10.00《投资贷款：执董会讨论说明》关于贷款工作过程中环境分类和环境评估程序的决定。

度《环境数据表》要作为附录附于《月度业务总结》之中。

(3) 在项目准备过程中，如果项目做了修改或有了新的信息，项目工作组将会同地区环境部门研究是否应对项目的环境评价类型重新进行分类。项目工作组将对《项目概念文件》/《项目信息文件》和《环境数据表》进行更新，以反映出新的分类并记录重新分类的理由。《月度业务总结》中的新的分类后面有(R)符号，由此来标明项目环境评价类型做了修改。

(4) 对于按《紧急恢复援助》(OP8.50)❶执行的紧急恢复援助项目，任何免于执行此项政策的例外都须负责地区事务副行长在征求董事会主席、环境局(ENV)和法律局(LEG)❷的意见后批准。

2. 环境评价报告的编制

(1) 在《项目概念文件》的编写过程中，项目工作组将会与借款方讨论环境评价的范围❸以及所要求的环境评价报告的程序、时间表和大纲。对于 A 类项目，往往需一名环境专家对建议项目进行实地考察❹。在项目概念评审阶段❺，地区环境部门对《项目概念文件》/《项目信息文件》的环境方面的内容提出正式的批准意见。对于 B 类项目，概念评审决定是否需要有一个环境管理计划(EMP)。

(2) 环境评价是项目准备工作必不可少的一部分。必要时，项目工作组会帮助借款方起草环境评价报告的工作大纲❻。地区环境部门将对大纲包含的内容进行审查，以确保除其他必要的内容以外还要有机构间的充分协调以及向受影响群众和当地非政府机构间征求意见。为了帮助工作大纲和环境评价报告的编写，项目工作组将给借款方提供以下文件：《A 类项目环境评价报告内容》和《环境管理计划》。世行和借款方的工作人员将酌情参考《污染防治手册》，手册中有世界银行通常可以接受的污染防治措施和污染物排放水平。

(3) 对于 A 类项目，项目工作组需要告诉借款方，提交世界银行的环境评价报告可以用英、法或西班牙语撰写，执行小结要用英语撰写。

(4) 对于所有的 A 类项目和提交国际开发协会融资并有单独环境报告的 B 类项目，项目工作组要书面通知借款方：①在世行进行项目评估前，《环境评价报告》须在受影响群众和当地非政府组织可进入的公共场所可以得到，而且必须正式提交世行，以及世行正式收到此报告后即会通过其信息发行部(InfoShop)向公众公开❼。

(5) 在项目的设计阶段，项目工作组会向借款方就如何按 OP 4.01 要求执行环境评估提供建议。项目工作组和律师会确认项目是否与国家法律或国际环境公约和协议一致性的有关事宜。(参见 OP 4.01 第 3 段)。

3. 审议和信息公开

(1) 在借款方正式向世行提交 A 类或 B 类项目环境评价报告时，地区部门即会将该报

---

❶ 参见 OP 4.01 第 13 段。
❷ 法律局的意见是通过项目的指定律师来提供的。
❸ 对于行业投资和金融中介业务，世界银行和借款方的工作人员需考虑到由多个分项目造成的显著累积性影响的潜力。
❹ 对于某些 B 类项目这种环境专家的实地考察也是必要的。
❺ 或者，对于行业调整贷款(SECAL)，它等同于地区审查。
❻ 根据《指南：世界银行借款方对咨询专家的选择和聘用》(华盛顿特区：世界银行，1997 年 1 月颁布，1997 年 9 月修订)，项目工作组对咨询专家资格进行审核，如合格，则对借款国聘用的编写环境评价报告或参加专家组的咨询专家不表异议。
❼ 参见 OP 4.01 第 19 段和 OP/BP 17.50，《业务信息公开》。

告全文副本存入项目档案。它还会将 A 类环境评价报告的英文执行小结送呈执董会业务处、办公厅秘书处，附上一份呈递备忘录，确认报告的执行小结和全文已经由借款方编制完成，还没有得到世界银行的评估和认可，而且在评估期间可做调整。B 类环境评价的结果，如无单独报告，应该在《项目信息文件》中加以总结。

（2）对于 A 和 B 类项目，项目工作组和地区环境部门会审核环境评价的结果，确保任何一份环境评价报告都是与经借款方同意的工作大纲相一致的。对于 A 类项目和申请国际开发协会贷款并有单独环境评价报告的 B 类项目，这种审核在其他项目之外会特别注意与受影响群众和当地非政府组织进行磋商的性质和对群众意见的采纳程度；《环境管理计划》及其减少和监督环境影响的措施，并且根据需要加强机构的能力建设。如果地区环境部门对环境评价报告不满意，可以会向地区管理部门建议：①推迟项目评估；②项目评估视为预评估；③在评估期间对某些问题进行重新审核。地区环境部门（RESU）向环境局（ENV）递交一份 A 类项目环境报告的副本。

（3）对于所有的 A 和 B 类项目，项目工作组都会在《项目概念文件》/《项目信息文件》中更新环境评估的状况，说明重要的环境问题是如何得到解决的，或是将会怎样加以解决，并会说明提出的任何与环境评价有关的要求条件。项目工作组会将所有环境评价报告的副本送交信息部（InfoShop）。

（4）在项目决策阶段❶，地区环境部门会对项目的环境问题进行正式的审核，包括法律部编写的法律文件草案中对此问题的处理。

4. 项目评估

对于 A 类项目和申请国际开发协会贷款并有单独环境评价报告的 B 类项目，评估团通常会在世行收到正式递交的《环境评价报告》并对其进行审核后出发❷。对于 A 类项目，评估团中会有一位或多位的具有相关专长的环境专家❸。任何一个项目评估团都会：①与借款方一起对环境评价的程序和实质问题进行审核；②解决出现的任何问题；③根据环境评价的结果对负责环境管理的部门是否称职进行评估；④确保《环境管理计划》有足够的资金支持；⑤确定环境评价中的建议在项目设计和经济分析中得到了适当的考虑。对于 A 类和 B 类项目，评估和谈判期间，如与环境有关的条件出现了任何不同于项目决策阶段所批准的那些条件的变化，项目工作组都会与地区环境部门（RESU）和法律局（LEG）进行会商。

5. 行业投资和金融中介贷款

评估团会向借款方做出明确的安排，以确保执行机构将能够实现或者监督执行申请分项目的环境评价报告❹；具体地讲，评估团会确认所需技能的来源以及最终借款人、金融中介或行业部门以及负责环境管理和执法部门之间责任分工是否合理。根据需要项目工作组还会按 OP 4.01 第 9 和 11～12 段对 A 类和 B 类分项目的环境评价报告进行审核。

---

❶ 对于行业调整贷款，则在评估团出发之前。

❷ 在特定情况下，负责地区的副行长，在事先征得公会主席、环境部同意的情况下，可批准评估团在收到 A 类项目环境评估报告之前出发。在此情况下，地区环境行业处对项目的批准则以世界银行在评估结束和谈判开始之前收到环境评价报告为条件，此报告须对项目的继续进行提供充分的依据（GP 4.01 提供了这种例外情况的例子）。

❸ 对于某些 B 类项目，在评估团中加入环境专家也是必要的。

❹ 项目工作组向执行机构提供用于分项目准备和评估的下列文件副本：《A 类项目环境评估报告内容》（OP 4.01 附录 B）、《环境管理计划》（OP 4.01 附录 C）和《污染防治手册》。

6. 担保业务

（1）担保业务的环境评价是按 OP/BP 4.01 来执行的。国际复兴开发银行担保业务的任何环境评价在执行过程中都须有充分的时间让地区环境行业处对环境评估的结果进行审核，并且项目工作组须将环境评价报告中发现的内容作为项目评估的一部分。项目工作组应确保国际复兴开发银行这种担保业务的 A 类项目环境评价报告在预计执董会讨论日期的 60 天之前即可从信息发行部（InfoShop）里得到，对于任何须 B 类申请项目环境评价报告，则不晚于预计执董会讨论日期的 30 天之前。

（2）至于环境评价报告的信息公开，国际开发协会的担保业务执行同国际开发协会信贷业务一样的政策框架。如果业务执行上有理由偏离此政策框架，则可遵守国际复兴开发银行的担保业务项目的相关程序。

7. 文字记录

项目工作组会对借款方的项目执行计划进行审核，以确保其纳入了环境评价的结论和建议，包括《环境管理计划》。在编写提交执董会的贷款文件包时，项目工作组会在《项目评估文件》（PAD）❶中说明项目分类的理由；环境评价的结论和建议，包括推荐的排放水平的依据和污染防治措施；以及作为有关国际环境协定的成员国与该国所应承担义务有关的任何问题（参见 OP 4.01 第 3 段）。对于 A 类项目，项目工作组会在《项目评估文件》的附录中对《环境评价报告》进行总结，包括编写报告使用的程序中的关键内容；环境基准条件；考虑的替代方案；选择方案的预期的影响；《环境管理计划》总结，包括 OP 4.01 附件 C 中概括的那些方面；以及借款方与受影响群众组织和当地非政府组织的意见征询，包括提出的问题和这些问题是如何考虑的。该附录还说明谈判商定的与环境有关的贷款条件和协约；必要情况下政府颁发适当许可证的意向文件也应该记录下来；以及环境监督的相关安排。对于行业投资和金融中介贷款，文字记录文件将包括分项目环境评价工作中提出的适当措施和条件。项目工作组和法律局将确保贷款条件会包括执行环境管理计划的义务的内容并将环境管理计划项下的具体措施作为贷款的附加条件，以此来促进对执行环境管理计划的有效监督和监测。

8. 监督和评估

（1）在项目执行期间，项目工作组会基于法律文件商定的和其他项目文件中描述的环境条款和借款方汇报的安排，对项目的环境方面进行监督❷。项目工作组会确保采购安排与项目法律文件中规定的环境要求相一致。项目工作组还应确保项目监督团中有充分的环境专业技能。

（2）项目工作组应确保与环境有关的协议纳入监测体系中去。它还应确保借款方提供的项目进展报告充分说明借款方对商定的环境措施的执行情况，尤其是执行环境治理、监督和管理方面的措施。项目工作组应会同地区环境部和法律局对上述信息进行审核并确定借款方对环境协议的执行是否令人满意。如果执行情况不令人满意，项目工作组应与地区环境部和法律部讨论应采取的措施。项目工作组还应对项目执行没有达到要求与借款方讨论必要的纠正措施，并对这些措施执行情况进行监督的后续安排。项目工作组应就所采取的行动和进一

---

❶ 对于行业调整贷款，《A 类项目环境评估报告》总结见于《行长报告》的技术附件中。此技术附件通过信息商店向公众提供。

❷ 参见 OP/BP 13.05《项目监督》。

步的措施向地区管理当局提出建议。执行期间，项目工作组应会同地区环境部就项目中与环境有关的问题所发生的变化进行会商，包括与环境有关的条件要经法律部的同意。

（3）项目工作组应确保借款方的项目工作运行计划中包括执行项目与环境有关的问题须采取的措施，包括与世行商定的环境顾问专家组持续运作的相关规定。

（4）《执行完成报告》❶应评估：①环境影响，说明这些影响是否已为环境评估报告所预见；②所采取的防治措施的效果。

9. 环境部门的作用

环境局（ENV）在整个环境评价过程中通过提建议、培训、宣传先进经验以及业务支持等方式对地区部进行全面支持。必要时，环境部会将某个地区部或外来环境评价报告，有关材料，先例和经验提供给其他地区部。环境部负责项目审计，以确保世行的环境政策得到执行，并对世行环境评价的经验进行定期回顾，发现并宣传先进经验，并在该领域制订进一步的指导意见。

10. 资助环境评估

可以向要求世行资助环境评价的那些借款方提供项目准备基金预付款❷和信托资金。

---

❶ 参见 OP/BP/GP 13.55《执行完成报告》。

❷ 参见 OP/BP 8.10《项目准备基金》。

附录 C　国际金融公司社会环境可持续性政策和绩效标准

一、社会和环境可持续性政策

（一）本政策的目的

（1）国际金融公司（IFC）努力使自己在新兴市场内资助的私营领域项目取得积极的开发成果。所谓积极的开发成果，一个很重要的构成部分就是项目的社会和环境可持续性。国际金融公司希望通过实施一套完整的社会和环境绩效的标准以确保这个重要的部分得以实现。

（2）国际金融公司通过其《社会和环境可持续性政策》（以下称"可持续性政策"）来实现其对社会和环境可持续性所做出的承诺。如本政策第 2 节所解释的，这项承诺是以国际金融公司的任务和使命为基础的。成功地将此项承诺变为现实需要国际金融公司及其所有客户的共同努力。与此项承诺相一致，国际金融公司将实施本政策第 3 节所描述的行动，包括负责审查拟进行直接投资的项目是否符合《绩效标准》。

（3）《绩效标准》包含如下组成部分：

《绩效标准 1：社会及环境评估和管理系统》；
《绩效标准 2：劳动和工作条件》；
《绩效标准 3：污染防治和控制》；
《绩效标准 4：社区健康和安全》；
《绩效标准 5：土地征用和非自愿迁移》；
《绩效标准 6：生物多样性的保护和可持续自然资源的管理》；
《绩效标准 7：土著居民》；
《绩效标准 8：文化遗产》。

（4）这些《绩效标准》对于帮助国际金融公司及其客户用一种以结果为导向的方式来管理和改善他们的社会和环境绩效至关重要。在每一《绩效标准》中均对期望的结果进行了说明，其后是具体的要求，用来帮助客户以适合项目的性质和规模并与项目对社会和环境风险（造成危害的可能性）和影响程度相一致的方法来实现这些期望的结果。这些要求的核心是一种持续性方法，用以避免对工人、社区和环境造成不利影响，或者在无法避免时，视需要来减轻、降低影响或对影响进行恰当的赔偿。《绩效标准》亦提供了一个牢固基础，客户可利用该基础来提高其业务运营的可持续性。

（5）虽然以一种与《绩效标准》相一致的方式来管理社会和环境风险及影响是客户的责任，但是，国际金融公司亦努力确保其资助的项目以符合《绩效标准》要求的方式进行运营。因此，国际金融公司对拟投资项目进行的社会和环境审查是决定其是否投资这一项目的重要因素，并且由此确定 IFC 资助的社会和环境条件的范围。通过信守本政策，国际金融公司增强了其行动和决策的可预测性、透明度和责任感，帮助客户管理社会和环境风险和改善绩效，并且以此推进积极的开发成果。

（二）国际金融公司的承诺

（1）国际金融公司的任务是促进发展中国家私营部门的可持续发展，帮助减少贫困和改善人民生活。国际金融公司认为,可持续性的私营投资带来的良好经济增长对于减少贫困至关重要。

(2)为了完成这一任务,国际金融公司在与客户建立伙伴关系时寻求达成如下共识,即对社会和环境机会的追求也是构成良好业务的不可分割部分。负有社会和环境责任的业务能够增强客户的竞争优势,并为参与各方创造价值。国际金融公司相信,这种方法亦能帮助促进在新兴市场进行投资的长期赢利性,并使国际金融公司能够完成其开发使命和增进公众对国际金融公司的信任。

(3)国际金融公司开发任务的核心就是以一种"不危害"人民或环境的方式来努力实施其投资业务和顾问服务。负面影响应当尽其可能加以避免,如无法避免时,应适当降低、减缓这些负面影响或对其进行赔偿。国际金融公司尤其承诺,确保经济发展的代价不会不成比例地落在那些穷人或弱势群体的头上,确保环境在发展过程中不发生退化,并且确保对自然资源进行有效和可持续性管理。国际金融公司认为,客户与当地社区就直接影响社区的事项进行正常交流,在避免或减少对人民和环境损害方面发挥着重要作用。国际金融公司亦认识到,私营领域在尊重人权中起到的作用和职责正逐渐成为公司社会责任的一个重要方面。国际金融公司制定的、用来帮助私营领域客户应对环境和社会风险和机会的绩效标准与这些显现的作用和责任是相一致的。

(4)因此,国际金融公司努力投资于那些勇于识别和解决经济、社会和环境风险的可持续项目,目的在于利用项目资源和依据项目战略持续改善可持续性绩效。国际金融公司寻求对可持续发展持有同样观点和承诺的业务合作伙伴,这些合作伙伴希望提高它们管理社会和环境风险的能力并且寻求改善它们在这一领域的绩效。

(三)国际金融公司的职责和责任

(1)在其运营中,国际金融公司期待客户对它们项目的社会和环境风险及影响进行管理。这就要求客户开展风险和影响评估,并实施措施以达到《绩效标准》的要求。客户管理其社会和环境绩效的重要组成部分正如《绩效标准 1:社会及环境评估和管理系统》中所述,是通过披露相关的项目信息、磋商和知情参与等方式,与受影响社区进行交流。

(2)国际金融公司的职责是审查客户的评估工作;协助客户依据《绩效标准》制定措施以避免、最大限度地降低、减缓社会和环境影响或对此种影响做出赔偿;将项目进行分类,以确定国际金融公司承担的向公众披露项目信息的机构要求;协助识别改善社会和环境绩效的机会;在国际金融公司投资的整个周期内监测客户的社会和环境绩效。国际金融公司亦依据其《信息披露政策》披露与其自身机构和投资活动有关的信息。国际金融公司通过其《环境和社会审查程序》来实施这些过程要求。

(3)前述的一般性方法适用于国际金融公司在公司和项目层面进行的直接投资(包括股本投资)。通过金融中介机构进行的投资和顾问工作在适用《绩效标准》方面拥有单独的程序(参见下文第 9 款)。对于国际金融公司各类投资和运营业务适用《绩效标准》的内部程序,在《环境和社会审查程序》中有具体规定。

1. 社会和环境审查总体方法

(1)当拟为某一项目进行融资时,国际金融公司会对该项目开展社会和环境审查,作为其总体尽职调查的一部分。此种审查与该项目的性质和规模相符合,并与环境和社会风险及影响的程度相一致。对于国际金融公司考虑进行投资的任何新的业务活动,不论是在准备、建设还是在运营阶段,国际金融公司都将对其进行审查。审查的范围有可能扩大到其他业务活动,作为国际金融公司风险管理考虑的一部分。如果项目存有重大历史性的社会或环境影响(包括由他方造成的影响),国际金融公司将与客户一道确定可能的补救措施。

(2)社会和环境审查的有效性和效率部分取决于国际金融公司参与的时间因素。若自项目设计的早期阶段开始涉入,国际金融公司就能够在预期和识别特定风险方面为客户提供有力支持,并帮助客户建立贯穿整个项目周期的风险管理能力。

(3)社会和环境审查包括三个主要组成部分:①由客户评估的项目社会和环境风险及影响;②客户管理这些预期影响的承诺和能力,包括客户的社会和环境管理系统;③第三方在项目遵守绩效过程中担负的职责。每一组成部分均可帮助国际金融公司确定项目是否能够达到《绩效标准》。就对受影响的社区产生重大不利影响的项目而言,国际金融公司亦确保该项目在受影响的社区内会赢得广泛的社区支持[参见下文第3(1)、3(2)款]。国际金融公司的审查乃以客户的《社会和环境评估》为基础。当此种评估不能达到《绩效标准1:社会及环境评估和管理系统》中规定的要求时,国际金融公司会要求客户开展进一步评估或(若必要)委托外部专家进行评估。

(4)国际金融公司的社会和环境审查将被纳入其对项目进行的总体评估(包括财务和信誉风险评估)当中。国际金融公司也会考虑其投资能否对东道国的发展做出贡献,能否广泛地造福于其在经济、社会和环境领域的相关信众。通过权衡这些成本和效益,国际金融公司为拟投资项目清楚制定了标准和具体项目条件。这些标准和条件将在项目提请审批时呈送给国际金融公司董事会。

(5)对于预期在合理时间内不能达到《绩效标准》的新业务活动,国际金融公司不会予以资助。此外,有几个类型的活动,国际金融公司也不会予以资助。该等活动列表请参见《环境和社会审查程序》中的《除外目录》。

2. 项目分类

作为其对项目的预期社会和环境影响进行审查的一部分,国际金融公司使用一套社会和环境分类方法来:①反映依据客户的社会和环境评估所确定的影响大小;②确定国际金融公司在根据《披露政策》第12条的规定将项目提交董事会审批之前须向公众披露项目信息的机构要求。具体分类如下:

A类项目:有可能对社会和环境造成多样的、不可逆的或前所未有的重大不利影响的项目。

B类项目:有可能对社会和环境造成一定程度的不利影响的项目,此等影响的数量少,一般局限于项目所在地,大部分可逆,并且易于通过减缓措施加以解决。

C类项目:社会和环境影响极其轻微或无不利社会或环境影响的项目,包括风险极其轻微或无不利风险的特定金融中介机构(FI)项目。

金融中介类项目:除C类项目以外的所有金融中介机构项目。

3. 社区交流和广泛的社区支持

(1)有效的社区交流是对受影响社区的风险和影响进行成功管理的核心。通过《绩效标准》,国际金融公司要求客户以一种与受影响社区的风险和影响相称的方式,通过信息披露、磋商和知情参与等方式与受影响社区进行交流。

(2)国际金融公司承诺与私营领域一道共同实施社区交流过程,以确保受影响社区参与自由的、事先的和知情的磋商。基于这一承诺,当客户有必要参与自由的、事先的和知情的磋商过程时，国际金融公司将对客户的交流过程中的文件资料进行审查。此外，国际金融公司会通过其自身调查来确保，在将项目呈送国际金融公司董事会审批之前，客户进行的社区交流活动包含自由的、事先的和知情的磋商，并能够使受影响社区在知情的前提下参与其中，从而赢得受影响社区对项目的广泛支持。广泛的社区支持是指受影响社区通过个人或其认可的代表对项目表示的支持意见汇总。即使有个别人或团体反对这一项目，该项目仍可拥有广泛的社区支持。在董事会批准项目以后，国际金融公司会继续对客户的社区交流过程进行监测，作为其投资组合管理的一部分。

4. 特定领域的治理和披露动议

对于项目有可能会对大多数公众造成潜在的、更为广泛的影响的领域，尤其是开采业和基础设施领域，国际金融公司认识到，评估治理风险和信息披露是管理治理风险的重要手段。因此，在遵守适用的法律限制的前提下，除了《绩效标准 1：社会及环境评估和管理系统》中阐明的披露要求外，国际金融公司还就特定领域的项目相关信息披露工作提出如下动议。

5. 开采业项目

当国际金融公司投资开采行业项目（石油、煤气和采矿项目）时，国际金融公司会对这些项目的治理风险和预期收益进行评估。对于重大项目（预计占政府财政收入 10%或更多的项目），风险将适当予以降低，而对于小型项目，也会对项目的预期净收益和由于治理不善带来的风险进行评估。若收益和风险之间的平衡无法接受，国际金融公司就不会支持该等项目。国际金融公司同时鼓励开采业项目在向东道国政府支付税款方面的透明度。因此，国际金融公司要求：①对于重大的新开采业项目，客户应公开披露其向东道国政府支付的实质性项目款项（如权利金、税款和利润分成等），以及引发公众关注的关键性协议的相关条款，如东道国政府协议（HGAs）和政府间协议（IGAs）；②此外，自 2007 年 1 月 1 日起，国际金融公司资助的所有开采业项目的客户应公开披露其向东道国政府支付的实质性项目款项。

6. 基础设施项目

若国际金融公司投资的项目涉及垄断经营，负责向普通大众最终交付基础服务，例如水、电、管道天然气以及电信的零售经销服务，国际金融公司会鼓励公开披露有关生活用价格和价格调整机制、服务标准、投资义务，以及政府长期支持方式和程度的所有信息。若国际金融公司资助的是此等经销服务的私营化项目，国际金融公司亦会鼓励公开披露特许费或私营化收入。此等披露工作也可由政府主管实体（如相关监管部门）或客户负责。

7. 对第三方绩效的管理

（1）有时，客户实现符合《绩效标准》的社会或环境结果的能力取决于第三方的行动。某一第三方可以是作为监管方或合同当事方的一家政府机构，也可以是一家实质性参与到项目之中的主要承包商或供应商，或是某一相关设施的运营方（其定义参见《绩效标准 1：社会及环境评估和管理系统》）。

（2）国际金融公司寻求确保其资助的项目取得符合《绩效标准》要求的结果，即使此种结果取决于第三方的表现。若第三方风险较高，而且客户能够控制或影响该第三方的行动和行为时，国际金融公司要求客户与该第三方协作，力争取得符合《绩效标准》要求的结果。具体要求和方案会依个案而有所差异。

8. 项目监测

在国际金融公司的资助落实在法律文件当中并予以拨付后,国际金融公司将采取下列行动来对其投资进行监测,作为其投资组合监测工作的一部分:

(1) 根据与国际金融公司达成的协议,要求项目定期就其社会和环境绩效提交《监测报告》。

(2) 对带有社会和环境风险及影响的特定项目进行场地考察。

(3) 依据客户在《行动计划》中做出的承诺审查客户在《监测报告》中汇报的项目绩效,如有必要,与客户一道审议绩效改进机会。

(4) 若因项目情况发生改变导致不利的社会或环境影响,与客户一道找出解决办法。

(5) 若客户未能兑现其在《行动计划》或在与国际金融公司达成的法律文件中做出的社会和环境承诺,与客户一道尽可能使这些承诺得以遵守;如客户仍不能兑现承诺,则行使适当的补救措施。

(6) 除了依据《绩效标准 1:社会及环境评估和管理系统》的要求对《行动计划》进行报告以外,鼓励客户公开报告其绩效中的社会、环境和其他非财务部分。

(7) 在国际金融公司退出该项目后,鼓励客户继续达到《绩效标准》要求。

9. 通过金融中介机构进行的投资

(1) 国际金融公司致力于支持可持续性的资本市场发展,并且通过金融中介机构(FIs)实施投资。通过这些投资项目,国际金融公司帮助增强国内资本市场的实力,以支持小型企业(因规模较小而不能得到国际金融公司直接投资的企业)的经济发展。国际金融公司的金融中介客户从事各种业务活动,包括项目融资、向大中小型企业贷款、小额信贷、贸易融资、住房融资以及私人股本等,各种投资都有其本身的社会和环境风险。

(2) 通过其《环境和社会审查程序》,国际金融公司审查其金融中介客户的业务,以便从中找出那些由于其投资而可能使金融中介机构承受社会和环境风险的活动。国际金融公司对金融中介客户的要求与潜在的风险水平是成比例的:

1) 从事具有极其轻微或没有不利社会或环境风险的业务活动的金融中介机构将被列入 C 类项目,无须适用任何特别要求。

2) 所有其他金融中介机构均将适用《除外目录》。

3) 在《除外目录》之外,提供长期公司融资或项目融资的金融中介机构将对融资的接受方提出如下要求:(i) 若所融资的活动存在一定的社会或环境风险,遵守国家法律的规定;(ii) 若所融资的活动存在较大的社会或环境风险,则适用《绩效标准》。

(3) 金融中介机构须建立和维持一个社会和环境管理系统来确保其投资能满足国际金融公司的要求,国际金融公司将基于该管理系统对金融中介机构的绩效进行监测。

10. 咨询服务

国际金融公司提供咨询服务,服务范围广,从提供与大型行业私有化相关的咨询意见到为小型企业提供基础支持,应有尽有。国际金融公司为其中的一些服务提供直接资助,而在有些情况下,会利用由捐助者资助的机构提供的资金。这些由捐助者资助的机构拥有其自身的运营程序,包括他们如何管理社会和环境问题。当国际金融公司对大型投资项目提供顾问服务时,会参考国家法律和《绩效标准》。国际金融公司不会对列入国际金融公司《除外目录》的活动提供顾问服务,并且会鼓励其顾问服务的接受方推进良好的社会和环境惯例。

（四）合规顾问/调查官办公室

（1）国际金融公司要求其客户建立和管理适当机制或程序，用以解决受影响社区的民众提出的与项目有关的诉求或投诉，以支持客户解决项目所带来的环境和社会问题。在项目层面上的机制和程序以外，东道国的行政或法律程序的作用也应纳入考虑范畴。尽管如此，仍有可能出现入如下情况，即由受到国际金融公司资助项目影响的民众提出的诉求或投诉不能在项目层面或通过其他业已建立的机制得到全部解决。

（2）认识到责任感的重要性，本着以公正、客观和富有建设性的方式来解决受项目影响的民众的诉求和投诉的愿望，国际金融公司业通过设立合规顾问/调查官办公室（CAO），建立了一套机制来确保受国际金融公司项目影响的个人和社区能将其关注的问题反映给一个独立的监督部门。

（3）CAO 独立于国际金融公司的管理层，而接受世界银行集团总裁的直接领导。CAO 负责对受到国际金融公司资助项目影响的群体提出的投诉进行答复，并试图通过灵活的解决方法来解决投诉，改善项目的社会和环境结果。此外，CAO 负责监督对国际金融公司社会和环境绩效进行的审计工作（尤其是对敏感项目的审计），以确保相关政策、指导规定、程序和制度得到遵守。

（4）投诉可能会针对 CAO 负责范围内的、国际金融公司资助项目的任何方面。投诉人可以是任何个人、团体、社区、实体，也可以是受到或可能受到国际金融公司资助项目的社会和环境影响的其他方。投诉可以书面方式提交给 CAO。

（五）用于政策实施的资源

1. 国际金融公司客户对社会和环境可持续性的支持与资助计划

与其项目融资一道，国际金融公司能够动员其内部力量，为寻求改善它们的社会和环境绩效，尤其是为包括中小型企业在内的力量和资源均有限的客户提供支持。在需要时，国际金融公司还将与国际性的金融机构和私营领域在项目以及与可持续性相关的政策事项方面开展密切合作。此外，国际金融公司还将投入资金为其客户的社会和环境动议和计划提供支持。

2. 客户支持服务

（1）国际金融公司会依据其对客户能力和可利用资源进行的评估，在社会和环境方面为客户提供客户支持、能力构建和增值服务。这些服务包括协助中小型客户开展社会和环境评估；为提高社会和环境结果提供识别机会协助；应客户请求，与国内环境保护机构或其他相关地区、国内或地方部门就项目专有问题展开磋商；对国际金融公司的外部顾问和专家网络进行动员；以及就改善项目绩效的良好惯例提供建议。

（2）国际金融公司为培训金融中介客户提供支持，以便利通过和遵守某一社会和环境管理系统，并且提高它们的社会和环境绩效。这些培训包括以下计划：①让客户对可能面对的社会和环境风险产生足够认识；②建立与客户业务相匹配的某一社会和环境管理系统；③协助客户把握商业机会，比如通过市场识别和新型金融产品。

3. 对社会和环境动议的资助

国际金融公司会提供经济帮助来支持客户的社会和环境动议和计划。它们可能包括帮助客户改善其社会和环境绩效，达到《绩效标准》的要求；资助能为当地环境带来益处的创新型项目；支持能为全球带来益处的创新型项目，包括对生物多样性的保护；以及在新兴市场内购买碳信用额度以减少温室气体的排放。

4. 与公众和私营领域机构建立联系

国际金融公司凭借其作为世界银行集团主要成员机构的地位，其工作重心在于私营领域，连同其在私营领域和国际性金融机构中构筑的广泛网络，使其能够与公共和私营领域的利益关系各方建立联系，以促进就新兴市场中可持续私营领域的投资展开更为广泛的对话。以下各项是国际金融公司联络职责的例证：

（1）发现和传播私营领域在社会和环境方面的上佳表现；

（2）通过推行"赤道原则"，私人股权基金管理人和金融分析师的广泛参与，以及其他金融市场机制，促进发展中国家金融市场的可持续发展；

（3）在银团贷款和与其他国际金融机构的联合项目中，在社会和环境事项方面担任牵头银行，促进参与各方的密切合作和协调；

（4）与世界银行就国家制度、国内政策中的社会和环境问题，或执行或监管事宜开展联系和协作；

（5）就带有重大社会或环境问题的私营领域项目的战略性、地区性或者部门性环境评估与相关的国际金融机构或国家部门进行联系；

（6）与外部合作伙伴和发起人，如联合国全球影响组织进行联系和协调，以概述私营领域项目的社会和环境可持续性；

（7）向受到拟投资项目活动的越境作用影响的国家发出正式通告，以帮助这些国家确定这些拟投资项目是否有可能会因为空气污染、从国际水道中抽水或对国际水道的污染而造成不利影响。

5. 政策实施的额外支持性文件

除了《绩效标准》以外，国际金融公司还使用其他政策、程序、导则和指定性材料来帮助其雇员和客户在新兴市场中取得项目的社会和环境可持续性。例如：

（1）国际金融公司的机构信息披露将依照《国际金融公司信息披露政策》加以实施；

（2）国际金融公司通过各种类型投资和顾问服务来解决社会和环境问题的内部程序可参见《环境和社会审查程序》；

（3）与《绩效标准》相对应的《导则注释》（包括参考资料在内）为《绩效标准》中包含的要求以及用来改善项目绩效的良好可持续性提供了有用的指引；

（4）符合《绩效标准3：污染防治和控制》的领域和行业惯例和绩效水平导则可参见《国际金融公司环境、健康和安全导则》；

（5）良好惯例注释和手册提供了良好惯例的范例以及与这些惯例相关的参考信息。

二、社会和环境可持续性绩效标准

（一）导言

（1）国际金融公司（IFC）运用《绩效标准》来管理社会和环境风险和影响，并在其有资格获得资助的成员国内提高在其私营领域投资的发展机会[1]。该《绩效标准》亦为选择将它们运用到新兴市场项目的其他金融机构所适用。这八项绩效标准确立了在国际金融公司或其他金融机构进行的某一项投资周期内客户[2]应达到的所有标准：

---

[1] 国际金融公司将根据《国际金融公司社会和环境可持续性政策》的规定，对其投资的项目适用本《绩效标准》。国际金融公司的信息披露工作将依照《国际金融公司信息披露政策》进行。

[2] 在本《绩效标准》中，"客户"一词是指负责实施和运行投资项目的团体或是融资的接受方，具体须取决于项目结构和融资类型。"项目"一词的定义见《绩效标准1》。

《绩效标准1：社会及环境评估和管理系统》；
《绩效标准2：劳动和工作条件》；
《绩效标准3：污染防治和控制》；
《绩效标准4：社区健康和安全》；
《绩效标准5：土地征用和非自愿搬迁》；
《绩效标准6：生物多样性的保护和可持续自然资源的管理》；
《绩效标准7：土著居民》；
《绩效标准8：文化遗产》。

(2)《绩效标准1：社会及环境评估和管理系统》确立了以下事项的重要性：①进行集中评估以识别项目的社会和环境风险、影响和机会；②通过披露与项目有关的信息以及与当地社区就直接影响它们的事项进行磋商，实现有效的社区交流；以及③客户在整个项目周期内始终对社会和环境绩效进行管理。第2～8项绩效标准确定了避免、降低、减缓对民众和环境影响或对该影响进行赔偿，以及在适当时改善条件的相关要求。尽管所有环境和社会风险和潜在影响都是应加以考虑的对象，但是，第2～8项绩效标准描述了需要在新兴市场中给予特别注意的潜在社会和环境影响。若预期存在社会或环境影响，则客户需要依据《绩效标准1：社会及环境评估和管理系统》通过社会和环境管理系统对它们进行管理。

(3) 除了满足《绩效标准》中的要求以外，客户必须遵守适用的国家法律，包括东道国为了依据国际法实施东道国义务而制定的法律。

(4) 与《绩效标准》相对应的一系列《导则注释》就《绩效标准》（包括参考资料）中包含的各项要求以及良好可持续性惯例提供了有用的指引，以帮助客户改善项目绩效。

(二) 绩效标准1：社会及环境评估和管理系统

1. 导言

《绩效标准1：社会及环境评估和管理系统》着重阐明了在某一项目（需进行评估和管理的任何业务活动）周期内对其社会和环境绩效进行管理的重要性。一个有效的社会和环境管理系统应当是一个由管理方提出的动态且连续的过程，其中涉及客户、客户工人和受该项目直接影响的当地社区（以下称为受影响的社区）之间进行的沟通交流。基于经实践证明的"计划、实施、核查和行动"这一商业管理过程，该管理系统在项目建设的初期阶段就对项目的社会和环境影响和风险进行全面评估，并持续不断地提供减缓和管理风险的次序和一致性。一个规模和性质与项目相匹配的良好管理系统可以促进良好、可持续的社会和环境绩效，并且能够带来更好的财务、社会和环境项目结果。

2. 目标

(1) 确认和评估在项目影响范围内造成的正负两面社会和环境影响。

(2) 避免，如无法避免，则尽量降低、减缓或赔偿对工人、受影响社区和环境造成的不利影响。

(3) 确保受影响社区与可能对它们造成潜在影响的事项进行了适当交流。

(4) 通过管理系统的有效使用来提高公司已改善后的社会和环境绩效。

3. 适用范围

本《绩效标准》适用于在项目开发的早期阶段以及其后具有应当加以管理的社会和环境风险及影响的所有项目。

4. 要求

（1）社会和环境管理系统。

客户将建立和维持与项目性质和规模成比例且与社会和环境风险和影响相一致的社会和环境管理系统。该管理系统应当包含下列要素：①社会和环境评估；②管理计划；③组织能力；④培训；⑤社区交流；⑥监测；⑦报告。

（2）社会和环境评估。

1）客户将开展社会和环境的评估过程，该评估会以一种集中统一的方式将项目的潜在社会和环境（包括劳动、健康和安全）风险和影响加以考虑。评估过程以现有信息为基础，包括对项目的准确描述以及适当的社会和环境基础数据。评估会把所有相关的项目社会和环境风险及影响考虑进去，包括在《绩效标准2：劳动和工作条件》～《绩效标准8：文化遗产》中规定的那些事项，以及将要受到这些风险和影响的那些事项。项目运营司法管辖地内与社会和环境事项有关的适用法律和法规，包括东道国为了依据国际法实施东道国义务而制定的法律，也会加以考虑。

2）将基于项目的影响领域对风险和影响进行分析。项目影响的领域视需要包括：①主要的项目场地以及客户（包括其承包商）开发或控制的相关设施，如输电走廊、管线、水道、沟渠、迁移和连接道路、借用和处理场地、工棚；②不属于资助项目部分（客户或包括政府在内的第三方可以单独提供资助）的相关设施，其存在完全取决于该项目，并且其货物或服务对于该项目成功运作至关重要；③有可能因项目的进一步规划开发、任何现有项目或状况以及在开展社会和环境评估时就已被界定的其他与项目相关的开发活动而造成的累积影响而受到影响的区域；④有可能因项目引起的、可能在后期或某一不同地点发生的、未经规划但可以预见的开发活动而受到影响的区域。影响区域不包括即使没有该项目也同样会发生或独立于该项目的潜在影响。

"技术可行性"以拟实行措施和行动是否能够以商业上可获得技能、设备和材料加以实施为依据，并将诸如气候、地理、人口统计、基础设施、安全、治理、能力和运行可靠性等主导性的当地因素考虑在内。"财务可行性"以商业考虑为基础，包括将采取此种措施和行动的增加成本的相关数量与项目投资、运行和维护成本相比较，以及这种增加成本是否会使客户在经济上对项目无法承受。

这种弱势地位可能源自某一个人或团体的种族、肤色、性别、语言、宗教、政治或其他观点、国家或社会出身、财富、出生或其他情况。客户亦应考虑诸如性别、各族划分、文化、病患、身体或精神残疾、贫困或经济劣势，以及对特有自然资源的依赖度等因素。

3）会在项目周期的关键阶段，包括准备、施工、运营以及退出或关闭阶段，对风险和影响进行分析。在需要时，评估亦会考虑第三方（如地方和国家政府、承包商和供应商）的作用和能力，但限于它们对该项目造成风险的范围之内，并认识到客户应以其对第三方行动的控制和影响相适合的方式来解决这些风险和影响。如果项目使用的资源具有生物敏感性时，会考虑与供应链相关的影响。评估亦会考虑潜在的越境影响，如空气污染，对国际水道的使用或污染，以及全球影响，如温室气体排放。

4）评估应当是对相关事项的适当、准确和客观的评价和说明，并由有资质和经验的人员来完成。对于具有重大不利影响或涉及复杂技术问题的项目，可以要求客户聘请外部专家来协助完成评估过程。

5）根据项目的类型及其风险和影响的性质和大小，评估可以是一个全方位的社会和环境影响评估。也可以是有限的或集中于某个问题的环境或社会评估，或直接针对环境选址、污染标准、设计规范或施工标准进行的评估。当项目涉及已有的业务活动时，则应当进行社会和/或环境审查以确定关注领域。进行评估的事项类型、风险和影响，以及社区交流的范围［参见下文4（7）款］根据项目的性质、规模、地点和开发阶段的不同可能而有较大差异。

6）有可能对社会和环境造成多样的、不可逆的或前所未有的重大不利影响的项目应当进行全面的社会和环境影响评估。这种评估应当包括审查旨可替代影响源的、技术和经济上可行的替代方案，以及审查有关如何选择拟议的具体行动计划的原则的文件资料。在某些例外情况下，可能需要开展地区性、部门性的或战略性评估。

7）对于影响有限且影响数量较少、一般局限于场地、大部分可逆，并且易于通过减缓措施加以解决的项目，评估范围可以更窄一些。

8）对于影响极其轻微或无不利影响的项目，无须在上述规定之外展开进一步的评估。

9）作为评估工作的一部分，客户会找出那些可能受到项目不同或异常影响的个人和团体，原因是他们处于弱势地位或者易于受到伤害。当这些团体被认定为弱势或弱势群体后，客户将拟定并实施差别性措施，以避免这些团体受到异常不利影响以及在分享发展利益和机会时处于弱势地位。

（3）管理计划。

1）在审视社会和环境评估的相关发现和与受影响社区进行的洽商结果时，客户会建立并管理一项减缓计划和绩效改进措施和行动，它们阐明了已识别出的社会和环境风险和影响（管理计划）。

2）管理计划由运行政策、程序和惯例组合而成。该计划可能会广泛地适用于客户的组织，或特定的场地、设施或活动。用以解决已识别影响和风险的措施和行动将首先着眼于避免和防止风险，然后才会考虑最大限度减少、减缓或赔偿所产生的影响，具体视技术和财力的可行性而定。当无法避免或防止风险和影响时，才会寻求减缓措施和行动，以使项目的运行能符合适用法律和法规的规定，并且达到《绩效标准》［参见下文（4）款］的要求。该计划的详细和复杂程度以及已制定的措施和行动的优先顺序将依据项目的风险和影响而确定。

3）该计划将尽可能把期望结果界定为可量测的事件，其中阐明诸如绩效指标、目标或验收标准等能够在界定的时限内加以追踪的构成要素，并预计实施工作所需的资源和职责。鉴于项目开发和实施过程的动态性质，该计划将对项目情况变动、不可预见事件和监管结果做出响应［参见下文（11）款］。

（4）行动计划。

在客户确定了使项目符合适用法律和法规以及达到《绩效标准》的要求所需的具体减缓措施和行动后，客户将编制一份《行动计划》。这些措施和行动会反映出就社会和环境风险和不利影响开展磋商的结果以及为解决这些风险和影响而拟采取的措施和行动，具体须遵守下文（9）款的要求。该《行动计划》的可能涵盖从例行减缓措施的简要介绍到一系列具体计划❶。《行动计划》将：①描述为了实施各种减缓措施或纠正工作所需的行动；②为行动设

---

❶ 例如《迁移行动计划》、《生物多样性行动计划》、《危险材料管理计划》、《紧急情况准备和响应计划》、《社区健康和安全计划》以及《土著居民发展计划》。

定优先顺序；③实施工作的时间框架；④向受影响社区做披露［参见 5（2）款］；⑤说明对客户实施该《行动计划》的情况进行外部报告的时间表和机制。

（5）组织能力。

客户将视需要建立、维持和强化一种组织架构，用以界定实施管理计划（包括《行动计划》）所需的作用、职责和权力。应向包括管理代表（们）在内的具体负责人员指派明确的职责和权力。关键性的社会和环境责任应加以妥善界定并传达给相关人员和组织内的其他人员。客户将会持续性提供充分的管理层支持以及人力和财力资源，以取得有效和源源不断的社会和环境绩效。

（6）培训。

对于直接负责开展与项目社会和环境绩效相关活动的雇员和承包商，客户将提供培训，以使他们了解和掌握履行其工作所需的知识和技能，其中包括有关东道国的当前监管要求和《绩效标准》中的相关要求。培训也将涉及管理计划（包括《行动计划》）项下所要求的具体措施和行动，以及以胜任和高效的方式履行各项行动所需的方法。

（7）社区交流。

与社区交流是一个持续性的过程，其中涉及客户对信息的披露。当当地社区可能会承受某一项目带来的风险或不利影响时，交流过程将包括与社区进行磋商。与社区进行交流的目的在于和社区建立和长期维持一种建设性的关系。社区交流的性质和频度需视项目对受影响社区带来的风险和不利影响而定。社区交流将不受外部操纵、滋扰或强压，以及胁迫，而应在提供及时的、相关的、易于理解的和可获得的信息的基础上展开交流。

（8）披露。

披露相关项目信息帮助受到影响社区了解该项目的风险、影响和机会。当客户开始执行某一社会和环境评估过程时，客户会公开披露这些评估文件。如果社区可能受到项目风险或不利影响，客户将向这些社区提供与该项目的目的、性质和规模、拟进行的项目的活动时间期限，以及项目可能给社区带来的任何风险和潜在影响等有关的信息。对于具有不利社会或环境影响的项目，披露工作应在社会和环境评估过程的早期阶段进行，在任何情况下，均应在项目开工之前进行，并应一直持续下去［参见下文 5（2）款］。

（9）磋商。

1）如果受影响的社区可能要承受来自某一项目的风险或不利影响，客户将会展开磋商过程，给受影响的社区提供就项目风险、影响和减缓措施表达意见的机会，并允许客户对这些意见进行考虑和答复。有效磋商：①应以事先披露相关和适当信息（包括文件和计划草案）为基础；②应在社会和环境评估过程的早期阶段展开；③应集中于社会和环境风险和不利影响，以及为解决这些风险和影响而建议实施的措施和行动；④只要有风险和影响存在，应一直持续展开。磋商过程应采用包容和文化上适当的方式。客户将根据受影响社区的语言偏好、决策过程以及弱势或易受伤害团体的需要来调整其磋商过程。

2）对于给受影响社区带来重大不利影响的项目，磋商过程将确保受影响社区能够参与自由的、事先的和知情的磋商。知情参与是指有组织的、反复的磋商，使受影响社区就直接影响它们的事务所表达的意见（如建议的减缓措施、对开发利益和机会的分享，以及实施工作等）纳入客户的决策过程之中。客户将把磋商过程，尤其是采取的用以避免或最大限度减小对受影响社区的风险和不利影响的措施,制成文件。

(10) 投诉机制。

客户会就社区对项目提出的关注问题做出回应。如果客户预期,项目会对受影响社区带来持续性的风险或不利影响,客户将建立投诉机制来收集和促进解决受影响社区所关注的问题,以及对客户环境和社会绩效提出的投诉。该投诉机制的规模应与项目的风险和不利影响程度相适应。投诉机制应当利用易于理解和透明的过程及时处理所关注的问题,该过程在文化上是适当的,且受影响社区的方方面面均能够参与其中,而且无需花费任何成本和给予任何报偿。该投诉机制不应当阻碍对司法或行政救济措施的应用。客户会在与社区交流过程中将该机制告知受影响社区。

(11) 监测。

作为其管理系统的一个组成部分,客户将建立管理计划效率的监测和衡量程序。除了记录绩效追踪信息和建立相关运营控制程序外,客户应利用动态机制,如必要的检查和审计,对照预期结果来核实遵守和进展情况。对于可能造成多样的、不可逆的或前所未有的重大不利影响的项目,客户将聘请有资格且经验丰富的外部专家来核实其监测信息。监测范围应与项目风险和影响以及项目的合规要求相匹配。监测工作应依据绩效经验和反馈意见进行调整。客户将把监测结果制作成文件,并在修订后的管理计划中明确和反映出所需的纠正性和预防性行动。客户将实施这些纠正性和预防性行动,并对行动进行跟进以确保它们的有效性。

5. 报告

(1) 内部报告。

客户组织内的高级管理层会收到以系统数据收集和分析为基础对管理计划效力进行的定期评估。此种报告的范围和频度将依据客户按照其管理计划和其他适用的项目要求确定和实施的活动性质和范围而定。

(2)《行动计划》的外部报告。

客户会把《行动计划》披露给受影响社区。此外,对于持续给受影响社区带来风险或影响的问题以及社区所关注的涉及磋商过程或投诉机制的问题,客户会提交定期报告,说明有关《行动计划》的实施进展情况。如果因管理计划导致《行动计划》中就受影响社区关注的问题提出的减缓措施或行动发生重大变化或有所增加,则客户亦将披露更新后的减缓措施或行动。这些报告的格式应易于受影响社区的使用。报告的提交频度将依据受影响社区的关注问题而定,但每年至少应提交一次。

(三) 绩效标准 2: 劳动和工作条件

1. 导言

(1)《绩效标准 2: 劳动和工作条件》认识到,通过创造就业和产生收入的方式追求经济增长要与对工人基本权利的保护相平衡。就任何业务而言,劳动力是一个可变资本,一个良好的劳资关系是企业可持续发展的关键因素。未能建立和培育一种良好的劳资关系可能会破坏掉工人的责任心和凝聚力,并且危及到某一项目。相反,凭借一种富有建设性的劳资关系,和向工人施以公平待遇并向他们提供一种安全和健康的工作条件,客户们就有可能创造看到的利益,如提高它们企业运营的效率和生产力。

(2) 本《绩效标准》中规定的要求部分地参考了国际劳工组织(ILO)与联合国(UN)

通过谈判达成的多部国际公约❶。

2. 目标

(1) 建立、维持和改善劳资关系。

(2) 促进工人的公平待遇、非歧视和平等机会，并遵守国内劳动和雇用法律。

(3) 通过阐明童工和强迫劳动来保护劳动力。

(4) 促进安全和健康的工作条件，并保护和增进工人健康。

3. 适用范围

(1) 本《绩效标准》的适用性是在社会和环境评估过程中确立的，但需要通过客户的社会和环境管理系统来管理为了达到本《绩效标准》的要求所需的实施行动。评估和管理系统要求在《绩效标准1：社会及环境评估和管理系统》中有简要介绍。

(2) 在《绩效标准》中，"工人"一词是指客户的雇员以及第17款中规定的各种类型非雇员工人。本《绩效标准》的适用会因工人类型的不同而有所差异，如下所示：

1) 雇员：除第4(2)4)、4(2)5)两款的要求外，适用本《绩效标准》中的所有要求。

2) 非雇员工人：适用第4(2)4)款的要求。

(3) 供应链问题在第4(2)5)款中进行阐述。

4. 要求

(1) 工作条件和工人关系的管理。

1) 人力资源政策。

客户将采用与其规模和劳动力相适应的人力资源政策，该政策规定了与《绩效标准》相一致的管理雇员的方法。依据此项政策，客户将向雇员提供与他们依据本国劳动和雇用法律所享权利有关的信息，这其中包括他们对工资和福利享有的权利。本政策清晰并且可为雇员所理解，在聘用每一位雇员时，会把本政策解释或提供给他们。

2) 工作关系。

客户将把其直接签约的全部雇员和工人们的工作条件和雇用条款，包括他们所享有的工资和一切福利待遇，以文件形式申明并向他们进行传达。

3) 工作条件和雇用条件。

当客户是一份与某一工人组织签订的集体谈判协议中的当事一方时，该协议将被加以信守。如不存在此种协议，或者此种协议并未阐明工作条件和雇用条款（如工资和福利、工作时间、加班安排和加班补偿、病假、产假、休假或假日），客户将提供至少符合国家法律规定的合理工作条件和雇用条款。

4) 工人组织。

①在本国法律认可工人享有组建和参加由自己不受干涉地选择工人组织和进行集体谈判权利的国家中，客户将遵守这些国家的法律。当一国法律对工人组织进行实质性限制时，

---

❶ 这些公约包括：(1)《国际劳工组织(ILO)关于结社自由和保护组织权利的第87号公约》；(2)《国际劳工组织(ILO)关于组织权利和集体谈判权利的第98号公约》；(3)《国际劳工组织(ILO)关于强迫劳动的第29号公约》；(4)《国际劳工组织(ILO)关于废除强迫劳动的第105号公约》；(5)《国际劳工组织(ILO)关于最低（就业）年龄的第138号公约》；(6)《国际劳工组织(ILO)关于最恶劣形式的童工劳动的第182号公约》；(7)《国际劳工组织(ILO)关于同等薪酬的第100号公约》；(8)《国际劳工组织(ILO)关于（就业和职业）歧视的第111号公约》；(9)《联合国儿童权利公约》第32.1款。

客户将为工人另寻替代性方法以使他们能够表达自己的诉求,并保护他们在工作条件和雇用条件中享有的权利。

②在第 9 款描述的各种情况中,并且当一国法律未做出规定时,客户不会阻碍工人们组建或加入他们自己选择的工人组织或除非工人们进行集体谈判,并且不会对加入或寻求加入这些组织和集体谈判的工人持歧视态度或进行打击报复。客户们会与这些工人代表们进行沟通。工人组织被期待会公平代表这些劳动工人。

5)非歧视和平等机会。

客户不会以和内在工作要求不相干的个人特点为基础做出雇用决定。客户将在平等机会和公平待遇原则基础上建立雇佣关系,并且不会在雇佣关系的各个方面,如招募和录用、薪酬(包括工资和福利)、工作条件和雇用条款、培训机会、晋升、雇用终止或退休以及惩戒上持歧视态度。在本国法律规定雇用非歧视原则的那些国家中,客户将遵守这些国家的法律。当一国法律未对雇用非歧视原则做出规定时,客户将会满足本绩效标准中的规定。不会把对以往歧视进行救济的特殊保护或帮助措施,或是基于工作内在要求选择专门工作的情况视为歧视。

6)裁减。

如果客户想要削减大量工作岗位或解雇大批雇员,它会制定一项方案来减缓因裁减受雇人员而带来的不利影响。该方案以非歧视原则为基础,并且将反映客户与雇员、雇员组织和政府(适当时)进行的磋商情况。

7)投诉机制。

客户将为工人[和他们的组织(如有)]提供一种投诉机制来收集合理的工作场所关注问题。客户会在录用工人时向他们告知有投诉机制存在,并使这种机制易为工人们所使用。投诉机制应当有适当程度的管理,并利用一种易于理解、透明的且无须给予报偿的程序及时解决所关注的问题,该程序应向那些关注的人士提供反馈信息。该机制不应阻碍依据法律或现有仲裁程序而可能给予的其他司法或行政救济措施的应用,也不得替代通过集体协议方式提供的投诉机制。

(2)对劳动力的保护。

1)童工。

客户不会以一种在经济上带有剥削性的方式,或以一种可能危及或干扰到儿童教育的方式,或以一种给儿童健康或生理、智力、精神、道德或社会发展的方式来使用童工。当一国法律对未成年人的雇用问题有相关规定时,客户将遵守适用于其的这些法律。不得使用未满 18 岁的儿童从事危险工作。

2)强迫劳动。

客户不会使用强迫劳动,强迫劳动由从处于武力或惩罚威胁之下的某一个人身上榨取的、非自愿履行的工作或服务构成。强迫劳动涵盖所有类型的非自愿或强制劳动,如契约劳动、包身性劳动或类似的劳动承包安排。

3)职业健康和安全。

客户将为工人提供一个安全和健康的工作环境,会把本领域中的固有风险以及客户工作场所内的各类特有危险,如物理、化学、生物和放射性危险考虑在内。客户将采取措施通过最大限度地消除致险因素,来防止工作诱发或发生与工作相关的或在工作过程中发生各种事故、伤害和疾病。依照与良好国际行业惯例相一致的方式,客户将在场所内对以下事项进行说明:对工人潜在危险(尤其是对那些可能贻害终生的危险)的识别;提供预防和保护性措施,包括更改、替代或消除危险条件或物质;工人培训;对职业意外、疾病和事故的归档和报告;以及对紧急情况的预防、准备和响应安排。

4) 非雇员工人。

就本《绩效标准》而言,"非雇员工人"指以下类型工人:①由客户直接签约的工人,或通过承包商或其他中介机构签约的工人;②在某一实质性期限内,从事与客户产品或服务的关键核心功能直接相关工作的工人。当客户与非雇员工人直接签约时,客户会尽其经济上合理的努力来应用本《绩效标准》的要求,但第 4(1)1、4(1)6 和 4(2)5 款中规定的情况例外。就承包商或其他中介机构聘用的非雇员工人而言,客户会尽其经济上合理的努力来:①确信这些承包商或中介机构均为守信和合法企业;②要求这些承包商或中介机构采用本《绩效标准》中的要求,但第 4(1)1、4(1)6 和 4(1)7 款中规定的情况例外。

5) 供应链。

当廉价劳动力成本是提升所供应物品的竞争力的一个因素时,将会考虑与供应链有关的不利影响。客户将依据前述第 4(2)1、4(2)2 款的规定,查明和解决供应链中存在的童工和强迫劳动现象。

(四)绩效标准3:污染防治和控制

1. 导言

《绩效标准3》认识到,持续增加的工业活动和城市化经常导致持续增加的空气、水和土地污染❶,有可能危及到当地、地区和全球的民众和环境。另外,污染防治和控制技术和做法,连同国际贸易一样,在世界各地愈加可以获取和实现。本《绩效标准》勾画出了符合国际上惯用技术和做法的、对污染进行防治和减缓的项目方法。此外,只要项目具备商业上可获得的技能和资源,本《绩效标准》旨在促进私营领域采纳这些技术和做法的能力,前提是这些技术和做法具有技术和财务可行性和成本效益。

2. 目标

1) 通过避免或最大限度地减少项目活动带来的污染从而避免或最大限度地减少对人类健康和环境造成的不利影响。

2) 促使导致气候变化的气体排放数量降低。

3. 适用范围

对本绩效标准的适用在社会和环境评估过程当中完成,而实施达到本绩效标准要求所需的行动要通过客户的社会和环境管理系统进行。评估和管理系统要求在绩效标准中有简要说明。

4. 要求

(1) 一般性要求。

在项目的设计、施工、运行和退出阶段(项目存续周期),客户会考虑周围状况并适用

---

❶ 就本《绩效标准》而言,"污染"一词用来指以固态、液态或气态形式存在的危险和非危险污染物,并且有意将其他形式存在的污染物,如恶臭、噪声、振动、辐射、电磁能以及潜在视觉影响(包括光线在内)的形成包括在内。

192

为避免，或在避免不可行时，最大限度地减少或降低对人类健康和环境的不利影响最为有利的污染防治和控制技术和做法（技巧），同时要维持技术和财务上的可行性和成本效益❶。在项目存续周期内具体采用的项目污染防治和控制技术将根据与项目排放相关的危险和风险来定制，且符合良好国际行业惯例❷，该等良好惯例可从各种国际上认可的资料源获取，包括国际金融公司的《环境、健康和安全导则》(《EHS 导则》)。

（2）污染防治、资源保护和能源效率。

客户将避免释放污染物，或在无法避免时，最大限度地减少或控制污染物释放的强度或数量。它亦适用于具有当地、地区和越境潜在影响❸的、因日常、非日常或意外情况造成的污染物释放。此外，客户应依据清除者生产原则在其运行中检查并吸纳资源保护和能源效率措施。

（3）废弃物。

客户将尽可能地避免或最大限度地减少制造的危险和非危险性废弃物材料。当废弃物制造无法加以避免但可以最大限度地减少时，客户将回收和再利用这些废弃物；当废弃物无法回收和再利用时，客户会以一种对环境负责的方式处理、销毁和处置这些废弃物。如果制造的废弃物具有危害性❹，客户将探索商业上合理的、对环境友好的替代处置办法，并考虑到适用于其越境转移❺的限制性规定。当由第三方负责处理废弃物时，客户将使用经有关监管机构许可的具有声誉且合法的承包商企业。

（4）有害物质。

客户将避免，或在无法避免时，最大限度地减少或控制为项目活动的生产、运输、搬运、存储和使用所引起的有害物质的释放。客户将避免制造、买卖和使用那些因它们对生物体和环境保护具有高毒害性以及对生物积聚或臭氧层消耗❻具有潜在影响而为国际所禁止或逐步淘汰的化学及有害物质，并会考虑使用具有较小危害性的、用以替代这些化学品和有害物质的东西。

（5）紧急情况准备和响应。

客户将随时做好准备，以一种与运行风险和防止它们潜在负面后果相当的方式应对混乱、意外和紧急情况。准备工作将包含一项涵盖培训、资源、责任、通信联系、程序以及其他方面的必要计划，以便对与项目危险有关的紧急情况做出有效响应。对紧急情况准备和响应工作的额外要求参见《绩效标准 4：社区健康和安全》。

（6）技术导则。

客户在评选项目的污染防治和污染控制技术时应当采用现行版本的《环境健康安全导

---

❶ "技术可行性"和"财务可行性"的定义参见《绩效标准 1：社会及环境评估和管理系统》。"成本效益"乃基于减少排放的效果相对于为了达到这一效果而额外增加的成本来确定。

❷ 其定义为：在全球范围内，从事同一类型工作的有技能和经验的专业人士在同样或类似情况下被可能期望予以实施的专业技能、勤奋度、谨慎度和远见。在评估某一项目所获的污染防治和控制技术的范围内，具有技能和经验的专业人士可能发现的情况可能会包括但不限于各种程度的环境退化和环境同化能力，以及各种程度的财务和技术可行性。

❸ 所谓越境污染物，应包含《远距离越境空气污染公约》中涵盖的那些污染物。

❹ 由当地立法或国际公约加以界定。

❺ 与《控制危险废料越境转移及其处置巴塞尔公约》中的目标相一致。

❻ 与《关于持久性有机污染物的斯德哥尔摩公约》和《关于消耗臭氧层物质的蒙特利尔议定书》中规定的目标相一致。类似考虑将适用于世界卫生组织（WHO）中对农药进行的特定分类。

则》(《EHS 导则》)。《EHS 导则》包含了普遍为项目所接受和应用的性能指标和措施。当项目所属国家的法规与《EHS 导则》中的指标和措施不一致时，客户应该根据最严格的要求执行。如果根据特定的项目条件可以采用较低的标准，客户应当对其提议的替代方案提供全面和详细的论证。该论证应当证明任何选用的替代方案与本《绩效标准》的总体要求一致。

（7）周围环境的考虑因素。

为了着手解决项目对现有周围环境❶的不利影响，客户应当：①考虑一系列的因素，包括有限的环境同化能力❷，现有和将来的土地使用，现有周围环境状况，项目与生态敏感区域和保护区域的接近程度，以及造成具有不确定和不可逆结果的累计影响的可能性。②提出策略以避免，在无法避免的情况下，尽量减少或减轻污染物的排放，包括当项目有可能成为已污染地区的重大排放源时提出有利于改善周围环境状况的策略。这些策略包括但不限于对项目备选地点和排放补偿的评估。

（8）温室气体排放。

1）客户将根据其项目的规模和影响程度相匹配的方式减少项目温室气体的排放量。

2）对于在开发或运营过程中预期会或目前正在产生大量温室气体的项目❸，客户将量化项目场区范围内其所属或所控设备的直接排放量以及项目场区范围外项目所使用的能源生产所产生的间接排量。温室气体排放的量化和监测工作将根据国际公认的方法❹，按年度进行。此外，在项目的设计和运行阶段，客户将评估技术经济上可行的且具有成本效益的方案，以减少或补偿项目相关的温室气体的排放。这些方案包括但不限于碳减排基金、能源利用效率提高、可再生能源的使用、项目设计的改进、排放补偿，以及其他缓解措施的采用，如短时排放和尾气火炬的减少措施。

（9）杀虫剂的使用和管理。

1）客户将针对虫害防治工作制定和实施综合虫害防治（IPM）和/或综合病媒防治（IVM）计划。客户的综合虫害防治和综合病媒防治计划将综合利用虫害和环境方面的信息与现有的虫害防控方法，包括习俗惯例、生物方法、基因方法以及作为最后手段的化学方法，以防止害虫造成过度的危害。

2）当病虫害管理活动包括对农药的使用时，客户将挑选对人类毒性较低和能有效抵御目标物种，并且对非目标物种及环境具有最小影响的那些农药。在客户挑选农药时，会考虑这些农药的包装容器是否安全、是否清楚标明安全和适当用途以及是否由一家目前经过相关监管机构许可的实体生产这些情况。

3）客户将设计其农药的应用体系来最大限度地减少杀虫剂对天敌带来的损害并且防止病虫害逐渐产生抗药性。此外，会依据世界粮农组织《国际农药供销和使用行为守则》对农药进行搬运、储藏、应用和处理。

4）涉及世界卫生组织建议的《农药危险分类》中 1a 类（极度危险）和 1b 类（高度危险）

---

❶ 例如空气、地表和地下水和土壤。

❷ 环境吸收不断增加的污染物且将危害保持在对人类和环境可接受的程度之内的能力。

❸ 不同工业部门的项目对温室气体排放的重要性也各不相同。本性能标准的排放上限为：与购买的自用电能相关的直接排放源和间接排放源所排放的总体排放量不得超过每年 100000t 当量二氧化碳。此上限或类似限制适用于电力、交通、重工业、农业、林业和废弃物处理等行业，以促进对污染物排放的意识和减少污染物排放。

❹ 评估方法由政府间气候变化委员会（IPCC）、诸多国际组织和相关国家的部门提供。

或Ⅱ类（中度危险）的产品剂型，如果项目东道国缺乏对这些化学品经销和使用的限制性规定，或者这些化学品有可能被既未经适当训练又无适当搬运、存储、应用和处理这些化学品的装备和设施的人员所接触，则客户不应使用这些产品。

（五）绩效标准4：社区健康和安全

1. 导言

《绩效标准4：社区健康和安全》认识到，项目活动、设备和基础设施经常会给社区带来福祉，这其中包括就业、服务和经济发展机会。但是，项目亦有可能增加社区面对设备事故、结构失效以及有害物质释放所造成风险和影响的潜在威胁。这些社区亦有可能受到对其自然资源造成的影响、患病和使用安全人员带来的影响。在承认公众权力部门发挥促进公众健康和安全职责的同时，本《绩效标准》亦阐明了客户在避免或最大限度地减少可能因项目活动而给社区健康和安全带来的风险和影响方面所应承担的责任。本《绩效标准》中描述的风险和影响程度对于处于冲突和冲突后区域的项目可能会更大。

2. 目标

（1）避免或最大限度地减少在项目存续周期内因日常和非日常情况而给当地社区健康和安全带来的风险及影响。

（2）确保人员和财产的安全保卫工作以一种避免或最大限度地减少对社区安全带来风险的合法方式加以实施。

3. 适用范围

（1）对本《绩效标准》的适用在社会和环境评估过程当中完成，而实施达到本《绩效标准》要求所需的行动要通过客户的社会和环境管理系统进行。评估和管理系统要求在《绩效标准1：社会及环境评估和管理系统》中有简要说明。

（2）本《绩效标准》阐明了项目活动给受影响社区带来的潜在风险和影响。职业健康和安全标准可以在《绩效标准2：劳动和工作条件》中找到，用以防止因污染而给人类健康和环境带来影响的环境标准可以在《绩效标准》中找到。

4. 要求

（1）社区健康和安全要求。

1）一般性要求。

①在项目的设计、施工、运行和退出过程中，客户会评估给受影响社区的健康和安全所带来的风险及影响，建立预防性措施并用一种与被认定风险和影响相当的方式来解决它们。这些措施会侧重于预防或避免对最小化和减缓带来的风险和影响。

②当项目对受影响社区的健康和安全造成风险或不利影响时，客户会披露《行动计划》以及与项目有关的所有其他信息，以便使受影响社区和相关政府机构能够了解到这些风险和影响，并且客户还会依据《绩效标准1：社会及环境评估和管理系统》中的规定与这些受影响社区和机构进行不间断的交流。

2）基础设施和设备安全。

客户将依据良好国际行业惯例❶来设计、建造和运行以及退出项目的结构要素或部件，

---

❶ 其定义为：在全球范围内，从事同一类型工作的有技能和经验的专业人士在同样或类似情况下被可能期望予以实施的专业技能、勤奋度、谨慎度和远见。

并且会对所要面临的潜在自然危险给予特别关注,尤其是当结构要素会被受影响社区所接触或当这些结构要素发生失效会给社区造成伤害时。结构要素将由富有经验的合格专业人员设计和施工,并且经过主管部门或专业人士的验证或审批。当结构要素或部件,如大坝、尾矿坝或积灰池,位于高度风险地区时,并且它们发生失效或故障有可能危及到社区安全时,客户将在类似项目中聘请一位或多位富有相关和公认经验,且与负责设计和施工人员相独立的合格专家来尽可能早地并在项目设计、施工和调试的整个阶段对项目开发情况进行审查。对于在公共道路上和其他形式基础设施内操作移动设备的项目,客户将寻求预防与此种设备运行有关的事故和意外发生。

3)有害物质安全。

客户将预防或最大限度地减少社区接触到可能由项目释放的有害物质的潜在威胁。当社区可能会面临危险,尤其是可能危及到生命的那些危险当中时,客户将通过修改、替代或消除致害条件或物质来特别谨慎以求避免或最大限度地减少社区面临的危险。当有害物质是现有项目基础设施或其构成内容的一部分时,客户在进行退出活动时会特别谨慎,以防止社区受到它们的危害。此外,客户亦会尽其商业上合理的努力来控制原材料的交货、运输以及废物处理安全,并且会依据《绩效标准 3:污染防治和控制》中 4(4)款、4(10)款的要求实施措施来避免或控制社区受到农药的伤害。

4)环境和自然资源问题。

①客户将避免或最大限度地减少自然危险,如因项目活动而可能由土地使用变化造成的塌方或洪水,所产生影响的进一步恶化。

②客户亦会避免或最大限度地减少项目活动对受影响社区使用的土壤、水和其他自然资源的不利影响。

5)社区面临的疾病。

①客户将预防或最大限度地减少社区面临的水生性、水基性、水源性、菌生性疾病以及其他可能由项目活动引发的传染性疾病。当某种疾病在项目影响区域内是社区的地方病时,就会鼓励客户在项目存续周期内发掘机会以改善可能有助于减少这些疾病发生的环境条件。

②客户将预防或最大限度地减少与临时或长期项目劳工流入有关的传染性疾病的扩散。

6)紧急情况准备和响应。

客户将以一种在文化上适当的方式对项目活动带来的潜在风险和影响进行评估,并向受影响社区通报重大的潜在危险。客户亦会在社区和地方政府部门的准备工作中为它们提供帮助并与它们进行合作,以便有效地响应紧急情况,尤其是当它们的参与和合作是进行这种紧急情况响应所必需时。如果地方政府部门很少或根本就无力进行有效响应,客户将在准备和响应与项目有关的紧急情况方面发挥积极作用。客户会将其紧急情况准备和响应活动、资源以及责任编制成文件,并会在《行动计划》或其他相关文件中向受影响社区以及相关政府部门披露适当的信息。

(2)安全人员要求。

1)当客户直接聘请雇员或承包商来负责其人员和财产的安全保卫工作时,客户会在其安全安排规定的项目地点内外对它们的风险进行评估。在进行此项安排时,客户将在雇用、行为准则、培训、此种人员的配备和监督以及适用法律方面参考比例原则和良好国际惯例。

客户将进行合理问询来使其确信，提供安全保卫工作的人员没有滥用前科，并且客户会在使用武力（和在需要时的武器）和针对工人以及当地社区的恰当行为方面对这些安全人员进行训练，并会要求他们在适用法律范围内行事。在与威胁的性质和程度相当的预防和防御目的之外，客户不会同意使用任何武力。投诉机制应该允许受影响社区表达它们对安全安排以及安全人员行为的关注。

2）如果部署政府安全人员来为客户提供保安服务，客户将对使用政府安全人员的风险进行评估，并传达安全人员应以符合前述 4（2）1）款规定的方式行事的意愿，并且鼓励相关公共权力部门向公众披露针对客户设施进行的、受到高度安全关注的安全安排。

3）客户将调查针对安全人员非法或滥权行为提出的任何可信指控，采取行动（或督促相关方采取行动）来防止再次发生，并在适当时候将非法和滥权行为上报给公共权力部门。

（六）绩效标准 5：土地征用和非自愿迁移

1. 导言

（1）非自愿迁移指由于与项目有关的土地征用原因所造成的物理意义上的位移（重新安置或丧失居所）以及经济意义上的变化（丧失资产或失去与资产的接触，导致丧失收入来源或生计）❶。当受影响的个人或社区无权拒绝引发位移的土地征用时，会将这种迁移视为非自愿迁移。它通常发生在以下情形中：①基于国家征用私产权而对土地进行的合法征用或限制使用❷；②谈判解决，买方在与卖方进行的谈判失败时，能够对土地进行征用或对土地的使用施加合法限制。

（2）除非加以适当管理，非自愿迁移可能会给受到影响的人员和社区带来长期苦难和贫困，并在安置他们的区域造成环境破坏和社会压力。基于这些原因，非自愿迁移应当加以避免或至少将其减少到最低程度。但是，当非自愿迁移无法避免时，应当缜密筹划和实施用以减缓迁移者和东道社区❸所受不利影响的适当措施。经验证明，客户直接涉入迁移活动能够使其活动经济、有效和及时地得以实施，并会找到改善这些受到迁移影响的民众生活的创新性方法。

（3）谈判解决有助于避免征用发生并且无需利用政府权威来强行转移民众。谈判解决通常能够以向受到影响的民众或社区提供公平和适当补偿以及其他激励或好处，或以降低信息和谈判力量不对称风险的方式加以实施。鼓励客户们在可能时通过谈判解决方式购买土地权，即使它们拥有经卖方同意也可取得土地的合法手段。

2. 目标

（1）通过利用替代性项目设计来避免或在可行时至少最大限度地减少非自愿迁移。

（2）减缓土地征用或限制对受影响者使用土地带来的不良社会和经济影响，具体通过：①按照重置成本为损失资产提供补偿；②确保迁移活动的实施有适当的信息披露、磋商以及受影响者知情参与。

（1）改善或至少恢复迁移者的生计和生活水平。

（2）通过在迁住地提供具有租期保障❹的适当住所来改善迁移者的生活条件。

---

❶ 土地征用既包括对于物权的完全购买，也包括对出入权（如路权）的购买。
❷ 此种限制可能包括对于法律指定的自然保护区的出入限制。
❸ 东道社区是指：任何接受迁移民的社区。
❹ 如果迁住区保护被强力驱逐的迁居人，他应该提供租期保障。

3. 适用范围

（1）对本《绩效标准》的适用在社会和环境评估过程当中完成，而实施达到本《绩效标准》要求所需的行动要通过客户的社会和环境管理系统进行。评估和管理系统要求在《绩效标准 1：社会及环境评估及管理系统》中有简要说明。

（2）本《绩效标准》适用于因以下类型土地交易引起的物理或经济意义上的迁移：

ⅰ 交易类型 I：通过征用或其他强制程序收购的某一私营部门项目的土地权利。

ⅱ 交易类型 II：通过与财产所有者或对土地拥有合法权利的人员进行谈判解决收购的某一私营部门项目的土地权利，包括依据国家法律认定或可以认定的、一俟谈判失败征用或其他强制程序就可能导致的惯常或传统权利❶。

下文 4（2）1）③款以及 4（2）2）款部分内容适用于对其占用土地不享有可以认定的合法权利或请求的迁移者。

本《绩效标准》不适用于自愿土地交易（如卖方不负有出售义务以及在谈判失败时买方无法求助于征用或其他强制程序的市场交易）引起的迁移。在土地征用以外的项目活动带来不良经济、社会或环境影响（如丧失对资产或资源或土地使用限制的接触）时，此种影响将通过《绩效标准 1：社会及环境评估和管理系统》中规定的《社会和环境评估》过程加以避免、最大限度地减少、减缓或进行补偿。当此种影响在项目的任何阶段变得相当不良时，客户应考虑适用《绩效标准 5：土地征用和非自愿搬迁》中的要求，即使不涉及初期土地征用。

4. 要求

（1）一般性要求。

1）项目设计。

客户将考虑可行的替代项目设计方案来避免或至少最大限度地减少物理或经济意义上的迁移，而同时对环境、社会和财务成本与利益进行平衡。

2）迁移者补偿和权益。

如迁移不可避免，客户将按全部重置成本和其他援助❷向迁移者和社区补偿财产损失，帮助它们改善或者至少恢复它们的生活水平或生计，正如本《绩效标准》中规定的那样。补偿标准应当是透明的，并且与项目相符合。如迁移者的生计以土地为本，或者土地由集体所有，若可行，客户将提供以土地为本的补偿。客户将向迁移者和社区提供机会来从项目中汲取适当的发展福祉。

3）磋商。

在披露所有相关信息之后，客户将在事关迁移的决策过程中与包括东道社区在内的受影响人员和社区进行磋商并方便它们的知情参与。磋商会在补偿款支付和迁移的实施、监测和评估等阶段持续进行，以达到与本《绩效标准》目标相符的结果。

4）投诉机制。

客户将依据《绩效标准 1：社会及环境评估和管理系统》建立投诉机制来收集和解决迁移者或东道社区对补偿和重新安置提出的具体关注问题，这其中包括用某一公正方式来解决争议的求助机制。

---

❶ 这些谈判可以由征用土地的私营公司或由此类公司的代理机构进行。如果私营项目的土地权是由政府代为获得的，谈判可以由政府或作为政府代表的私营公司实施。

❷ 如 4（2）1）③和 4（2）2）款所述。

5）迁移的筹划和实施。

ⅰ 如非自愿迁移不可避免，客户将利用适当的社会经济学基础数据进行一次人口普查，识别那些人员将会被项目进行迁移，确定那些人员有资格获取补偿和援助，并且不鼓励无资格享有这些好处的人员进行流动。在东道国政府程序缺位的情况下，客户将为适格性设立一个截止日期。与该截止日期有关的信息将以文件形式进行妥善记载并在项目地区内进行传达。

ⅱ 对于涉及民众物理迁移的类型 I 交易（通过行使国家征用私产权取得土地权利）或者类型 II 交易（谈判解决），客户将依据某一《社会和环境评估》制定一项迁移行动计划或迁移框架，其至少应包含本《绩效标准》中的适用要求，而不必顾及受影响者的数量。框架计划将用来减缓迁移的负面影响，识别发展机会并且建立所有类型受影响者（包括东道社区在内）的名号，尤其要特别照顾到穷人和弱势群体的需求（参见《绩效标准 1：社会及环境评估和管理系统》4（2）9）款）。客户将以文件形式记录下收购土地权利的所有交易，补偿措施和重新安置活动。客户亦将建立程序来监测和评估迁移计划的实施情况并开展必需的矫正行动。当以一种符合迁移计划或框架中规定的目标以及本《绩效标准》中规定的目标的方式解决掉迁移的不良影响时，这种迁移工作才被视为完结。

ⅲ 对于涉及民众经济（而非物理）迁移的类型 II 交易时，客户将制定程序向受影响者及社区提供达到本《绩效标准》目标的补偿和其他援助。这种程序会建立受影响者或社区的权利，并保证以一种透明、持续和平等的方式提供这些权利。当受影响者或社区业已按照本《绩效标准》的要求收到补偿和其他援助时，这些程序的实施工作才被视为完结。在受影响者拒绝提供的、达到本《绩效标准》要求的补偿时，并且由此导致征用或其他法律程序时，客户将利用机会与主管政府机构进行协作，并且在该机构允许时，在迁移筹划、实施和监测过程中发挥积极作用。

（2）迁移。

ⅰ 迁移者可被分为以下几类：①对其占有土地拥有正式合法权利的迁移者；②对土地不拥有正式合法权利，但对土地提出为国家法律所认可或可以被认可的权利主张的迁移者❶；或者③对其占有土地不拥有可以被认可的合法权利或主张的迁移者❷。人口普查将调查迁移者的情况。

ⅱ 为项目进行的土地征用可能导致民众的物理迁移和经济迁移。因此，对于物理迁移和经济迁移的要求可以适用。

1）物理迁移。

ⅰ 当居住在项目地区的民众必须移至另一地点时，客户将：①向迁移者提供多项可行的迁移选择机会，包括适当重置住所或在需要时进行更多补偿；②提供适于每一迁移者团体需求的安置协助，并对穷人和弱势群体的需求加以特别关注。替代性的住所和/或现金补偿方案将在安置以前提供。为迁移者修建的新迁移地点将提供改善的生活条件。

ⅱ 对于 4（2）（ⅰ）款①或②项规定的物理迁移者，客户将向他们提供重置等值或有较高价值财产的机会、拥有相当或更优特点和地点优势的机会，或在需要时按照全部重置价值进行现金补偿的机会。在下列条件下，对于财产损失提供现金补偿是适宜的：①不依靠土地生存；②依靠土地生存，但被占用土地仅占受影响财产的一小部分，剩余的土地仍然能够提

---

❶ 此类权利主张可能衍生于相反占有权或来自习惯法或自然法。
❷ 如趁机占用土地的人和在截止日期之前占有土地的经济移民。

供适当经济支持；或者③存在活跃的土地、房地产和劳动力市场，被迁居人使用这些市场，并且土地和房屋供给充足。现金补偿水平，应当相当于本地市场的全额重置成本，足以重置丧失的土地或其他财产。

　　iii 对于 4（2）i 款③项规定的物理迁移者，客户将就带有租期保证的适当住所向他们提供多种选择方案，以便他们能够合法安顿下来，而无须面对被强行逐出的风险。如这些迁移者拥有并占用了建筑物，客户将就土地之外的资产损失，如住所和对土地进行的其他改良，按照全部重置成本向他们进行补偿，但是，这些民众必须是在申报截止日期之前占用这些土地。在可行时，将提供实物补偿来取代现金补偿。依照与这些迁移者进行的磋商，客户将为他们提供足够的安置帮助，以恢复他们在某一适当替代地点的生活水准❶。客户无须补偿或援助在截止日期之后对项目地区进行蚕食的那些人员。

　　iv 如土著居民的社区将要从其使用的社区保有的传统或惯常土地上进行物理迁移时，客户将满足本《绩效标准》以及《绩效标准7：土著居民》中的适用要求（尤其是4（2）i 款）。

　　2）经济迁移。

　　当针对项目的土地征用造成收入或生计损失，无须顾及受影响者是否是物理迁移，客户将满足以下要求：

　　i 按全部重置成本及时补偿经济迁移者损失的资产或对资产的进入。

　　ii 在土地征用影响商业结构情况下，补偿受影响业务所有人的重建商业活动的成本，在过渡期间损失的净收入以及转移和重新安装设备、机器或其他设备的成本。

　　iii 在需要时，按照全部重置成本向对土地拥有国家法律认可或可以认可的合法权利或主张的人员提供等值或有较高价值的替代财产（如农业或商业场所等），或者现金补偿（参见4（2）i 款①、②两项）。

　　iv 按照全部重置成本补偿对土地不具有可以合法认可主张的经济迁移者（参见 4（2）i 款③项）的、不包括土地在内的资产损失（如庄稼、灌溉基础设施以及对土地所做的其他改良）。客户无须补偿或援助在截止日期以后对项目地区进行蚕食的投机定居者。

　　v 向其生计或收入水平受到不良影响的经济迁移者提供额外的针对性援助（如信贷、培训或者工作机会等）和机会，以改善或者至少恢复他们的创收能力、生产水平以及生活标准。

　　vi 依据对为恢复经济迁移者创收能力、生产水平以及生活标准所需的合理时间预估，向他们提供所需的过渡性支持。

　　如土著居民的社区因与项目有关的土地征用进行经济迁移（而非重新安置）时，客户将满足本《绩效标准》以及《绩效标准7：土著居民》中的适用要求（尤其是4（1）5）ii 和4（1）5）iii 两款）。

　　3）政府管理的迁移下的私营部门责任。

　　i 当土地征用和迁移是东道政府的责任时，客户将在主管政府机构允许的限度内与其展开合作，以取得符合本《绩效标准》目标的结果。此外，当政府能力有限时，客户将在迁移筹划、实施和监测过程中发挥积极作用，正如下文 ii～iv 款的规定。

　　ii 对于涉及物理或经济迁移的类型 I 交易（通过征用或其他法律程序取得土地权利）以及涉及物理迁移的类型 II 交易（谈判解决），客户将编制一项计划（或框架），该计划连同主

---

❶ 城区非正式居民的重新安置常常存在条件交换，如：重新安置的家庭可能获得租期保障，但是可能丧失有利的地点。

管政府机构编制的文件将阐明本《绩效标准》中的相关要求(一般性要求,其中不含4(1)5)iii款,以及前述的物理和经济迁移要求)。客户可能需要在其计划中纳入:①适用法律和法规规定的、对迁移者权利的说明;②为消除此种权利与本《绩效标准》要求之间的差距而拟采取的措施;③政府机构和/或客户应当担负的财务和实施责任。

iii 对于涉及经济(而非物理)迁移的类型 II 交易(谈判解决),客户将识别和规定主管政府机构计划用来补偿受影响者和社区的程序。如这些程序并未达到本《绩效标准》中的相关要求(一般性要求,其中不含4(1)5)ii款,以及前述的经济迁移);客户将制定自己的程序来补充政府行动。

iv 当主管政府机构允许时,客户将与此种机构一道:①实施其依据前述 ii 或 iii 款建立的计划或程序;②监测由政府机构实施的迁移活动,直至此种活动完成。

(七)绩效标准 6:生物多样性的保护和可持续自然资源的管理

所谓严重改观或退化是指:①由于重大、长期的水资源和土地资源的使用,导致栖息地消失或栖息地的完整性受到破坏或缩小;②对于栖息地的改造,极大地削弱了它保持本地自然物种基本繁育数量的能力。

1. 导言

《绩效标准 6:生物多样性的保护和可持续自然资源的管理》认识到,保护生物多样性——所有形式的各种生命,包括基因、物种和生态系统的多样性及其变异和进化的能力,对于可持续发展至关重要。生物多样性的构成部分,正如《生物多样性公约》中所定义的一样,包括生态系统和栖息地,物种和群体,以及基因和染色体,所有以上这些都具有社会、经济、文化和科学上的重要性。本《绩效标准》反映了《生物多样性公约》以一种可持续方式保护生物多样性、促进可再生自然资源使用的目标。本《绩效标准》说明了客户如何避免或减缓由于他们开展业务而给生物多样性带来的威胁,以及如何可持续地管理可再生自然资源。

2. 目标

(1)保护生物多样性。

(2)采取将保护需求与发展优先相结合的做法,促进自然资源的可持续性管理和使用。

3. 适用范围

(1)通过社会和环境评估过程确定本《绩效标准》的适用性,通过客户的社会和环境管理系统采取必要行动,达到本《绩效标准》的要求。评估和管理系统要求在《绩效标准 1:社会及环境评估和管理系统》中有简要说明。

(2)根据风险和影响评估、生物多样性的脆弱以及现有的自然资源,本《绩效标准》中的要求适用于在所有栖息地进行的项目,无论这些栖息地先前是否被侵扰过以及是否受到合法保护。

4. 要求

(1)生物多样性的保护。

为了避免或最大限度地减少对项目影响地区内生物多样性带来的不良影响[参见《绩效标准 1:社会及环境评估和管理系统》4(2)2)款],客户将在生物多样性的所有层面对项目影响进行评估,作为《社会和环境评估》过程的一个不可分割部分。这种评估将会考虑由具体利益关系方赋予生物多样性的不同价值,并识别对生态系统服务造成的影响。这种评估将侧重于生物多样性受到的主要威胁,包括栖息地的破坏以及入侵的异族物种。当适用4(5)、4(6)或者4(7)款的要求时,客户将会聘请富有经验的合格外部专家来协助进行这种评估。

（2）栖息地。

栖息地的破坏被视为对维持生物多样性的主要威胁。栖息地可被划分为自然栖息地（指生物群体主要由本地植物和动物物种组成，并且人类活动未严重改变该地区原始生态功能的地域和水域）和改造后的栖息地（指发生了明显改观的自然栖息地，经常有外来植物和动物物种入侵，如农业区）。这两种类型的栖息地能够支持所有层面的重要生物多样性，包括地方或濒危物种。

（3）改造后的栖息地。

在改造后的栖息地内，客户将施以谨慎力求最大限度地减小此种栖息地的任何改观或退化，并且依据项目的性质和规模，识别增强栖息地以及保护和维持生物多样性的机会，作为客户业务活动的一部分。

（4）自然栖息地。

在自然栖息地内，客户不会使此种栖息地发生严重改观或退化，除非满足以下条件：

1）不存在技术和财务上可行的替代方案。

2）项目的总体好处超过成本，包括环境和生物多样性的好处。

3）任何改观或退化被加以适当减缓。

若可行，减缓措施用于避免发生纯的生物多样性损失，并且可能包含对以下行动的联合使用，如：

1）运行后栖息地的恢复。

2）通过创建为生物多样性进行管理的生态可比区域抵消损失❶。

3）对生物多样性的直接使用者进行补偿。

（5）主要栖息地。

主要栖息地是自然栖息地和改造后栖息地内需要特别重视的子集。主要栖息地包括具有高度生物多样性价值的区域❷，其中包括特别濒危或濒危物种生存所需的栖息地❸；对当地或受限范围物种具有特别重要性的区域；对迁徙物种生存特别重要的场所；支持群居物种在全球范围内的重要集聚或个体数量的区域；汇集有众多独特物种的区域或者与关键进化过程有关的区域或提供了关键生态系统服务的区域；以及拥有对当地社区具有重大社会、经济或文化重要性的生物多样性的区域。

（6）在主要栖息地内，客户不会实施任何项目活动，除非满足以下要求：

1）对主要栖息地的能力没有任何可以量测的不良影响，以支持 4（5）款中描述的业已建立的物种数量，或者 4（5）款中描述的主要栖息地的功能。

2）任何公认的严重濒危或濒危物种的数量没有减少❹。

3）依据 4（4）款减缓较小影响。

（7）法律保护区。

当某一拟议项目位于某一法律保护区❺内时，客户除满足前述 4（6）款的适用要求以外，

---

❶ 客户应该尊重本地居民或传统社区对于此类生物多样性的持续使用。
❷ 如达到世界自然保护联盟（IUCN）分类标准的区域。
❸ 如世界自然保护联盟濒危物种红色名录所界定的，或任何国家法律所界定的。
❹ 如世界自然保护联盟濒危物种红色名录所界定的，或任何国家法律所界定的。
❺ 出于不同目的而指定受到法律保护的区域。在本绩效标准中，是指：为保护或保存生物多样性而指定受到法律保护的区域，包括政府为相同目的而提议的区域。

亦应满足以下要求：

1）以一种符合定义保护区管理计划的方式行事。

2）磋商保护区发起人和经理、当地社区以及拟议项目的其他主要利益关系方。

3）在适当时，实施额外计划促进和提高保护区的维持目标。

（8）入侵的外来物种。

1）故意或意外将外来的或非本地的动植物物种引进通常不会发现它们的地区是对生物多样性的一个严重威胁，原因在于某些外来物种能够变得具有入侵性，扩展迅速，并且竞争力盖过本地物种。

2）客户不会故意引进任何新的外来物种（目前尚未在项目所在国或地区立足的物种），除非是依据现有的引进管理框架来实施这种引进（当有这种框架存在时），或者对这种引进进行风险评估（作为客户《社会和环境评估》的一部分）以确定入侵行为的潜在威胁。客户不会故意引进具有高度入侵行为风险的任何外来物种或者任何已知的入侵物种，并且将会谨慎地预防意外或非故意性引进。

（9）对可再生自然资源的管理和使用。

1）客户将以一种可持续方式管理可再生自然资源❶。若可能，客户将通过某一适当的独立认证系统来证明对资源进行的可持续性管理❷。

2）尤其，森林和水生系统是自然资源的主要提供者，并且需要按以下规定进行管理。

（10）自然林和种植林。

从事自然林收获或种植开发业务的客户不会使主要栖息地发生任何改观或退化。在可行时，客户将种植项目设置在非林土地或业已发生改观的土地内（不含项目期望加以改观的土地）。此外，客户将保证，它们管控的所有自然林和种植园均被独立证明已达到符合国际上接受的可持续预测管理原则和标准的绩效标准。当某一事前评估确定，业务仍未达到某一独立预测证明系统的要求时，客户将制定和遵守一项时间约束、分阶段实施的行动计划，以便取得此种证明。

（11）淡水和海洋系统。

从事鱼类或其他水生物种生产和捕获业务的客户必须证明，通过采用某一国际上接受的可持续预测管理系统，或在可以取得时，通过在《社会和环境评估》过程中实施的适当研究，它们的活动正在以一种可持续方式进行。

（八）绩效标准7：土著居民

1．导言

（1）《绩效标准7：土著居民》认识到，土著居民作为社会团体拥有与国内社会中主流团体不同的特点，它们经常位列最受排斥且最易受到伤害的那一类人口当中。它们的经济、社会和法律地位经常限制它们维护自身对土地和自然以及文化资源所享利益和权利的能力，并且可能会限制它们参与发展和从中受益的能力。当它们的土地和资源被局外人改变、蚕食或

---

❶ 可持续自然资源管理，是以一种在满足人类和社区（包括土著居民）的当前社会、经济和文化福利要求的同时，也保持这些资源的潜力，从而使之能满足可预见子孙后代需要，并保护空气、水和土壤生态系统支持生命的能力的方式，对于自然资源的使用、开发和保护进行的管理。

❷ 这个适当认证系统应该是：在与有关利益相关人，如：本地居民和社区、土著居民、代表消费者、生产者和环境保护利益的民间协会组织协商后制定出来的，独立的、有成本效益的、以目标为基础的和可衡量的绩效标准。

发生严重退化时，它们就尤其容易受到伤害。它们的语言、文化、宗教、精神信仰以及机构均有可能处于危险当中。这些特点使土著居民暴露于各种风险和严重影响之下，包括丧失身份、文化和以自然资源为本的生计，以及遭受贫困和疾病。

（2）私营部门项目可能会为土著居民创造机会，使其参与并且获益于与项目有关的活动，这些活动可能会帮助它们实现自己对经济和社会发展抱有的期望。此外，本《绩效标准》认识到，土著居民可能在开发中以合作伙伴身份通过促进和管理活动和企业在可持续发展中发挥作用。

2. 目标

（1）确保开发过程培养对土著居民尊严、人权、渴望、文化以及基于自然资源生计的全面尊重。

（2）以一种在文化上适当的方式，避免对土著居民社区带来不良影响，或在无法避免时，最大限度地减少、减缓或补偿此种影响，并且提供享有发展福祉的机会。

（3）在某一项目周期内与受到该项目影响的土著居民建立和维持一种持续的关系。

（4）当项目位于土著居民传统或惯常使用的土地上时，与土著居民进行善意协商并让其知情参与。

（5）尊重和保护土著居民的文化、知识和惯例。

3. 适用范围

（1）对本《绩效标准》的适用在社会和环境评估过程当中完成，而实施达到本《绩效标准》要求所需的行动要通过客户的社会和环境管理系统进行。评估和管理系统要求在《绩效标准1：社会及环境评估和管理系统》中有简要说明。

（2）"土著居民"一词尚无普遍接受的定义。土著居民在不同国家中可能是指"当地少数民族"、"土著人"、"山区部落"、"少数族裔"、"设籍部落"、"首居民族"或"部落团体"。

（3）在本《绩效标准》中，"土著居民"一词在普通意义上是指拥有不同程度以下特点的、与众不同的社会和文化群体：

1）自己认为他们是不同的当地文化群体的成员并且他人也认同他们的这种身份。

2）集体依恋项目区域内的不同地理栖息地或祖先地区以及这些栖息地和地区内的自然资源。

3）有自己习惯的、而与主流社会或文化相分离的文化、经济、社会或政治机构。

4）有当地语言，通常不同于这个国家或地区的官方语言。

（4）确定某一具体团体是否可以视为本《绩效标准》规定的土著居民可能需要进行技术性判断。

4. 要求

（1）一般性要求

1）避免不良影响。

i 客户将通过某一社会和环境评估过程识别在项目影响区域内可能受到项目影响的所有土著居民的社区，以及预期给他们造成的社会、文化（包括文化遗产❶）和环境影响，并在可行时避免发生不良影响。

---

❶《绩效标准8：文化遗产》中规定了向客户提出的其他文化遗产保护要求。

ⅱ 当无法避免影响时,客户将以文化上适当的方式最大限度地减少、减缓或补偿这些影响。客户拟进行的行动将与受影响土著居民的知情参与一道制定,并且包含在一个有时间约束的计划当中,如土著居民发展计划,或者符合第9款要求的、具有土著居民单独构成部分的某一广泛的社区发展计划❶。

2)信息披露、磋商和知情参与。

客户将在项目筹划和整个项目周期内尽可能早地与受影响的土著居民社区建立持续性的关系。在对受影响的土著居民社区带有不良影响的项目中,磋商过程将确保他们进行的自由的、事先的和知情的磋商,并能够便利他们对直接影响他们事项的知情参与,如拟实行的减缓措施、对发展利益和机会的分享以及实施事项。社区交流过程在文化上将是适当的并且与土著居民所受的风险和潜在影响相协调一致。这种过程尤其会包含以下步骤:

ⅰ 涉及土著居民的代表机构(如其中元老会或村民理事会等)。

ⅱ 以一种文化上适当的方式将妇女、男人和各个年龄段的团体包容进来。

ⅲ 为土著居民的集体决策过程提供充足时间。

ⅳ 便利土著居民在没有外部操纵、干扰或强迫和恐吓的情况下以自己选择的语言表达他们的看法、关注以及动议。

ⅴ 确保依据《绩效标准1:社会及环境评估和管理系统》第4(11)款规定建立的项目诉求机制在文化上适合并且易于土著居民接受。

3)开发的益处。

客户将寻求通过与受影响的土著居民社区进行自由、事先和知情磋商过程来识别文化上适合的开发益处的机会。这种机会应与项目影响的水平相一致,目的在于以一种文化上适合的方式改善他们的生活水平和生计,并且培养他们所依赖自然资源的长期可持续性。客户将依据前述4(1)2)和4(2)款的要求将识别出的开发益处制作成文件资料,并及时和公平地提供给他们。

(2)特殊要求。

由于土著居民可能特别容易受到下文描述的项目情况带来的伤害,因此在这种情况下也会适用以下要求,作为对前述一般性要求的补充。当适用任何这种特殊要求时,客户将会聘请有经验的合格外部专家来协助进行评估。

(3)对传统或惯常使用土地的影响。

1)土著居民通常与他们的传统或惯常性土地以及这些土地上的自然资源紧密相连。当这些土地依据国家法律可能无法拥有合法所有权时,土著居民的社区为了他们生计或者为了界定他们身份和社区的文化、礼节或精神的目的而对这些土地的使用(包括季节性或周期性使用)通常能够被加以落实并以文件形式确定下来。下文4(5)2)款和4(6)款规定了在以本款规定的方式使用传统或惯常土地时客户应遵守的要求。

2)如果客户准备将项目地点放在传统或惯常使用土地之内,或对坐落其内的自然资源进行商业开发,并且能够预期对界定土著居民身份和社区的生计、文化、礼节或精神使用产生不良影响❷时,客户将通过采取以下措施来尊重他们的使用:

ⅰ 客户将把其避免或至少最大限度地减少项目拟用土地规模的努力以文件形式确定

---

❶ 适宜计划的确定要求进行技术判断。当受到影响的大社区中包含土著居民时,制定一份社区发展计划则可能是适宜的。

❷ 这种不良影响可能包含因为项目活动而导致的,接触资产或资源的途径丧失,或对于土地使用的限制。

下来。

ii 将由专家与受影响的土著居民社区一起将土著居民的土地使用以文件形式确定下来，并且无损于任何土著居民的土地主张❶。

iii 将会依据国家法律（包括认可惯常权利或使用的任何国家法律）告知受影响的土著居民社区对这些土地享有的权利。

iv 客户将向受影响的土著居民社区提供享有完全法定所有权的那些单位在依据国家法律对他们土地进行商业开发的情况下所可以获取的最起码补偿和正当程序，连同文化上适当的开发机会；在可行时，将提供以土地为基础的补偿或实物补偿来代替现金补偿。

v 客户将与受影响的土著居民社区进行善意磋商，并将他们的知情参与和磋商的成果以文件形式记录下来。

（4）重新安置来自传统或惯常土地上的土著居民。

客户将考虑可行的项目替代设计方案来避免重新安置来自社区共有的❷传统或惯常使用土地的土著居民。当此种重新安置无法避免时，客户不会继续实施项目，除非他与受影响的土著居民社区进行了善意磋商，并且将他们的知情参与和磋商的成果以文件形式记录下来。对土著居民的任何重新安置均会符合《绩效标准 5：土地征用和非自愿搬迁》中的迁移筹划和实施要求。若可行，重新安置的土著居民应该能够返回他们的传统或惯常土地，只要重新安置的原因不复存在。

（5）文化资源。

当某一项目基于商业目的准备使用土著居民的文化资源、知识、创新或惯例时，客户将通知土著居民：①他们依据国家法律享有的权利；②拟进行商业开发的范围和性质；以及③此种开发的潜在后果。客户不会继续进行此种商业化过程，除非其：①与受影响的土著居民社区进行了善意磋商；②将他们的知情参与或磋商成果以文件形式记录下来；③规定了公平和平等分享来自此种知识、创新或惯例商业化过程中的并且符合他们的习惯和传统的益处。

（九）绩效标准 8：文化遗产

1. 导言

《绩效标准 8：文化遗产》认识到文化遗产对当今和后世的重要性。按照《保护世界文化和自然遗产公约》的规定，本《绩效标准》旨在保护不可替代的文化遗产并指导客户在其业务运营过程中对文化遗产进行保护。此外，本《绩效标准》对某一项目使用文化遗产的要求部分上是以《生物多样性公约》中规定的标准为基础的。

2. 目标

（1）保护文化遗产免受项目活动带来的不良影响并且为其保护工作提供支持。

（2）在业务活动中促使平等分担因使用文化遗产带来的益处。

3. 适用范围

（1）对本《绩效标准》的适用在社会和环境评估过程当中完成，而实施达到本《绩效标

---

❶ 尽管本绩效标准提出了有关此类土地使用的证明和文件要求，客户也应该认识到土地可能已经按照主管国政府的指定被用于他途。

❷ 在受项目影响社区内的土著居民个人持有合法权利证书的情况下，或相关法律承认个人习惯权利的情况下，将适用《绩效标准 5：土地征用和非自愿搬迁》，而不是本《绩效标准 7：土著居民》。

准》要求所需的行动要通过客户的社会和环境管理系统进行。评估和管理系统要求在《绩效标准1：社会及环境评估和管理系统》中有简要说明。

（2）就本《绩效标准》而言，文化遗产指文化遗产的有形形式，如具有考古（史前）、古生物、历史、文化、艺术和宗教价值以及蕴含有文化价值的独特自然环境特点的有形财产和地点，如神树林。但是，就下文4（6）款而言，无形文化，如蕴含有传统生活方式的社区文化知识、创新和惯例也包括在内。本《绩效标准》要求适用于文化遗产，而无需顾及其是否已获得法律保护或先前是否受到过扰乱。

4．要求

在项目设计和执行中的文化遗产保护。

（1）国际公认的惯例。

在文化遗产保护方面除了要遵守相关国家法律以外，包括用以实施东道国在《保护世界文化和自然遗产公约》以及其他相关国际性法律项下所应承担义务的国家法律，客户将通过实施在文化遗产保护、现场研究或文件归档方面为国际上认可的惯例对文化遗产进行保护和提供支持。当4（4）、4（5）或4（6）款的要求适用时，客户将聘请有经验的合格专家来协助进行评估。

（2）随机发现程序。

客户负责项目选址和设计工作以避免给文化遗产带来重大损害。当某一项目的拟建地点位于有望在施工或运行期间发现文化遗产的地区内时，客户将实施通过《社会和环境评估》设立的随机发现程序。客户不会扰乱任何随机发现，直至由某一位主管专业人士进行评估，并且识别符合本《绩效标准》要求的行动。

（3）磋商。

如某一项目可能影响到文化遗产，客户将与东道国内的、实际长期使用这些重要文化遗产或在生活记忆内业已使用这些文化遗产的受影响社区进行磋商，并将受影响社区对此种文化遗产的看法加入客户的决策过程之中。磋商也会涉及受托保护文化遗产的相关国家或地方监管机构。

（4）文化遗产的移动。

大多数文化遗产在其处所内通过维持现状来加以最佳保护，原因在于移动可能会导致文化遗产发生不可复转的损害或毁坏。客户不会移动任何文化遗产，除非满足下列条件：

1）在技术和财力上均不存在移动的可行性替代方案。

2）项目的总体益处超过因移动而导致的预期遗产损失。

3）对文化遗产的任何移动均由可以获取的最佳技术加以实施。

（5）重要文化遗产。

1）重要文化遗产包括：①人类社会出于长期文化目的使用或在世人记忆中曾经使用的国际公认的社会遗产；②受到法律保护的文化遗产地区，包括东道国政府指定的文化遗产保护地区。

2）客户不会严重改变、损害或移动任何重要的文化遗产。在例外情况下，当某一项目可能严重损害重要的文化遗产时，并且它的毁损或损失可能危及到为长远文化目的而使用文化遗产的东道国内社区的文化或经济生存度时，客户将：①满足前述第4（3）款中的要求；②与受影响社区进行善意磋商并将受影响社区的知情参与和磋商成果以文件形式记录下来。

此外，对重要文化遗产的任何其他影响必须在受影响社区的知情参与下加以适当减缓。

3）法律保护的文化遗产地区对于保护和维持文化遗产是重要的，并且在为这些地区内适用的国家法律所可能允许的任何项目均需要施以额外措施。在某一拟议项目位于某一法律保护地区或界定的缓冲区内时，客户除了要遵守前述 4（5）2）款中规定的重要文化遗产要求外，也要满足以下要求：

　　i　遵守定义的国家或地方文化遗产法规或保护区管理计划。

　　ii　就拟议项目磋商保护区的发起人和经理、当地社区和其他主要利益关系方。

　　iii　在需要时，实施额外计划以增进和提高保护区的维持目标。

（6）项目对文化遗产的使用。

当某一项目为商业目的准备使用包含有传统生活方式的当地社区的文化资源、知识、创新或惯例时，客户将告知这些社区：①他们依据国家法律享有的权利；②拟进行商业开发的范围和性质；③此种开发的潜在后果。客户不会继续进行此种商业化过程，除非其：①与受影响的当地民族社区进行了善意磋商；②将他们的知情参与或磋商成果以文件形式记录下来；③规定了公平和平等分享来自此种知识、创新或惯例商业化过程中的、并且符合他们的习惯和传统的益处。

附录 D　亚洲开发银行环境评估要求

导　言

亚洲开发银行（简称"亚行"）承诺支持其发展中成员国（DMCs）实现在环境方面可持续的经济发展。这样的承诺体现在亚行中期战略框架的文件中。在该文件中亚行提出了五个发展目标，即支持经济增长、减少贫困、支持人类发展（包括人口计划）、提高妇女地位和保护环境。为了实现这一承诺，亚行制定了环境评估要求和审查程序以保证在项目周期中的每一个阶段环境问题都得到了适当的考虑和监测。

本文件旨在说明亚行对于不同投资业务的环境评估要求，这些业务包括：项目贷款、规划贷款、行业贷款以及那些包括中间金融机构的转贷业务和对私营部门各种各样的其他融资形式的业务。本文件还描述了股东在准备环境评估报告时的各项责任以备参考，本文件在附件中给出了各种典型环境评估报告经注解后的格式。

一、亚行投资业务的环境评估

本节描述了亚行对其各种投资业务的环境评估要求，这些业务包括项目贷款、行业贷款、规划贷款、中间金融机构转贷贷款和亚行的私营部门投资业务。

1. 项目贷款的环境评估

（1）亚行通过设在环境与社会发展办公室（OESD）下的环境处（ENDV）来实现对不同规划层次上亚行业务活动的环境考虑。亚行利用不同的方法和技术使得环境问题在国家、地区（指一国之内），行业和项目的不同层次上得到了关注。

（2）环境处在与项目局官员协商的基础上，根据预计的项目环境影响对"国别援助计划"中所列的项目进行分类。亚行根据项目或规划的类型、建设地点、区域敏感性、建设规模、对环境的潜在影响程度及降低环境影响的措施的费用效果分析结果，对每个拟建项目或规划进行审查。这样所有的项目将根据其预计的对环境的影响情况被划分为下述三类中的一种：

A 类：预计这类项目将对环境造成严重的负面影响。对于这类项目需要进行环境影响评估[1]（EIA）。

B 类：预计这类项目将有一些负面的环境影响，但其影响程度不及 A 类项目那样严重。对于这类项目需要进行初步的环境检测（IEE）[2]以确定项目是否对环境有严重影响，需不需要进行环境影响评价（EIA）。如果项目不需要进行环境影响评价，该初步环境检测报告就被视为项目最终的环境评价报告。

---

[1] 典型的环境影响评估报告通常包括以下主要内容：①项目描述；②环境描述；③预计的环境影响及减缓措施；④备选方案；⑤经济评价；⑥机构要求和环境监测规划；⑦公众参与及⑧结论。该报告由借款人准备并由亚行和借款国的环保机构负责审查/澄清。

[2] 典型的初步环境检测报告通常包括以下主要内容：①项目描述；②环境描述；③潜在的环境影响及减缓措施；④机构要求和环境监测规划；⑤发现、建议及⑥结论。

C类：这类项目不会有负面的环境影响，对于这类项目虽然也会对其环境影响进行审查，但不需进行环境影响评价和初步环境检测。

(1) 项目分类表❶由环境处定期更新并作为项目的补充信息在项目准备过程中公布。A类项目和一部分B类项目❷通常被称为环境敏感项目。对于所有的环境敏感项目必须进行环境评估——初步环境检测和环境影响评价的总称。环境评估工作最好同项目的可行性研究工作同时进行。此外，还要准备初步环境检测摘要报告或环境影响评价摘要报告以反映初步环境检测或环境影响评价工作中的主要发现。

(2) 对于所有的A类项目和部分能通过外部审查而获益的B类项目（即使该项目不需要进行详细的环境影响评价），借款人准备的初步环境检测摘要报告或环境影响评价摘要报告应至少在董事会讨论项目120天前提交给董事会。此外，初步环境检测报告和环境影响评价报告也应准备好以便在董事会成员要求时提交。在不违背保密规定的情况下，应当地受影响团体或非政府机构（NGOs）的请求，亚行可以通过其计划或董事会中有关国家的董事向这些组织提供初步环境检测摘要报告、环境影响评价摘要报告、初步环境检测报告或环境影响评价报告。在这种情况下，所有报告中的信息就会向获准得到这些报告的机构公开。以上的安排对于公共部门和私营部门的项目均适用。

2. 规划贷款的环境评估

尽管除了下述特殊情况外规划贷款不需要进行初步环境检测/初步环境检测摘要或环境影响评价/环境影响评价摘要，但是如果贷款导致的政策或机构改革对环境有影响时，应对这种影响进行检查并且在贷款文件中加入适当的条款。如果规划贷款中包括投资子项并且已确定了投资项目时，这些项目则应该依据上文中的详细规定进行处理。

3. 行业贷款的环境评估

(1) 在行业贷款形式下，亚行在①一个特定的地理区域；②一个特定的时间内；③一个特定的地理区域和时间内对一个部门的投资需求进行融资。行业贷款引发的政策与机构改革可能也会直接或间接地对环境造成影响。因此，对每一个行业贷款所建议的政策与机构变革应进行检查以确定其对环境的影响并引入适当的环境保护措施。对于行业贷款，在贷款评审之前不需要选定子项目，并且亚行融资的行业贷款通常只含较小规模的子项目。

(2) 为了为行业贷款建立选择子项目的广泛参数表（包括环境参数），在行业贷款批准以前应选择一些子项目并对这些子项目进行评估。行业贷款评估的过程中，亚行应对这些子项目进行可行性研究分析，并给项目执行机构提供如何进行包含初步环境检测或环境影响评价的可行性研究工作及建立成本和效益参数体系的经验和指导。这些研究也有助于改进行业贷款的选项原则，包括在子项目选择、设计、评估及执行期间需要仔细审查的特定的环境原则与关注。

(3) 对于那些环境敏感的样本子项目，其环境影响评价摘要报告或初步环境检测摘要报告应至少在董事会讨论该行业贷款的120天之前提交给董事会，以证明在子项目选定过程中或选定后，对子项目可能引发的环境问题的处理有所考虑。同时还应准备好初步环境检测报告或环境影响评价报告以便在董事会要求时提交。在行业贷款批准以后，对于那些被亚行确

---

❶ 在亚行《商业机会》中也有项目的环境分类情况。
❷ 这些项目可能包括森林砍伐，影响生物多样性，非自愿移民问题，还可能包括加工或处理有毒、有害物质或者包含其他可能引起外部社会广泛关注的行为。

认为环境敏感的子项目,其项目建议书连同初步环境检测报告或环境影响评价报告应提交给亚行审查。

4. 中间金融机构转贷贷款的环境评估

(1) 对于这类贷款,亚行可以通过信贷或股本投资的形式参与。

(2) 当亚行的投资表现为对一个中间金融机构的股本注入时,亚行并不直接介入金融中介机构将要融资的任何子项目。在这种情况下,亚行对环境问题的关注往往通过在股东协议或贷款谈判备忘录中加入特定的条款来实现。在这些协议或备忘录中应指明金融中介机构应声明准备并实施这样的政策,即确保其借款人遵守有关发展中国家政府和亚行(如果需要的话)的环境规定的要求[1]。在必要的情况下,亚行还可能提出要金融中介机构或有关的环境机构加强其处理环境问题能力建设的要求。

(3) 对于那些亚行通过对子项目提供信贷款而介入金融中介机构的情形,亚行对环境问题的关注应体现在金融中介机构的政策和子项目[2]两个层次上。子项目的规模可能低于或高于自由限制。对于那些规模低于限制的子项目,金融中介机构在该信贷批准以前必须准备好适当的政策声明[见4(2)],并且亚行需要提出对加强发展中成员国金融和环境机构能力建设的要求。这些子项目的建议书和初步环境检测报告或环境影响评价报告应依据RRP或贷款文件中的协议安排要求提交给亚行审查。对于那些高出限制的环境敏感性子项目,亚行在批准这些子项目以前,必须对这些子项目的初步环境检测报告或环境影响评价报告进行审查和指正。

5. 私营部门贷款的环境评估

(1) 由于私营部门贷款面对的实体与执行机构差别很大,其处理环境问题的能力也大相径庭。因此,对于私营部门贷款,亚行使用的是一个很灵活的程序。但是亚行对于私营部门贷款的环境要求在本质上与对公共部门贷款的要求是相似的。

(2) 亚行的私营部门业务可分为以下几类:

1) 非金融领域:这包括亚行对一个行业或亚行业中的私营企业提供贷款和股本投资。对于股本投资,亚行根据金融机构的评估结果直接投资于子项目。这类业务应遵从项目贷款的有关程序。

2) 金融领域:这是指亚行通过向金融中介机构(这些机构通常跨行业或子行业操作)提供信贷或股本投资而进行的私营部门业务。其应遵循的有关程序详见4(2)~4(3)段。

二、借款人责任

借款人在准备和审查初步环境检测,初步环境检测摘要,环境影响评价报告和环境影响评价摘要时的责任。

以下几点要求在准备和审查初步环境检测,初步环境检测摘要或环境影响评价报告,环境影响评价摘要时必须满足:

(1) 必须满足政府和亚行的环境要求。

(2) 如果借款人或借款人的咨询专家建议进行环境影响评价,而根据亚行的要求只需要

---

[1] 如果亚行认为政府的环境政策不完备,亚行会要求使用其环境要求作为对政府环境要求的补充。如果亚行发现政府没有能力执行其环境政策或亚行要求必须执行的环境要求时,亚行会做适当的机构安排,比如有一个咨询机构帮助政府进行管理。

[2] 这里所说的"子项目"包括改扩建工程。

进行初步环境检测（也许后来会引出环境影响评价），对于这种情况，可采用下面两种方法之一。

1）对有关的环境问题进行特别研究并将结果结合到初步环境检测/初步环境检测摘要中。

2）项目被确定在环境上可接受以后，可在项目的详细设计阶段进行额外调查并在项目的总成本中考虑环境成本。例如，当一个工业项目需要建设一个废水处理厂时，该废水处理厂的类型，处理能力，监测计划和总成本应当包括到初步环境检测报告中。

在项目的详细设计阶段应进行废水处理厂的设计。在亚行决定融资项目以前，借款人必须保证在详细设计阶段进行的补充调查不会改变项目的财务和经济可行性。

（3）亚行职员应尽可能要求借款人采用亚行描述的环境评价报告格式。

（4）在准备环境评价报告时，亚行鼓励借款人考虑受影响群体、非政府组织的意见。

（5）借款人的初步环境检测摘要或环境影响评价摘要报告（初步环境检测报告和环境影响评价报告更好）应在提交给亚行之前翻译成英文并进行编辑。在报告内容完整的前提下，借款人报告在格式上与亚行建议格式有出入是允许的。

（6）发展中成员国政府应在初步环境检测摘要或环境影响评价摘要报告提交给董事会前，批复初步环境检测或环境影响评价报告，对初步环境检测或环境影响评价报告的批复最迟不得晚于项目开始执行。如果在行长报告与建议书（RRP）提交给董事会传阅时，项目的初步环境检测或环境影响评价报告还没有得到政府批复，则应在项目协议中加上一个条款要求政府在项目执行之前批复初步环境检测或环境影响评价报告。

附件1：初步环境检测报告注释后的格式

A．介绍❶

1．报告的这部分通常包括：

i 报告的目的，包括 a）项目及项目申请人；b）对项目性质、规模、建设地点及项目建设对于该国重要性的简要描述；c）其他有关的背景信息。

ii 初步环境检测研究：研究范围，投入的人力、物力，参与研究的个人或机构及致谢。

B．项目描述❷

2．这部分应对以下几个方面（视情况而定）提供足够细节的描述以便使人有一个简洁而清晰的了解：

i 项目类型；

ii 项目类别；

iii 项目建设必要性；

iv 项目建设地点（用不同的地图标出其总体位置，具体地点及项目建设位置）；

v 项目规模；

vi 预计的实施计划；

---

❶ 该典型的报告格式可应项目类型或其他需要做适当调整。

❷ 如果初步环境检测是作为行长建议与报告的附件，这部分内容可参考报告中的有关章节而不需要重复进行项目描述。

vii 项目描述，包括示意项目建设地点的地图，项目组成等。这些信息在形式和内容上应和项目的可行性研究报告一致，以便勾画出项目及其运行清晰的轮廓。

C．环境描述（对项目影响地区）

3．这部分应提供以下几个方面（如有的话）现存环境资源的信息，以使人们对这些环境资源有一个简洁而清晰的认识：

i 物理资源（地形、土壤、天气、地表水、地下水、地质/地震状况）。

ii 生态资源（鱼类、水生生物、野生动植物、森林、稀有或濒危物种）。

iii 人类与经济发展（视情形包括但不仅限于）：人口与居民（数量、地点、组成与就业情况等）；工业、基础设施（包括供水、排污、洪水控制/排水等设施）；文教卫生机构；交通状况（公路、港口、机场、航海等）；土地使用计划（包括公共地区使用规划）；能源资源与传输；农业发展及矿业发展。

iv 生活质量（包括但不仅限于）：社会经济价值；公共健康；休闲娱乐资源与开发；艺术价值；考古与历史财富及文学价值。

D．对潜在环境影响的审查与减缓措施

4．本节应运用不同行业项目的环境清单（参见亚行环境指南），根据下述因素或操作阶段通过审查每一个相关的参数，从有重大负面环境影响的项目中辨别出"非重大影响"来，并在适当的地方推荐减缓措施。

i 由于项目选址而引起的环境问题；

ii 与项目设计有关的环境问题；

iii 与项目建设阶段有关的环境问题；

iv 与项目运行有关的环境问题；

v 潜在的环境加强措施；

vi 其他考虑。

E．机构要求与环境监测规划

5．本节将描述要求的机构能力（硬件和软件）、监测计划并对进展报告的提交提出要求。

F．发现与建议

6．本节将对审查方法进行评价并建议是否存在需要进行环境影响评价详细研究的重大环境影响。

如果不需要进行更深入的研究，该初步环境检测本身，尽管有时因为一些有限但却是重大的环境影响需要进行特定的补充研究，就可作为项目完整的环境影响评价报告。如果需要进行特定的补充研究，本节还需要描述后续环境影响评价或补充研究的简要工作大纲，包括大致的工作任务、专业技能要求、时间要求及成本估算。亚行的环境指南为准备不同项目的环境研究工作大纲提供指导。

G．结论

7．本节将讨论初步环境检测的结果，如果需要进行环境影响评价或补充研究的话，本节还需要给出理由。如果初步环境检测本身或经过特别研究作为补充以后对于项目的环境评估已经十分充分，那么初步环境检测报告连同建议的环境管理计划、机构及监测规划就作为项目完整的环境影响评价报告。

附件2：初步环境检测摘要报告经注释的报告格式

A. 介绍（半页）❶

1. 本节介绍报告的目的，初步环境检测研究的范围并简要描述所使用的特殊技巧或方法。

B. 项目描述（半页）

2. 本节描述项目类型、建设必要性、位置、规模及预计的实施计划。

C. 环境描述（2页）

3. 本节描述项目建设地的物质和生态资源、人类与经济发展状况，生活价值质量。

D. 对潜在环境影响的审查及减缓措施（2至4页）

4. 本节需要从那些重大的负面环境影响中甄别出"非重大影响，"并在需要时讨论适当的减缓措施。

E. 机构要求及环境监测规划（1页）

5. 本节需要描述要求的机构能力（硬件和软件）、监测计划并对进展报告的提交提出要求。

F. 发现与建议（1至2页）

6. 本节对审查方法进行评价并建议是否存在需要进行环境影响评价详细研究的重大环境影响。

如果不需要进行更深入的研究，该初步环境检测本身，尽管有时因为一些有限但却是重大的环境影响需要进行特定的补充研究，就可作为项目完整的环境影响评价报告。❷

7. 如果需要进行特定的补充研究，本节还需要描述后续环境影响评价报告或补充研究的简要工作大纲，包括大致的工作任务、专业技能要求、时间要求及成本估算。亚行的环境指南可为准备不同项目的环境研究工作大纲提供指导。

G. 结论（半页）

8. 本节讨论初步环境检测的结果。如果需要进行环境影响评价或补充研究的话，本节还需要给出理由。如果初步环境检测本身或经过特别研究作为补充以后对于项目的环境评估已经十分充分，那么初步环境检测报告连同建议的环境管理计划、机构及监测规划就作为项目完整的环境影响评价报告。

附件3：环境影响评价报告经注释的报告格式

A. 介绍❸

1. 本节对以下几个方面进行描述。

i）报告的目的，包括a）项目及项目申请人；b）对项目性质、规模、建设地点及项目建设对于该国重要性的简要描述；c）其他有关的背景信息。

ii）项目准备阶段。

---

❶ 该典型的报告格式可应项目类型或其他需要做适当调整。
❷ 这种情形下的一些样本可能需要对不同的替代方案及其影响和减缓措施以及公众协商进行审查。
❸ 该典型的报告格式可应项目类型或其他需要做适当调整。

ⅲ）环境影响评价报告研究：研究范围、投入的人力物力、参与研究的个人及机构及致谢。

ⅳ）对报告内容的简要归纳，包括所使用的特殊技巧及方法。

B．项目描述

2．这部分应对以下几个方面（视情形而定）进行足够细节的描述以便让人有一个简洁而清晰的了解：

ⅰ）项目类型。

ⅱ）项目建设必要性。

ⅲ）项目建设地点（用不同的地图标出项目总体位置、具体地点及建设位置及边界）。

ⅳ）项目规模包括项目运营的有关活动。

ⅴ）预计的项目批准和实施计划。

ⅵ）项目描述，包括示意项目建设地点的地图、项目组成等。这些信息在形式和内容上应和项目的可行性研究报告一致。以便勾画出项目及其运行清晰的轮廓。

C．环境描述（对项目影响地区）

3．这部分应提供以下几方面现存环境资源的信息，以便让人们对这些环境资源有一个简洁而清晰的认识：

ⅰ）物理资源（地形、土壤、天气、地表水、地下水、地质/地震状况）。

ⅱ）生态资源（鱼类、水生生物、野生动植物、森林、稀有濒危物种、原始或保护区）。

ⅲ）人类与经济发展（视情形而定但不仅限于）：人口与居民（数量、地点、组成与就业情况等）、工业、基础设施（包括供水、排污、洪水控制/排水等设施）、文教卫生机构、交通状况（公路、港口、机场、航海等）、土地使用计划（包括公共地区使用规划）、能源资源与传输、农业、矿业发展和旅游业资源。

ⅳ）生活质量（包括但不限于）：社会经济价值；公众健康、休闲娱乐资源与开发；艺术价值；考古、历史财富及文学价值。

D．比较方案

4．如果预计拟建的项目会对自然环境资源造成严重的损害或给公众健康造成重大影响，环境影响评价报告需要通过与其他可选择项目进行比较的方法来证实项目建设的必要性。此外，在调查中还需包括其他有关的选择方案，例如不同的建设地点、设计与技术等。本节需要从保护环境的角度来阐述这些可选择项目的优势/劣势。讨论应表明所有可行的替代方案都已考虑到并证实项目建设的合理性与必要性。除了项目的环境优势与劣势，合理的项目也可以不是最小成本方案，在论证项目的合理性时还可以考虑为降低国家安全风险而使项目子类型多样化的需要（例如对混合子项目类型的偏好，这种偏好使得整个国家或地区的项目可以分别依赖于地热，煤或天然气，而不是依赖于单一一种能源）。

5．在多数情况下，应进行"有"项目或"没有"项目的环境影响比较。在一些情况下，这种比较结果是最好的结论，也是本节所要阐述的唯一一项内容。

6．对于每一个考虑的选择方案，环境专家（ES）需要：①归纳出可能的负面影响；②将这些负面影响同拟建项目和其他可选择项目联系起来比较，从环境的角度选择出最佳方案。

E．预计的环境影响及减缓措施

（1）逐条审查：

本节将根据相应的行业环境指南对项目可能对指南中的每一种资源或价值造成的影响❶（尽可能量化）进行评价。环境影响调查将包括对项目建设地点、项目设计、项目建设运行和退役或改造造成的环境影响的调查。如果调查显示存在负面环境影响，应探讨减缓或抵消这种影响的措施以及提高自然环境价值的机会。应考虑到直接的、间接的影响并标明这种影响的地域范围。这样的分析是环境影响评价报告的主要内容，如果这种分析还未达到充分完成的地步，那么有必要暂缓项目直到分析完成以后。报告还有必要合理全面地勾画出由于受项目影响的自然资源的使用、转化和削弱给人类发展和生活质量提高带来的好处，以便能够对项目的净价值有一个公正的评价。

（2）抵消和减缓负面后果：对于每一种重大的负面环境影响，环境影响评价报告必须仔细地解释项目计划/设计是如何使负面后果最小化的，以及项目计划/设计是如何行之有效地考虑对这些负面影响进行抵消和补偿的；又是如何积极加强项目收益与环境质量的。如果建议的减缓措施成本显著，报告还需探讨可供选择的措施及相应的成本。

（3）对资源不可逆转或不可挽回的使用：环境影响评价报告应确定拟建项目对环境潜在用途不可逆转的削减程度。例如通过河流、湿地或自然河口的高速公路可能会给这些敏感的生态系统造成不可挽回的损害。其他不可逆转的影响包括历史地点修改及对建筑材料和燃料的使用，此外，经过河口或沼泽地的项目可能会永久性地损害这些地区的自然生态环境；对休闲地区及公园用地的侵占会使得项目地区的社会及经济性质发生重大改变。

（4）项目建设过程中的临时性影响：如果项目的建设过程对环境有特殊的影响（以项目建设完工为准），对于这些影响需要进行单独的讨论并推荐减缓措施。

F．经济评价❷

本节应包括以下几个内容：①环境影响的成本和效益；②减缓措施的成本、收益及成本有效性；③对于那些没有表达成货币价值形式却又可以量化的环境影响（如污染物的重量或体积估计）的讨论，这些信息在项目总体经济分析中应有机地结合起来❸。

G．机构要求及环境监测计划

本节应描述对有关机构能力方面的要求，包括工作人员技能，工具与设备，监测与监督计划，包括项目批准开工以后项目实施人员应准备并持续提交的阶段进展报告。这些阶段进展报告的目的是向政府有关的环保部门保证经审批的项目规划环保措施得到了持续的实施，即使对项目计划中没有预见到的负面环境影响也已经或将要采取适当的特别措施。

H．公众参与

本节将描述如何在项目设计中引入公众参与，以及保证公众持续参与的建议措施；归纳项目受益人、地方官员、社团领导，非政府组织及其他机构的主要意见，并描述怎样处理这些意见与建议；列出公众参与的重要信息，例如日期、参与人、公众会议的主题；列出环境影响评价报告及其他与项目有关的文件的收受人；描述对公众参与规则要求的遵守情况；总结其他有关的材料和活动，如通过报纸杂志的公布及通知情况。

I．结论

环境影响评价报告应给出环境影响评价研究的结论，包括：①能证实项目实施合理性的

---

❶ 如果必要的话，还可能包括环境风险评价。
❷ 这部分内容可以从可行性研究中的经济分析中得出，这里所采用的经济评价应包含在项目的经济分析中。
❸ 不是所有的环境收益和成本都可以量化并以货币形式表示。

收益；②解释如何对项目的负面效果进行减缓、消除和补偿，以使这些负面效果能为公众接受；③对使用不可替代资源的解释；④后续监测与监督的规定。对项目环境影响种类与程度简明扼要的描述可能有助于决策者决策。

附件4：环境影响评价摘要报告经注释的格式

A. 介绍（半页）❶

本节应包括报告的目的、环境影响评价告研究的范围与深度以及对所使用的特殊技巧与方法的描述。

B. 项目描述（半页）

本节应包括对项目类型、项目建设必要性、建设地点、项目运营规模及预计的项目实施进度的描述。

C. 环境描述（对项目影响地区）（2至3页）

本节应包括对物理与生态资源、人类与经济发展及人们生活质量状况的描述，如果当地有环境标准，应采用这些环境标准作为比较基准。

D. 比较方案（1至2页）

本节应对每一种替换方案可能导致的负面影响及该方案与拟建项目及其他替换方案的关系进行讨论，以便确定拟建项目比其他替换方案更能减少对环境的影响，该影响是否在可接受的范围之内。除了好处与不足之外，对项目的论证还应不局限于最小成本选择；有时为了降低国家安全风险，项目也可以考虑选择实施不同的子项目类型（例如整个国家和地区在安排项目时，对地热、煤、天然气等不同的子项目类型组合的偏好，而不是在整个国家或地区建设单一种类的能源项目）在多数情况下，应进行"有"项目或"没有"项目的环境影响比较。在一些情况下，这种比较结果是最好的结论，也是本节所要阐述的唯一内容。

E. 预计的环境影响及减缓措施（4至6页）

本节应讨论由于项目建设地点、设计、建设及运营对不同的环境资源造成的直接和间接影响并推荐有关的减缓、抵消或加强措施。

F. 经济评价（1至2页）

本节应包括以下几个内容：1）环境影响的成本和效益；2）减缓措施的成本、收益及成本有效性；及 3）对于那些没有表述成货币价值形式却又可以量化的环境影响（如污染物的重量或体积估计）的讨论。这些信息在项目总体经济分析中应有机地结合起来。

G. 机构要求及环境监测计划

本节将描述有关机构能力方面的要求（包括硬件和软件）以及监测监督计划和进度报告的提交要求。

H. 公众参与（1至3页）

本节将描述如何在项目设计中引入公众参与，以及保证公众持续参与的建议措施；归纳项目受益人、地方官员、社团领导，非政府组织及其他机构的主要意见，并描述怎样处理这些意见与建议；列出公众参与的重要信息，例如日期、参与人、公众会议的主题；列出环境

---

❶ 该典型的报告格式可应项目类型或其他需要做适当调整。

影响评价报告及其他与项目有关的文件的收受人；描述对公众参与规则要求的遵守情况；总结其他有关的材料和活动，如通过报纸杂志的公布及通知情况。

I. 结论（1页）

本节应描述能证实项目实施合理性的收益，解释如何减缓、抵消项目重大的负面环境影响或对这种影响的补偿；解释对不可替代资源的使用原因；描述后续的监测与监督规定。

附录 E 世界银行大坝工程业务政策和程序

一、业务政策

可能适用于大坝项目的其他世行政策包括：OP/BP 4.01，Environmental Assessment（《环境评价》）；OP/BP 4.04，Natural Habitats（《自然栖息地》）；OP 4.11，Cultural Property（《文化财产》）；OD 4.20，Indigenous Peoples（《土著民族》）；OD 4.30，Involuntary Resettlement；（《非自愿移民》）和 OP/BP 7.50，Projects on International Waterways（《国际河流上的项目》）。

此文件是 2001 年 10 月 OP 4.37《大坝安全》英文版的中文翻译件，它包括经世界银行核准的政策的权威文本。本翻译件如与 2001 年 10 月 OP 4.37 的英文文本有任何出入之处，以英文文本为准。

1. 大坝安全

无论任何大坝，其所有人[1]均有责任在大坝的整个寿命期间保证采取适当的措施并提供足够的资源，以便确保大坝的安全，无论其资金来源或建设阶段如何。大坝如果不能正常发挥功能或出现失事，将产生严重的后果，因此，世行[2]关注其资助建造的新坝和其所资助项目将依靠的已建大坝的安全。

2. 新建坝

（1）世行在为一个包括建造新坝[3]的项目提供资金时，将要求安排有经验和胜任的专业人员进行大坝的设计和施工监理。世行还要求借款人[4]在大坝及相关建筑物的设计、招标、施工和运行维护过程中采纳并实施必要的大坝安全措施。

（2）世行把坝分为小型坝和大坝。

1）小型坝的高度一般不到 15m。例如，这类坝包括农用塘坝、拦沙坝以及小型蓄水池的围堤。

2）大坝指高度达到或超过 15m 的坝。高度为 10~15m 的坝如果在设计上具有特别的复杂性，例如，需要非常高的洪水调蓄能力、位于高地震烈度区、坝基复杂难以处理、或需要拦蓄有毒物质，则也被作为大坝[5]对待。高度在 10m 以下的坝，如果预计在运行期间会成为大坝，也将被作为大坝对待。

（3）对于小型坝，由合格的工程师制订的通用大坝安全措施即可满足要求。对于大坝，世行则有以下要求：

1）由一个独立的专家小组对大坝的勘测、设计和施工以及启用进行审查；

---

[1] 所有人可以是国家政府、地方政府、准政府机构、私营公司或若干实体的联合体。某个实体如果拥有经营大坝的许可并对其安全负责，但不拥有坝址、大坝和/或水库的法定产权，也属于"所有人"的范畴。

[2] "世行"包括国际开发协会；"贷款"包括信贷。

[3] 例如为发电、供水、灌溉、防洪或多种用途建造的蓄水坝；为矿山项目建造的尾矿坝或拦泥坝；或为热电厂建造的储灰坝。

[4] 如果所有人并非借款人，借款人应保证根据可以为世行所接受的安排，使所有人以适当的方式承担借款人根据本业务政策所承担的义务。

[5] 对"大坝"的定义是以《世界大坝登记册》在编制大坝清单时所采用的标准为依据。该登记册由国际大坝委员会发表。

2）制订并实施以下几方面的详细计划：施工监理和质量保证计划、观测仪器计划、运行维护计划和应急准备计划❶；

3）在招标采购期间对投标人的资格进行预审❷；

4）在项目完成之后对大坝进行定期安全检查。

（4）专家小组由三名或更多专家组成，这些专家由借款人任命并应为世行所接受。他们应具备与该大坝的安全问题有关的各技术领域的专门知识❸。专家小组的主要目的，是审查大坝安全事项以及涉及大坝、附属建筑物、集水区、水库周围地区和下游地区的其他关键问题，并就此向借款人提出咨询意见。然而，借款人一般会扩大专家小组的组成及工作任务，使其审查范围不仅局限于大坝安全，而且也包括其他方面的事项，例如：项目的确立；技术设计；建设程序；对于蓄水坝，还包括像发电设施、施工导流、船闸和鱼梯这样的相关工程。

（5）借款人将通过合同委托专家小组提供服务，并为专家小组的活动提供后勤支持。借款人应在项目准备过程中尽早安排专家小组定期举行会议和进行审查。这种审查应贯穿大坝的勘测、设计、施工以及初次蓄水和初期运用整个过程❹。借款人将在举行专家小组会议之前向世行发出通知，世行一般将派观察员出席这些会议。

每次会议之后，专家小组将向借款人提供一份书面报告，说明其结论和建议，每个参加会议的小组成员均应在报告上签字；借款人将向世界银行提交该报告的副本。在水库蓄水和大坝投入运用之后，世行将对专家小组发现的问题和建议进行审查。如果在蓄水和大坝初期运用过程中没有遇到任何重大的困难，借款人可以解散专家小组。

3. 已建和在建的坝

（1）世行可以资助以下类型的项目，这些项目不包括建造新坝，但其运行将依赖于某个（些）已建或在建坝的运行状况：直接从已建或在建坝所控制的水库中取水的发电站或供水系统；位于某座已建或在建坝的下游，而且上游坝失事会导致其遭受大规模损坏或失事的世行资助建造的新引水坝或水工建筑物；依赖于某座已建或在建坝供水，而且一旦该坝失事，将无法运行的灌溉或供水项目。这类项目还包括需要增加某座已建大坝的能力，或需要改变所拦蓄材料的特性，而且已建坝的失事将致使世行资助兴建的设施遭受大规模损坏或失事的项目。

（2）如果3（1）所述项目涉及借款人境内的某座已建或在建坝，世行将要求借款人安排一名或多名独立的大坝专家进行以下工作：（a）对所涉及的已建或在建坝、其附属建筑物及其运行安全状况进行检查和评价；（b）审查和评价大坝所有人的运行维护程序；（c）提交一份书面报告，说明检查评价结果以及为使该坝达到可以接受的安全标准，需要进行的补救工作或采取的安全措施。

（3）世行可以接受以前对已建或在建坝的安全进行的评估或改进建议，但条件是借款人须提供以下方面的证据：（a）已经开始执行一项有效的大坝安全方案；（b）已经对该坝进行

---

❶ 某些国家把观测仪器计划和应急准备计划同时作为运行维护计划的两个专门章节。世行可以接受这种做法，但条件是，应根据规定的时间安排来编写完成有关部分。

❷ 见 Guidelines: Procurement under IBRD Loans and IDA Credits（《世行贷款和国际开发协会信贷的采购准则》）。

❸ 专家小组成员的人数、专业覆盖面、专门技术知识和经验应适合于所审议大坝的规模、复杂性和潜在风险。对于高风险的大坝，专家小组成员应该是各自领域中的国际知名专家。

❹ 如果世行在项目准备的后期才介入，应尽快组建专家小组，并对所有已经完成的项目工作进行审查。

了全面检查和安全评价，而且世行对检查评价结果感到满意。

（4）拟议的世行项目可以包含必要的大坝安全措施或补救工程所需的经费。如果需要重大补救工程，世行将要求：（a）由胜任的专业技术人员负责工程的设计和监理；（b）编制并实施与世行资助的新建坝同样的报告和计划（见 2（3）b 段）。对于涉及重大而复杂补救工程的高风险坝，世行还要求聘用一个独立的专家小组，具体要求与世行资助的新坝相同［见第 2（3）a 和 2（4）段］。

（5）如果已建或在建坝的所有人非借款人而为一实体，借款人将签订协定或做出安排，要求所有人采取第 8～10 段所规定的措施。

4．政策对话

在适当情况下，世行工作人员将作为同借款国政策对话的一部分，讨论加强该国大坝安全管理机构、立法和管制框架所需要采取的措施。

二、业务程序

可能适用于大坝项目的其他世行政策包括：OP/BP 4.01，Environmental Assessment（《环境评价》）；OP/BP 4.04，Natural Habitats（《自然栖息地》）；OP 4.11，Cultural Property（《文化财产》）；OD 4.20，Indigenous Peoples（《土著民族》）；OD 4.30，Involuntary Resettlement；（《非自愿移民》）和 OP/BP 7.50，Projects on International Waterways（《国际河流上的项目》）。凡关于大坝安全的问题请接洽农村发展部主任。这些政策系供世界银行工作人员使用，不一定是对此问题的完整论述。

此文件是 2001 年 10 月 BP 4.37《大坝的安全》英文版的中文翻译件，它包括经世界银行核准的程序的权威文本。本翻译件如与 2001 年 10 月 BP 4.37 的英文文本有任何出入之处，以英文文本为准。

大坝安全：

1．项目的审批

（1）世行[1]在开始审批一个涉及大坝的项目时，项目组将包括在大坝工程方面以及准备和监督世行大坝项目有经验的人员。如果在本地区无法找到这样的人员，项目组将向农村发展部咨询，征求世行内外适当的专家人选。

（2）涉及大坝的世行项目须根据 BP 10.00，Investment Lending：Identification to Board Presentation（世行程序 10.00，《投资贷款：从项目识别到报执董会批准》）所载程序进行审批。

（3）一旦完成对一个涉及大坝的项目的识别之后，项目组将立即同借款人一道讨论世行关于大坝安全的政策（OP 4.37）。

2．项目准备

（1）项目组将保证，借款人准备的技术服务工作任务大纲（TOR）及聘用的专业技术人员（例如：工程师、地质专家或水文专家）的资格与所涉及大坝的复杂程度相适应。这些技术服务包括：坝址勘探、大坝设计、新坝或补救工程施工、初次蓄水和初期运用咨询，以及进行安全检查和安全评价。

（2）如果需要建立一个独立的专家小组，世行项目组将在必要时就如何准备专家小组工作任务大纲向借款人的工作人员提出建议。项目组将对该工作任务大纲以及借款人提议的专

---

[1] "世行"包括国际开发协会；"贷款"包括信贷。

家小组成员人选进行审批。专家小组一旦成立，世行项目组成员一般将作为观察员参加其会议。

（3）项目组将审查以下几方面编写的所有与大坝安全有关的报告：借款人；专家小组；对已建或在建坝进行评价的独立专家；借款人为大坝的设计、施工、蓄水和启用所聘用的专业人员。

（4）项目组将监督借款人制订以下方面的计划：施工监理和质量保证计划、观测仪器计划、运行维护计划以及应急准备计划［见 OP 4.37 第 4（b）段和 BP 4.37］。

3. 项目评估

（1）项目评估组将审查所有与大坝安全有关的项目资料，其中包括：成本估计；建设时间表；采购程序；技术援助安排；环境评价；施工监理和质量保证计划、观测仪器计划、运行维护计划以及应急准备计划。评估组还将审查项目建议书、有关技术问题、检查报告、专家小组报告，以及借款人的所有其他涉及大坝安全的行动计划。如果已经要求建立一个专家小组，评估组将确认，借款人已经考虑了该专家小组的建议，并在必要时协助借款人确定获得大坝安全培训和技术援助的来源。

（2）项目组和指定的世行律师将保证世行与借款人之间的法律协定要求借款人：

1）如果已经要求建立一个专家小组，将在项目执行期间定期召开专家小组会议，并在新坝的运用初期保留该专家小组；

2）实施所要求的各项计划，并使所有没有充分达到所规定标准的工作达到标准要求；

3）在新坝蓄水和启用之后，由没有参与大坝勘测、设计、施工和运行工作的独立的合格专业人员定期进行大坝安全检查。

4. 检查监督

（1）在项目执行期间，项目组将派技术工作人员监督所有同《贷款协定》中的大坝安全条款有关的活动，并酌情聘用咨询专家来评价借款人的有关表现。如果发现有关大坝安全方面的表现不令人满意，项目组将立即通知借款人，改正其不足。

（2）在项目执行的后期，项目组将同借款人讨论项目建成后的运用程序，强调确保在大坝现场随时保存防汛和应急准备指令文件的重要性。项目组还将指出，新技术或信息（例如洪水和地震方面的新技术和新信息，以及新发现的区域性或局部地质特性）的出现可能要求借款人修订大坝安全评价的技术标准；项目组将敦促借款人进行这项工作，将修订的标准应用于项目大坝，并在必要时推广到借款人管辖的其他大坝。

（3）为了保证大坝建成后能得到令人满意的检查和维护，世行各地区工作人员可以在准备后续项目时，或专门安排监督团，在项目结束后对项目进行监督[1]。

---

[1] 见 OP/BP 13.05，Project Supervision（《项目监督》）。

附录F 世界银行森林保护业务政策和程序

一、业务政策

此文件是2002年11月OP 4.36《森林》英文版的中文翻译稿,它是经世界银行核准的政策权威文本。本翻译稿件如与2002年11月OP 4.36的英文文本有任何出入之处,以英文文本为准。

1. 政策目标

(1) 森林生态系统及其相关资源的管理、保护和可持续开发对于长期减贫和可持续发展是至关重要的,不论其是处于森林资源丰富的国家还是处于森林资源受到破坏或其天然资源十分有限的国家。本政策的目标是帮助借款方[1]利用森林的潜力,以可持续的方式减少贫困,有效地将森林资源纳入可持续的经济发展,以及保护重要的当地和全球性的环境服务和森林的价值。

(2) 如果森林的恢复和人工林的发展对于实现这些目标是必不可少的,世行即应帮助借款方开展那些维持或加强生物多样性和生态系统功能的森林恢复活动。世行还帮助借款方建立和可持续地管理适合于环境的、有利于社会的以及具有经济活力的森林植被,以帮助满足不断增长的对森林产品和服务的需求。

2. 政策范围

本政策适用于下列世行融资的投资项目:

(a) 对森林的健康和质量具有或可能具有影响的项目;(b) 影响人们的权利和福利[2]及其对森林具有依赖性或与森林相互依存的项目;(c) 旨在改变天然林或人工林(不论其是国家、私人或集体所有)的管理、保护和利用的项目。

3. 国别援助计划

世行使用环境评估、贫困评估、社会分析、公共支出审查以及其他经济和部门工作,确定其借款国的森林在经济、环境和社会方面的重要意义。如果世行认为其国别援助战略会对森林产生重大的影响,它应将处理这种影响的战略纳入国别援助战略。

4. 世行融资

(1) 对于那些世行认为会造成重要森林地域或有关重要的自然栖息地转化或退化的项目,世行将不提供融资。如果世界银行认为某个项目造成的天然林或有关自然栖息地的重要改观或退化不是至关重要的,而且世行认为对于该项目及其选址不存在其他替代方案,并且综合研究显示总体看来项目的好处会大于其环境成本时,世行即会对此项目提供融资,前提

---

[1] "世行"包括国际开发协会(IDA)。"借款方"包括向非成员国提供贷款的成员国担保人,对于担保业务,还包括从其他金融机构得到世行担保贷款的私人或公共项目业主。"项目"包括世行贷款、授信或担保以及国际开发协会赠款资助的所有业务,但不包括调整贷款(调整贷款方面的环境规定见诸OP/BP 8.60《调整贷款》)和债务和偿债业务。"项目"还包括全球环境基金资助的项目和分项目,但不包括由全球环境基金理事会指定的有资格通过扩大机会配合全球环境基金进行项目的准备和执行的组织所执行的项目(此类组织包括地区开发银行和诸如粮农组织和工发组织等联合国机构)。

[2] 受项目影响的人群的权利和福利应按OP 4.11《文化财产》、OP 4.12《非自愿迁移》以及OD 4.20《原住民》的规定和程序进行评估。

是它制定了适当的减少影响的措施❶。

（2）对于那些违反有关国际环境协议的项目，世行将不予融资❷。

5. 人工林

对于会造成重要的自然栖息地（包括邻近或下游重要的自然栖息地）转化或退化的人工林，世行将不提供融资。世行在向人工林提供融资时，会优先考虑将此项目安排在无林地或是已被转化的土地上（不包括为项目的实施而加以转化的土地）。鉴于人工林项目可能引入外来物种并威胁到生物多样性，这种项目的设计须考虑到避免和减少对自然栖息地可能造成的威胁。

6. 商业采伐

（1）世行只有在根据适用的环境评估或其他有关信息确定受采伐影响的地区不是重要的森林或相关的重要自然栖息地时，才会对商业性的采伐经营❸提供融资。

（2）要符合世行的融资条件，工业化规模的商业采伐经营还须：

（a）经世行接受的独立森林认证制度认证符合负责任的森林管理和使用标准❹；（b）在此独立森林认证制度下的预评估认为此项经营尚不符合6（2）（a）项的规定的情况下，则须执行世行所接受❺的为实现符合此标准的认证而制订的有时间限制的分阶段行动计划。

（3）森林认证制度要为世行所接受，须满足以下条件：

（a）遵守有关法律；（b）承认并尊重法律规定或习惯上的土地占有和使用权以及原住民和劳动者的权利；（c）维持或强化健康和有效的社区关系的措施；（d）保护生物多样性和生态功能；（e）采取措施维护或加强森林产生的有利于环境的多重效益；（f）避免或最大限度地减少由于森林的使用而造成的对环境的负面影响；（g）有效的森林管理计划；（h）对相关森林管理地域进行积极的监测和评估；（i）对受此业务影响的重要的森林地域和其他重要的自然栖息地进行维护。

（4）除了6（3）的规定之外，森林认证制度须是独立的、具有有效成本并基于客观和可测算的业绩标准，这些标准是由国家制定的，并应符合可持续森林管理的国际通行原则和准则。此制度须规定对森林的管理业绩进行独立的、第三方评估。此外，该制度的标准的制定须由当地群众和社区，原住民，代表消费者、生产者及保护方利益的非政府组织，以及其他公民社会成员（包括私营部门）的充分参与。认证制度的决策程序须是公正、透明、独立的，并应避免利益冲突。

（5）世行可对由小规模土地持有人❻、社区森林管理制度下的当地社区或在森林共管安

---

❶ 关于针对那些会对森林和自然栖息地产生影响的项目缓解措施的设计和执行方面的规定，参见 OP 4.01（《环境评估》）和 OP 4.04（《自然栖息地》）。

❷ 参见 OP 4.01 第3款。

❸ 然而，世行可能会向在主要为自然生态系统的可持续利用建立并加以管理的 VI 类保护区（加以管理的资源保护区）内进行的社区采伐活动提供融资。在这些保护区中，世行的资金支持是限于那些建立保护区的法律所允许的活动以及那些作为此地区管理计划一部分的活动。任何这种资金支持都须符合本 OP 第12款的规定。

❹ 一个森林认证体系通常建立一套程序由一家独立的认证机构对一个林区进行检查，测定该林区的管理是否符合明确规定的准则和操作标准。本业务政策第10和11款中概括了要得到世行认可的认证体系必须满足的要求。

❺ 见 BP 4.36，第5款。

❻ "小规模"的大小由当事国的规定确定，通常与每户拥有森林面积的平均数相关。在一些国家，小规模土地所有人可能控制不到一公顷的森林，在另外一些国家，他们可能控制了50公顷或更多的森林。

排下的企业从事的采伐经营提供融资,如果这种经营:

(a)符合在受影响的当地社区有效参与下制定的森林管理标准,而且这些标准与 6(3)中规定的负责任的森林管理原则和准则是一致的;(b)执行了一项有时间限制的分阶段行动计划❶以达到此标准。此行动计划的制订须由受影响的当地社区的参与并且须是为世行所接受的。

借款方应在当地受影响社区的参与下对所有这种业务进行监督。

7. 项目设计

(1)投资项目的环境评估应按 OP/BP 4.01(《环境评估》)的规定,处理好该项目对森林以及/或当地社区权利和福利的潜在影响。

(2)对于提请世行融资并涉及森林管理的项目,借款方须向世行提供借款方森林部门总体政策框架、国家立法、机构能力以及与森林有关的贫困、社会、经济或环境等方面的信息。此信息应包括该国国家森林计划或其他有关由国家主导的程序方面的信息。借款方应基于此信息和项目环境评估❷,针对项目制定必要的措施,强化财政、法律和机构框架,以实现项目的经济、环境和社会目标。这些措施应处理好政府、私营部门和当地人群各自的作用和法律权利。对于那些能够充分利用森林的潜力并以可持续的方式减少贫困的小规模的、社区层的管理措施,应予以优先考虑❸。

(3)那些利用森林资源或提供环境服务的项目的设计,应对新市场开发前景以及非木材森林产品和有关森林产品和服务的营销安排进行评估,并应考虑到管理良好的森林所提供的各类产品和环境服务。

二、业务程序

此文件是 2002 年 11 月 BP 4.36《森林》英文版的中文翻译稿,它是经世界银行核准的政策权威文本。本翻译稿件如与 2002 年 11 月 BP 4.36 的英文文本有任何出入之处,以英文文本为准。

如果世行认定其国别援助战略会对森林产生重大影响,国别局须确保国别援助战略对与森林有关的问题做出适当的处理。

1. 项目准备

(1)工作组在项目审议的早期阶段须与地区环境部门进行磋商,并在必要时与环境和社会可持续发展网络和其他网络进行磋商,以判断项目工作中可能出现的森林问题。

(2)对于属于 OP4.36 第 3 款规定的政策范围内的项目,世行工作人员须确保按 OP/BP 4.01(《环境评估》)的规定确定项目环境评估类别。如果项目可能会改变天然林或其他自然栖息地或使其产生退化,可能会产生重大的负面环境影响,而且这种影响十分敏感、涉及多方面或是前所未有的,则应作为 A 类项目;其他涉及森林或其他自然栖息地的项目则应视其类型、所处位置、敏感性、项目的规模以及环境影响的性质和程度,列为 B、C 或 FI 类项目❹。

(3)在项目准备过程中,工作组须确保借款方向世行提供土地使用费用于森林的管理、

---

❶ 参见 BP 4.36 第 5 款。
❷ 参见 BP 4.36 第 3 款关于森林项目环境评估类别划分的指导意见。
❸ 参见 BP 4.36 第 4 款。
❹ 参见 OP 4.01(《环境评估》)第 8 款和 BP 4.04(《自然栖息地》)第 2 款关于环境评估分类的规定。

保护和可持续发展那部分的充分性的评估报告,包括用于对重要的林区保护的追加拨款。此评估应对此重要的林区的基本情况做出调查,而且此项调查范围应与项目所在林区的生态、社会和文化空间是相符的。根据 OP4.04(《自然栖息地》)的规定,此项评估应包括所有受到影响的方面[1],并应接受科学工作人员的独立审核[2]。此外,按 OP4.12(《非自愿迁移》)和 OD4.20(《原住民》)的规定,工作组应确保借款方对项目对当地社区的影响做出评估,包括其进入以及利用划定林区的法律权利。如果项目涉及 OP4.36 中第 12 款规定的对森林的投资,工作组须确保借款方也对优先发展当地社区小规模采伐,利用森林的潜力,以可持续的方式减少贫困的可行性做出评估。

2. 采伐运作

如果项目涉及世行根据 OP4.36 第 9 款(b)项或第 12 款(b)项提供融资的采伐经营,工作组须确保该项目包含符合 OP4.36 中 9～12 款规定的有时间限制的行动计划以及为实现有关森林管理标准所需相应的绩效标准和时间框架。工作组应将此有时间限制的行动计划列入《项目评估文件》,并按世界银行的披露政策向公众提供此件[3]。

3. 社区的森林管理和开发

(1) 如果项目旨在支持基于社区的森林管理和开发,工作组即须确保项目的设计应酌情考虑下列因素:

(a)项目和邻近地区的当地社区的生计对树木的依赖以及使用情况;(b)在改善原住民[4]和贫困人口在参与项目地区中包括树木和森林的管理中遇到的组织、政策和冲突的管理问题;(c)与居住在项目地区的森林中或其附近的原住民和贫困人口有关的森林产品和森林服务问题,以及促进妇女参与的机会。

(2) 如果项目涉及森林的恢复或人工林的发展,工作组应确保项目的设计妥善地考虑到了处理下列问题的方式:森林的恢复对于改善生物多样性和生态系统的潜在作用;在不包括自然栖息地的无林土地营造人工林的潜力;避免自然栖息地的改变或退化的需要;以及政府、非政府组织以及其他私营机构进行合作开展森林恢复和人工造林方面的能力。

4. 项目的执行和监督

(1) 负责地区业务的副行长应在有关国别局局长的配合下确保对 OP4.36 涉及的项目实施进行有效监督所需的资源。

(2) 如果项目涉及对森林的商业采伐,工作组应确保借款方向公众提供按 OP4.36 述及的森林独立认证制度进行的所有森林管理评估的结果。

(3) 须按 OP13.05(《项目监督》)的规定对每个项目进行监督。在项目的整个实施过程中,工作组应确保世行的检查组中包括必要的森林专业技术人员的参与。

---

[1] 参见 OP 4.04(《自然栖息地》)第 10 款关于有关各方参与评估程序的指导意见。
[2] 参见 OP 4.01(《环境评估》)关于独立评估工作的指导意见。
[3] 参见《世界银行信息披露政策》(华盛顿哥伦比亚特区,2002 年 9 月)。
[4] 参见 OD 4.20(《原住民》)。

附录G 世界银行国际水道项目评估业务政策和程序

一、业务政策

1. 政策的适用性

（1）本文所载政策适用于以下类型的国际水道：

（a）任何形成两个或更多个国家之间的边界的河流、运河、湖泊或类似水体，或任何流经两个或更多个国家的河流或地表水体，无论这些国家是否为世行成员国；

（b）作为上述任何水道的组成部分的任何支流或其他地表水体；

（c）任何有两个或更多个沿岸国的海湾和海峡，或虽然位于一个国家的境内，但被视为公海与其他国家之间的必要通道的海湾和海峡，以及任何流入这些水域的河流。

（2）本文所载政策适用于以下类型的项目：

（a）使用或可能污染1（1）所述国际水道的水电、灌溉、防洪、航行、排水、用水和排污、工业以及类似项目；

（b）就1（2）（a）所述项目进行的详细的设计和工程研究活动，包括将由世行作为执行机构或以其他方式进行的活动。

2. 协定/安排

国际水道项目可能影响世行同其借债国之间的关系以及国家之间的关系（不论这些国家是否为世行成员国）。世行意识到，为了有效地利用和保护水道，沿岸国之间的合作和诚意是必不可少的。因此，世行非常重视在沿岸国之间为此目的就整个水道或水道的任何部分达成适当的协定或安排。世行时刻准备帮助沿岸国实现这个目标。如果在为项目提供资金之前，提出项目的国家（受益国）和其他沿岸国之间的分歧尚未得到解决，世行通常促请受益国主动提出以诚意同其他沿岸国举行谈判，以便达成适当的协定或安排。

3. 通知

（1）世行保证，将尽早处理国际水道项目引起的国际问题。在提出这样一个项目的情况下，世行应要求受益国，如果尚未向其他沿岸国正式发出通知，以告知拟议举办的项目和提供项目详细资料，则应该发出这样的通知（见BP 7.50第3段）。如果拟议的借债国向世行表示，不愿发出这样的通知，世行通常会亲自发出通知。借债国如果还反对世行这样做，世行则将停止办理项目手续。将把这些事态发展以及采取的任何进一步措施通知有关的执行董事。

（2）世行应该查明，各沿岸国是否已经就所涉国际水道达成了协定或安排，或建立了任何机构体制，在后一种情况下，世行应该查明该机构的活动范围和职能，以及在所拟议项目中的地位，同时应该想到，可能需要向该机构发出通知。

（3）在发出通知之后，如果其他沿岸国对拟议的项目表示反对，世行可在适当情况下应指派一名或多名独立专家，以便根据BP 7.50第8~12段对所涉问题进行审查。世行如果决定，尽管其他沿岸国表示反对，仍将举办该项目，则应把其决定通知这些国家。

4. 通知规定的除外情况

世行关于把拟议的项目通知其他沿岸国的规定允许以下除外情况：

（1）拟议的项目是为了在任何执行中的方案内进行添加或改动，而根据世行的判断，因此需要进行的修复、建筑或其他改动：（一）将不会致使进入其他沿岸国的水流在质量和数量上发生不利变化；和（二）将不会受到其他沿岸国可能进行的用水活动的不利影响。

这个除外规定仅适用于对进行中方案的小规模添加或改动；所涉工程和活动如果将超出原计划的规模，改变其性质，或对其规模和范围的改动或扩大将致使其看来成为一个新的不同方案，将不适用本除外规定。如果对某个项目是否符合这一除外规定的标准存有疑问，应把疑问告知代表所涉沿岸国的执行董事，并至少给予其两个月的时间来做出答复。即使项目符合这一除外规定的标准，世行仍应争取确保使沿岸国之间达成的任何协定或安排都得到遵守。

（2）关于或涉及国际水道的水资源调查和可行性研究。然而，提议进行这些活动的国家应该在所涉活动的任务中包括对任何潜在的沿岸国问题进行一次审查。

（3）任何针对某个国际水道的支流举办，且该支流仅限于一个国家境内，而该国是河流下游最后一个沿岸国的项目，除非人们担心这个项目将对其他国家造成明显的损害。

5. 向执行董事提出贷款申请

国际水道项目的项目评估文件（PAD）将对项目所涉国际问题进行评估，并声明，世行工作人员已经审议了这些问题，并满意地认为：

（1）所涉问题已经在受益国与其他沿岸国达成的某项适当协定或安排中得到处理；或（2）其他沿岸国已经用以下方式向受益国或世行做出肯定的答复：予以同意、不反对、对项目表示支持、或确认项目将不损及该国利益；或（3）在所有其他情况下，世行工作人员经过评估认为，该项目将不对其他沿岸国造成明显损害，并不会为其他沿岸国可能进行的用水活动所损害。项目评估文件还应在一个附件中开列任何反对意见的要点，并在适用时列入独立专家的报告和结论。

二、业务程序

在立项期间应尽早对潜在的国际水道权利问题进行评估❶，并在所有项目文件中对该问题加以说明，首先是在项目资料文件（PID）中加以说明。项目小组（TT）将同主管法律事务副行长办公室（LEG）合作编制一套项目构想文件，包括项目资料文件，以便提供与项目所涉国际问题有关的所有信息。项目小组在把这套项目构想文件送交区域主管副行长（RVP）时，将向副行长兼法律总顾问（LEGVP）提供一份副本。在整个项目期间，各区域均应同主管法律事务副行长办公室协商，随时向所涉常务副行长（MD）报告最新出现的项目所涉国际问题和有关事件。

1. 通知

（1）在立项期间，世行❷应尽早建议提出在某个国际水道举办项目的国家（受益国），该国如果尚未就拟举办的项目向其他沿岸国正式发出通知，在其中提供现有的详细资料，则应该发出这样的通知（见第 3 段）。如果拟议的借债国向世行表示，不愿发出这样的通知，世行通常会亲自发出通知。受益国如果反对世行这样做，世行则将停止办理项目手续。所涉区域应把这些事态发展以及采取的任何进一步措施通知其执行董事。

（2）发出的通知应尽可能提供充分的技术规格、说明和其他数据（项目详细资料），以便

---

❶ 见 BP 10.00，Investment Lending：Identification to Board Presentation。

❷ "世行"包括开发协会；"贷款"包括信贷；"项目"包括所有通过世行贷款或开发协会信贷筹资的项目，但不包括用世行贷款和信贷资助的调整方案；"借债国"指的是在其领土上举办项目的国家，无论这个国家是借款人还是保证人。

其他沿岸国能够尽可能准确地确定,拟议的项目是否有可能通过减少水量、污染或其他方式造成明显的损害。应该使世行工作人员满意地认为,项目详细资料足以使人们做出这样的判断。如果在发出通知的时候无法得到充分的项目详细资料,应在发出通知之后尽快向其他沿岸国提供这样的资料。如果在例外情况下,所涉区域提议在提供项目详细资料之前先着手进行项目评估,国家主任(CD)应该同主管法律事务副行长办公室协商编写一份备忘录,并将其副本送交副行长兼法律总顾问,以便向区域主管副行长通报所有涉及国际问题的情况,并请其批准进行项目评估。区域主管副行长在做出这项决定时应该寻求所涉常务副行长的意见。

(3)应向其他沿岸国提供有合理的时间,通常不超过递交项目详细资料之后6个月,来对受益国或世行做出答复。

2. 答复/反对

(1)在发出通知之后,如果受益国或世行得到其他沿岸国的肯定答复(其形式可包括:予以同意、不反对、对项目表示支持、或确认项目将不损及该国利益),或其他沿岸国没有在规定时间内做出答复,国家主任将同主管法律事务副行长办公室及其他有关部门协商,向区域主管副行长递交一份备忘录。该备忘录应报告所有有关情况,包括工作人员对项目进行的以下评估:(a)是否将对其他沿岸国的利益造成明显损害;(b)是否其他沿岸国可能进行的用水活动将对这些项目造成明显损害。备忘录将请求批准采取进一步行动。区域主管副行长在做出这项决定时将征求所涉常务副行长的意见。

(2)如果其他沿岸国反对拟议的项目,国家主任应该同主管法律事务副行长办公室和其他有关部门合作,就反对意见向区域主管副行长递交一份备忘录,并将备忘录的副本送交副行长兼法律总顾问。备忘录将涉及以下问题:

(a)沿岸国问题的性质;

(b)世行工作人员对所提反对意见进行的评估,包括评估提出反对意见的理由以及任何可以得到的证明数据;

(c)工作人员就拟议的项目是否将对其他沿岸国的利益造成明显损害,或是否其他沿岸国可能进行的用水活动将对这些项目造成明显损害的问题进行的评估;

(d)鉴于同拟议的项目有关的具体情况,世行是否需要在采取任何进一步行动之前促请各方通过友好方式解决问题,例如通过协商、谈判和斡旋解决问题(通常在其他沿岸国的反对意见具有切实依据时采用这个办法);

(e)鉴于反对意见的性质,是否有必要根据第8~第12条从独立专家那里征求更多意见。

(3)区域主管副行长应该征求所涉常务副行长以及副行长兼法律总顾问的意见,并决定是否应进行下一步工作和应该如何进行。根据这些协商,区域主管副行长可以建议所涉常务副行长把有关问题交由业务委员会审议。国家主任然后应根据业务委员会主席代表该委员会发出的指示,或根据区域主管副行长的指示,同主管法律事务副行长办公室以及其他有关部门合作编写一份备忘录,在其中汇报审议结果。应把该备忘录提交区域主管副行长,并把副本送交副行长兼法律总顾问,在其中就进一步办理项目手续的问题提出建议。

3. 征求独立专家的意见

(1)如果需要在进一步办理项目手续之前寻求独立专家的意见(见OP7.50,第6段),区域主管副行长应该请主管环境和社会可持续发展副行长(ESDVP)发起这项工作。主管环境和社会可持续发展副行长办公室应保存这项请求的记录。

（2）主管环境和社会可持续发展副行长应该同区域主管副行长和主管法律事务副行长办公室进行协商，从由他保存的专家名录中挑选一名或多名专家。挑选的专家不得是任何所涉水道沿岸国的公民，也不得在这个事项中有任何其他利害冲突。主管环境和社会可持续发展副行长与区域主管副行长的办公室应联合聘请专家并制订其任务规定。区域主管副行长办公室应负责为聘请专家提供经费。应向专家提供背景资料和必要的协助，以便使其高效率地完成工作。

（3）专家的任务规定应要求其对项目详细资料进行检查。如果专家们认为有必要核实项目详细资料或采取任何有关的行动，世行将尽一切努力予以协助。专家将于必要时举行会议，直至向主管环境和社会可持续发展副行长以及区域主管副行长提交报告。主管环境和社会可持续发展副行长以及区域主管副行长可以请专家解释或澄清其报告中的任何问题。

（4）专家在项目手续的办理工作中没有任何决策作用。专家仅为世行提交其技术性意见，不以任何方式决定沿岸国的权利和义务。区域主管副行长以及主管环境和社会可持续发展副行长应该同主管法律事务副行长协商，对专家得出的结论进行审查。

（5）主管环境和社会可持续发展副行长应同区域主管副行长和主管法律事务副行长办公室协商，保持一份高度胜任的独立专家名录，其中应该开列 10 个专家，并在每个财政年度开始时予以增设。

4. 地图

（1）国际水道项目的文件中应包括一份地图，在其中清楚标明所涉水道以及项目各组成部分的举办地点。这项规定适用于项目评估文件、项目资料文件以及任何关于项目所涉沿岸国问题的内部备忘录。即使在根据 OP 7.50 的规定不需要向沿岸国发出通知的情况下，也应该提交关于国际水道项目的地图。地图的绘制和批准应以《制图科第 7.10 号行政手册说明》及其附件为依据。

（2）然而，在上文所述文件中列入地图时，除内部备忘录之外，均应遵守区域主管副行长同副行长兼法律总顾问协商，就全部或部分省略受益国的地图做出的任何一般性指示或决定。

附录 H　世界银行自然栖息地项目评估业务政策和程序

一、业务政策

这些政策系为世界银行职员使用而制定，因而可能未对该主题做完全详尽的论述。

如同其他保护和改善环境的措施一样，自然栖息地的保护在长期的可持续性发展中起着至关重要的作用。因此，世行❶的经济调研、项目贷款和政策对话等诸项工作都支持对自然栖息地及其功能的保护、维护和恢复活动。世行支持并期望借款方在自然资源管理方面采取防御性的措施，以确保环境的可持续发展。

1. 经济调研

世行的经济调研工作是指（a）对自然栖息地存在的问题和自然栖息地保护的特殊需要进行确认，包括对已确定的自然栖息地（尤其是关键的自然栖息地）的受威胁程度进行确认；(b) 在国家发展战略框架下对此类地区采取的保护措施的确认。经济调研工作的成果应在国家援助战略和项目中予以适当考虑。

2. 项目设计与实施

（1）世行倡导并支持自然栖息地的保护活动和改善土地使用活动，对那些有利于国家和地区发展的自然栖息地和生态功能保护项目提供援助资金。世行还进一步提倡对环境开始恶化的自然栖息地进行恢复和重建工作。

（2）世行对于会导致关键的自然栖息地发生重大转化或退化的项目不予支持。

（3）在任何可行的情况下，世行提供资助的项目地区应位于已转化的土地上（不包括世行认为出于对项目的考虑而转化的任何土地）。世行不支持使自然栖息地发生重大转化的项目，除非对于项目和选址别无可行方案，而且综合分析显示该项目的整体效益大大超过了环境付出的代价。如果环境评价❷显示该项目将极大地转化自然栖息地或使其退化，则该项目应包含世行认可的缓解措施。此类缓解措施应能适当降低栖息地的损失（例如，战略性地保留栖息地及进行项目结束后的恢复活动），并应建立和维护生态上类似的保护区。至于其他形式的缓解措施，只有在技术上得到认证以后才能为世行所接受。

（4）世行在决定是否支持对自然栖息地具有潜在负面影响的项目时，要考虑借款方是否有能力实施妥善的保护和缓解措施。如果有潜在的机构能力问题，该项目就应增加发展国家和地方机构能力的内容，以保证环境规划和管理的有效性。项目中所涉及的缓解措施也可以用来加强国家和地方机构的实用领域能力。

---

❶ "世行"包括国际开发协会（IDA）；"贷款"包括信贷；"借款方"指在担保项目中从另一家金融机构获取由世行担保的贷款的私人或公共项目主办单位；"项目"指世行贷款的所有项目（包括可调整贷款——可调整规划贷款[APLs]项目和学习与创新贷款[LILs]，或除结构调整贷款之外的担保项目（OD 8.60《调整贷款》已对有关环境方面的考虑做出了规定），及债务偿债业务。每个由世行提供资金的项目都在该项目的贷款/发展信贷协定附件 2 中进行了描述。"项目"一词包括所有项目内容，不因资金来源不同而有所区别。"项目"一词还包括由全球环境基金（GEF）提供资金的项目和项目内容，但是不包括由 GEF 董事会确定为有资格通过扩大机会同 GEF 进行项目准备和实施合作的组织所执行的 GEF 项目（此类组织特别是指地区开发银行和诸如粮农组织和工发组织之类的联合国机构）。

❷ 见业务政策和世行程序 OP/BP 4.01《环境评价》。

（5）如果项目包括自然栖息地部分，应安排相关的环保专家参与项目的准备、评估和检查等阶段工作，以保证制定和实施充分的缓解措施。

（6）本政策适用于部门贷款或金融中介的贷款项下的子项目[1]。地区环境部门（RED）负责监督对此要求的遵守情况。

3. 政策对话

（1）世行鼓励借款方对重要的自然栖息地的任何问题进行分析，并在其发展和环境战略中予以考虑。这些问题包括重要自然栖息地地点的确认，该栖息地具备的生态功能的确认，受威胁程度的确认，优先保护领域以及相关的经常性筹资和能力建设等需求的确认等。

（2）在涉及自然栖息地的世行资助项目中，世行希望借款方考虑受项目影响的地方非政府组织和地方社区[2]等团体的观点、作用和权利，使之参与到项目的规划、设计、实施、监控和评估等工作中去。具体的参与工作可以包括确定合适的保护措施、管理保护区和其他自然栖息地，以及监控和评估具体的项目内容。世行鼓励政府向这些人提供自然栖息地的适当信息和进行保护工作的激励措施。

二、业务程序

这些程序系为世界银行职员使用而制定，因而可能未对该主题做完全详尽的论述。

1. 项目准备

（1）拟由世行[3]资助的项目在进行准备的早期阶段，项目组组长（TL）须与区域环境部门（RED）进行协商，必要时还要征求环境局（ENV）和负责法律事务（LEG）的副行长的意见，以便确定项目实施过程中可能出现的自然栖息地问题。

（2）环境筛选作为环境评价的一部分，如果发现项目的实施可能会使重要的自然栖息地或其他自然栖息地发生重大转变或退化，则该项目应划为 A 类项目；其他涉及自然栖息地的项目，根据它们对生态系统的影响程度，可划定为 A 类或 B 类[4]。

（3）业务政策 OP 4.04《自然栖息地》（以下简称 OP 4.04）第 5 段所指的例外情况，只有在与区域环境部门、环境局和法律局磋商，并经区域副行长批准之后方能使用。

（4）项目中凡涉及自然栖息地的部分都要与该项目实施计划中相应的部分衔接起来。所有补偿性自然栖息地的保护费用，应包括在项目的资助范围内。在项目设计中须引进能确保经常性费用到位的机制。

2. 文件编制

（1）在最初编制的项目信息文件（PID）和环境资料表[5]中，项目组长必须指明涉及自然

---

[1] 见 OP/BP 4.01,《环境评价》。

[2] 见业务导则 OD 4.20,《少数民族》。

[3] "世行"包括国际开发协会（IDA）；"贷款"包括信贷；"借款方"指在担保项目中从另一家金融机构获取由世行担保的贷款的私人或公共项目主办单位；"项目"指世行贷款的所有项目（包括可调整贷款——可调整规划贷款[APLs]项目和学习与创新贷款[LILs]），或除结构调整贷款之外的担保项目（OD 8.60 调整贷款已对有关环境方面的考虑做出了规定），及债务偿还业务。每个由世行提供资金的项目都在该项目的贷款/发展信贷协定附件 2 中进行了描述。"项目"一词包括所有项目内容，不因资金来源不同而有所区别。"项目"一词还包括由全球环境基金（GEF）提供资金的项目和项目内容，但是不包括由 GEF 董事会确定为有资格通过扩大机会同 GEF 进行项目准备和实施合作的组织所执行的 GEF 项目（此类组织特别是指地区开发银行和诸如粮农组织和工发组织之类的联合国机构）。

[4] 参见业务政策和世行程序 OP 4.01/BP 4.01,《环境评价》。

[5] 参见 OP/BP 4.01,《环境评价》。

栖息地的任何问题（包括项目实施过程中对自然栖息地可能造成的任何转变或退化，以及 OP 4.04 第 5 段最后一句话所指的任何其他减轻影响的措施）。自然栖息地问题的发展情况应在更新的 PID 中得以反映。项目评估文件中要说明受影响的自然栖息地的类型和估计面积（以公顷为单位表示）、潜在影响可能产生的后果、项目是否与所在国和地区的土地利用和环境规划要求、保护战略以及法律规定具有一致性，还要指明拟采用的减轻影响的措施。

（2）项目实施完工报告[1]要评估项目的环保目标的达标程度，包括自然栖息地的保护情况。

3. 区域性和行业性环境评估报告

世行工作人员要在区域性和行业性环境影响评价报告中确定相关的自然栖息地问题。该报告要指明自然栖息地在所涉及地区或行业中的位置，分析自然栖息地的生态功能和相对重要性，并对相关的管理问题进行描述。分析结果将在针对具体项目而定的环境筛选等其他后续的环境影响评价工作中使用。

4. 世行工作人员的作用

RED 对重要的自然栖息地名单的增补、编制和使用进行协调，必要时还要协助项目的准备（包括环境评估）和检查。ENV 要通过传授良好操作方法，提供人员培训、评审、咨询和业务支持（包括检查）来指导项目组长、国家局和 RED 执行 OP 4.04。

---

[1] 参见 OP/BP 13.55，《项目完工报告》。

参 考 文 献

[1] 中国国际工程咨询公司. 投资项目可行性研究指南. 北京：中国电力出版社，2002.
[2] 国家发展改革委和建设部. 建设项目经济评价方法与参数. 3 版. 北京：中国计划出版社，2006.
[3] 建设部标准定额研究所. 建设项目经济评价参数研究. 北京：中国计划出版社，2004.
[4] 李开孟. 企业投资项目申请报告与可行性研究报告的区别和联系. 中国工程咨询，2005（2）：49-51.
[5] 李开孟. 投资项目环境影响评价. 中国工程咨询，2005（5）：48-50.
[6] 林晓言，等. 建设项目经济社会评价. 北京：中华工商联合出版社，2000.
[7] P·贝利和 J·安德森，等. 投资运营的经济分析. 北京：中国计划出版社，2002.
[8] 张成福，党秀云. 公共管理学. 北京：中国人民大学出版社，2001.
[9] 马中，吴健. 走向公共管理的环境保护管理体制. 中国社会科学院环境与发展研究中心. 中国环境评论（第二卷）. 北京：社会科学文献出版社，2004.
[10] 中国社会科学院环境与发展研究中心，郑易生. 科学发展观与江河开发. 北京：华夏出版社，2005.
[11] 张凯. 循环经济理论研究与实践. 北京：中国环境科学出版社，2004.
[12] 毛如柏，冯之浚. 论循环经济. 北京：经济科学出版社，2003.
[13] 张白玲. 环境核算体系研究. 北京：中国财政经济出版社，2003.
[14] 韩立新. 环境价值论. 云南：云南人民出版社，2004.
[15] 刘年丰. 生态容量与环境价值损失评价. 北京：化学工业出版社，2005.
[16] 王浩，等. 水生态环境价值和保护对策. 北京：清华大学出版社，北京交通大学出版社，2004.
[17] 萨缪尔森. 经济学. 高鸿业，译. 北京：商务印书馆，1979.
[18] 程胜高，张聪辰. 环境影响评价与环境规划. 北京：中国环境科学出版社，1999.
[19] 北京市环境保护科学研究院编. 环境影响评价典型案例. 北京：化学工业出版社，2002.
[20] 侯正伟. 开发建设环境管理. 北京：中国环境科学出版社，2003.
[21] 严法善. 环境经济学概论. 上海：复旦大学出版社，2003.
[22] 郑玉歆. 环境影响的经济分析——理论、方法与实践. 北京：社会科学文献出版社，2003.
[23] 孙强. 环境经济学概论. 北京：中国建材工业出版社，2005.
[24] 徐新华，等. 环境保护与可持续发展. 北京：化学工业出版社，2000.
[25] 曾贤刚. 环境影响经济评价. 北京：化学工业出版社，2003.
[26] 国家环保总局. 2003 年度的中国环境质量状况新闻发布会，2004 年 3 月 25.
[27] 伦纳德·奥托兰诺. 环境管理与影响评价. 郭怀成，梅凤乔，译. 北京：化学工业出版社，2004.
[28] 姚志勇，等. 环境经济学. 北京：中国发展出版社，2002.
[29] 中国社会科学院环境与发展研究中心. 中国环境与发展评论. 第二卷. 北京：社会科学文献出版社，2004.
[30] 厉以宁，Jeremy Warford，等. 中国的环境与可持续发展——CCICED 环境经济工作组研究成果概要. 北京：经济科学出版社，2004.
[31] 中国人民大学环境学院、北京大学环境学院、中国国家环保总局环境与经济政策研究中心和挪威 ECON Analysis 研究中心合作完成的"环境影响经济评价"研究报告.

[32]国家环境保护部环境工程评估中心．环境影响评价技术方法．北京：中国环境科学出版社．2010．

[33]国家环境保护部环境工程评估中心．环境影响评价相关法律法规．北京：中国环境科学出版社．2010．

[34]国家环境保护部环境工程评估中心．环境影响评价技术导则与标准．北京：中国环境科学出版社．2010．

[35]胡辉、杨家宽．环境影响评价．武汉：华中科技大学出版社．2010．

[36]沈洪艳、崔健升．环境影响评价实用技术与方法．北京：中国石化出版社．2011．

[37]国家环境保护部环境工程评估中心．2006 年注册环评工程师培训教材．北京：中国环境科学出版社．2006．

[38]叶文虎、张勇．环境管理学．2 版．北京：高等教育出版社．2006．

[39]程水源、崔建升．建设项目与区域环境影响评价．北京：中国环境科学出版社．2002．

[40]陆玉书、栾胜基、朱坦．环境影响评价．北京：高等教育出版社．2001．

[41]彭应登．区域开发环境影响评价．北京：中国环境科学出版社．1996．

[42]包存宽、陆雍森、尚金城等．规划环境影响评价方法及实例．北京：科学出版社．2004．

[43]钱瑜．环境影响评价．南京：南京大学出版社．2009．

[44]马太玲，张江山．环境影响评价．武汉：华中科技大学出版社．2009．

[45]周国强．环境影响评价．武汉：武汉理工大学出版社．2009．

[46]何德文、李妮、柴立元．环境影响评价．北京：科学出版社．2008．

[47]崔莉凤、杨忠山、黄振芳等．环境影响评价与案例分析．北京：中国标准出版社．2005．

[48]刘晓冰、梁振星、郭璐璐．环境影响评价．北京：中国环境科学出版社．2012．

[49]史捍民．区域开发活动环境影响评价技术指南．北京：化学工业出版社．1999．

[50]李爱贞、周兆驹、林国栋等．环境影响评价实用技术指南．2 版．北京：机械工业出版社．2011．

[51]胡二邦．环境风险评价实用技术和方法．北京：中国环境科学出版社．2000．

[52]段刚、刘晓海．环境风险评价构架的探讨．四川环境，2005，24（4）：59-62

[53]李艳芳．公众参与环境影响评价制度研究．北京：中国人民大学出版社．2003．

[54]国家环境保护总局．环境影响评价技术导则 地面水环境 HJ/T 2.3-93．北京：中国环境科学出版社．1993．

[55]国家环境保护部．环境影响评价技术导则 大气环境 HJ 2.2-2008．北京：中国环境科学出版社．2008．

[56]国家环境保护总局．建设项目环境风险评价技术导则 HJ/T 169－2004．北京：中国环境科学出版社．2004．

[57]国家环境保护部．环境影响评价技术导则 声环境 HJ 2.4-2009．北京：中国环境科学出版社．2009．

[58]国家环境保护部．环境影响评价技术导则 生态影响 HJ 19-2011．北京：中国环境科学出版社．2011．

[59]国家环境保护总局．开发区区域环境影响评价技术导则 HJ/T 131-2003．北京：中国环境科学出版社．2003．

[60]国家环境保护总局．规划环境影响评价技术导则（试行）HJ/T 130-2003．北京：中国环境科学出版社．2003．

[61]国家环境保护总局．环境影响评价公众参与暂行办法（环发 2006［28］）[EB/OL]．http://www. gov. cn/jrzg/2006-02/22/content_207093_2. htm

[62] World Bank. Development and the Environment. World Development Report 1992. World Bank，Washington D.C. 1992.

[63] Crown Agents，1999，General Economic Principles for Environmental Management，Economics for Environmental

Management, Vol.1, Crown Agents For Oversea Governments and Administrations Limited, UK.

[64] World Bank. Clear Water, Blue Skies: China's Environment in the New Century. World Bank, USA. 1997.

[65] Dixon, J. A., L. F. Scura, R. A. Carpenter, and P. B. Sherman. Economic Analysis of Environmental Impacts. London: Earthscan Publications. 1994.

[66] Crown Agents. Green Issues, Economics for Environmental Management, Vol.3, Crown Agents For Oversea Governments and Administrations Limited, UK. 1999.

[67] The World Commission on Dams, Dams and Development. A New Framework for Decision- Making. www.damsreport.org. Earthscan Publications Ltd. 2000.

[68] Cernea, Micheal M., "Involuntary resettlement in development projects: Policy guidelines in World Bank-financed projects", World Bank Technical Paper, No.80, Washongton: World Bank. 1988.

[69] World Bank. "Resettlement and Development: The Bankwide review of projects involing involuntary resettlement 1986-1993". www-wds.worldbank.org/servlet/WDS-IBank-Servlet?